百忍成金，
包容忍耐才能不断超越。

不抱怨的世界，
不抱怨的智慧。

有一种智慧叫包容

文德◎编著

四川人民出版社

图书在版编目（CIP）数据

有一种智慧叫包容 / 文德编著 . -- 成都 : 四川人民出版社 , 2018.7
ISBN 978-7-220-10859-4

Ⅰ . ①有… Ⅱ . ①文… Ⅲ . ①人生哲学—通俗读物
Ⅳ . ① B821-49

中国版本图书馆 CIP 数据核字 (2018) 第 148202 号

YOU YIZHONG ZHIHUI JIAO BAORONG

有一种智慧叫包容

文德 编著

出 版 人	黄立新
策划组稿	张明辉
责任编辑	罗晓春 张东升
营销策划	张明辉
插画绘制	金版文化
封面设计	黄健民
责任校对	吴 玥
责任印刷	许 茜
出版发行	四川人民出版社（成都槐树街2号）
网 址	http: //www.scpph.com
E-mail	sarmcbs@sina.com
新浪微博	@四川人民出版社
微信公众号	四川人民出版社
发行部业务电话	（028）86259624 86259453
防盗版举报电话	（028）86259624
印 刷	深圳市雅佳图印刷有限公司
成品尺寸	135mm × 180mm
印 张	14
字 数	300千
版 次	2018年12月第1版
印 次	2018年12月第1次印刷
书 号	ISBN 978-7-220-10859-4
定 价	42.80元

前言

Preface

自古以来，包容就是人们立身处世的大智慧。《尚书》云：“有容，德乃大。”《周易》云：“君子以厚德载物。”《道德经》云：“江海之所以能为百谷王者，以其善下之。”佛教更是劝诫人们修行忍辱，“大肚能容，容天下难容之事”，达到“心包太虚，量周沙界”的境界。包容是一种美好的心性，是一种博大的胸襟，是一种能够放下一切的气度，是一种淡定从容的洒脱，是一种俯仰自如的风度。一个人一生成就的大小，很大程度上取决于他的胸襟，正如一位哲人所说：心胸有多大，事业就有多大；包容有多少，拥有就有多少。纵观古今成大事业者，无不有海纳百川的肚量，所谓“量小非君子”“将军额上能跑马，宰相肚里能撑船”。因此，包容实是人生必不可缺的智慧，是一堂人生的必修课。

包容是为人处世中与他人和谐共处的良方。人生在世，不可能离群索居，人与人彼此相处，哪怕个个心地善良，也难免会发生磕碰和摩擦。譬如朋友间的误会、同事间的纠葛、邻里间的纷争、夫妻间的争吵，等等。矛盾是无处不在的，有了矛盾，重要的是面对现实，用包容去化解矛盾。若只是一味地斤斤计较，睚眦必报，便会自寻烦恼，制造痛苦，徒伤感情，甚而结成冤仇。要想切断仇恨的源头，唯一的办法就是学会包容。包容人，包容事，忍下的是一时之气，得到的却是长久的安然、宁静、和谐与友好，其善莫大焉。俗话说：“与人方便，自己方便。”所以说，包容是人生的一座桥，将彼此间的心灵沟通。走过这座桥，人们的生命就会多一份空间，多一份爱心；人们的生活就会多一份温暖，多一份阳光。

包容是化解和升华人生一切苦痛的力量。其实每个生命都是被上帝咬过一口的苹果，每种人的生活都免不了苦难，包容你所遭受的伤害、折磨、痛苦，你就会感到生命道路两旁，困难固然有，更多的是花香；荆棘固然在，而更多的是山风猎猎、海浪沧沧。在不断的磨砺中成长，在风吹雨打的荷塘里守望着盛夏，这就是对包容最好的诠释。生活中固然有苦难，但由于不懈的奋斗，由于不断的仰望、攀援，生命才不至于全然黯淡，反而变得熠熠生辉，获得了崇高的意义。学会包容吧，它能让你在风暴中安稳如磐石，不会轻易被击碎；学会包容吧，它能让你在苦难中挺直脊梁，拥有生命的尊严；学会包容吧，它能让你在野花中看见天堂，让生活充满希望。

包容更是成就事业的基石。在现代社会，一个人要成就一番事业，不可能靠单打独斗，必须得有强有力的团队和宽广的人脉网络。而这一切的拥有都得靠包容的胸怀。团队是若干人的集合体，既然是若干人，他们的个性、气质和能力特点迥异。不同类型的员工，既有所长也伴有所短。毕竟，“金无足赤，人无完人”。这就要求团队领导者要有海纳百川的肚量，用人不求全责备，用其所长，容其所短。虽然说没有完美的人，但由不完美的不同类型的人搭配而成的团队，却有可能消弭所短而尽显所长，造就臻于完美的团队。这就是我们所说的1+1>2的团队效应。有了这样的团队效应，领导者才能开创出一番由个人力量无法实现的伟业。而一个格局很小、境界很低、心胸狭隘的人永远不可能干出一番大的事业。同时，经营事业，除了要管理多元化的员工队伍外，还要面对各式各样的客户、供应商、政府官员、社会组织等，社会上形形色色的人都有，要处理好复杂的关系就需要高超的技能和一颗包容的心，让所有人都成为你的资源，做到了，你的事业才会不断壮大。所以说，你的包容有多广，你的事业就有多大。

总之，包容是洞明世事、练达人情的一种处世哲学，是一种拿得起放得下的潇洒，“处世让一步为高，退步即进步的张本；待人宽一分是福，利人实利己的根基”。 包容是一种非凡的气度、宽广的胸怀，是对人对事的接纳和宽恕；包容是一种高贵的品质、崇高的境界，是精神的成熟和心灵的丰盈；包容是一种生存的智慧和生活的艺术，是那种看透了社会人生后的从容、自信和超然。懂得包容的人总能得到别人的尊重与帮助，懂得包容的人会因为谦和的姿态受到他人的欢迎和喜爱，懂得包容的人无时无刻不处于和谐之中，无论工作、事业还是生活都顺风顺水。懂得包容，你才能成就无悔、和乐、健康、美满的人生。

目录

Contents

第四章 宽以待人，包容是赢得人心的奥秘

第五章 化解矛盾，一分包容胜过十分责备

第六章 合作共事，包容大度方能成就大业

第七章 包容下属，柔性的管理力量

第十一章 乐观豁达，包容人生的成与败

第十二章 不抱怨的世界，不抱怨的智慧

第一章

有一种智慧叫包容

人的心胸就好比芥子

唐朝时，江州刺史李渤，问智常禅师道：“佛经上所说的‘须弥藏芥子，芥子纳须弥’未免失之玄奇了，小小的芥子，怎么可能容纳那么大的一座须弥山呢？过分不懂常识，是在骗人吧？”

智常禅师闻言而笑，问道：“人家说你‘读书破万卷’，可有这回事？”

“当然！当然！我读的书岂止万卷？”李渤得意扬扬地说。

“那么你读过的万卷书如今何在？”

李渤抬手指着头说：“都在这里了！”

智常禅师道：“奇怪，我看你的头颅也只有一个椰子那么大，怎么可能装得下万卷书？莫非你也骗人吗？”

李渤顿时目瞪口呆，无话可说。

就像可以装下须弥山的小小芥子一样，人的心灵像一个小小的宇宙，能够装下目力所及的一切，甚至还能装下想象中的无穷空间，心境浩瀚则无边界。圣严法师把上述公案中的禅理用之于职场，即是告诫职场中人必须拥有开阔的心胸。

何谓“心胸开阔”？法师将这类人分为了两种：一种人心胸开阔、知天乐命；另一种就要求创业者拥有超越利害得失、成败是非的心态。

第一种人生性乐观，即使面对职场中的诡谲风云，依然能够自得其乐。但是，这种人的缺点在于可能因过分乐观而变得对什么都不在乎，当事业顺利时，他能在谈笑间运筹帷幄；当无所事事时，他也不以为意。

与第一种人相比，第二种人追求更精彩的人生，同时，他们的人生态度也更加积极：他们渴望一展宏图，面对挫折时不会像第一种人一样毫不在意，但也不会因职场的不顺、事业的失利而自伤自怜，而是能够自我宽慰，重新出发。

举一个简单的例子，圣严法师所在的农禅寺经常遭遇台风的袭击。某一年台风来袭之前，圣严法师让弟子将寺中低洼处的物品都搬到了高台上，但是由于雨水过多，农禅寺还是被淹了，损失很大。但圣严法师却并不因此难过，“面对这无奈的事实，我认为既然已经尽力处理了，无论结果如何、有没有损失，都不必那么在意，只要全心处理善后就好”。

这正是真正开朗的心胸，遇事竭尽全力，即使无法挽回也不抱怨生活。这种态度对所有人来说都有裨益，处于紧张、忙碌、压抑的职场环境中

的人更应该好好体会。

一天，一位企业家来向圣严法师求教。因为受到经济危机的影响，他的企业逐渐走向下坡。想到昔日的辉煌，这位企业家内心非常痛苦。

圣严法师劝慰他说：“最初你不是白手起家的吗？那时候你什么都没有，只是后来生意才渐渐做大的。现在不过是回到了原点，或者说是比你的起点更高一层的地方，你只是失去了你曾经就没有的东西，何苦为它烦恼？”

企业家说：“如果一开始就没有，那么我也不会这么痛苦。恰恰是因为我有过那么多钱，但现在全赔进去了，我才会割舍不下，又不知如何是好。”

“生不带来，死不带去，你本也知道钱财是身外物。至于你内心的痛苦，能处理的就处理，不能处理的就放下。一切从头开始，不也很好吗？”

“也就是说我大概没有东山再起的希望了吧！”企业家失望地说。

圣严法师合掌说道：“不要这么想，即使这一生没有希望，来生还有希望，永远都有希望的。更何况在你面前，还有那么多重新开始的机会。”

这位企业家的苦恼就在于他心胸虽然宽广，却被高远的志向占据，没有给可能出现的挫折留下一点空间，以至于他无法豁达面对暂时的失败。

纵观风起云涌的职场，每个人可能都是一颗微不足道的芥子，但其中那些心胸开朗的芥子，不仅有足够的胸怀容纳须弥山，也有化解一切挫折的涵养。

放开胸怀得到的是整个世界

我们说心就像一个人的翅膀，心有多大，世界就有多大。但如果不能打碎心中的四壁，你的翅膀就舒展不开，即使给你一片大海，你也找不到自由的感觉。

有一条鱼在很小的时候被捕上了岸，渔人看它太小，而且很美丽，便把它当成礼物送给了女儿。小女孩把它放在一个鱼缸里养了起来，这条鱼每天在鱼缸里游来游去总会碰到鱼缸的内壁，心里便有一种不愉快的感觉。

后来鱼越长越大，在鱼缸里转身都困难了，女孩便给它换了更大的鱼缸，它又可以游来游去了。可是每次碰到鱼缸的内壁，它畅快的心情便会黯淡下来，它有些讨厌这种原地转圈的生活了，索性静静地悬浮在水中，不游也不动，甚至连食物也不怎么吃了。女孩看它很可怜，便把它放回了大海。

它在海中不停地游着，心中却一直快乐不起来。一天它遇见了另一条鱼，那条鱼问它："你看起来好像闷闷不乐啊！"它叹了口气说："啊，这个鱼缸太大了，我怎么也游不到它的边！"

我们是不是就像那条鱼呢？在鱼缸中待久了，心也变得像鱼缸一样小了，不敢有所突破。即使有一天，到了一个更为广阔的空间，已变得狭小的心反倒无所适从了。

打开自己，需要开放自己的胸怀。

开放，是一种心态、一种个性、一种气度、一种修养；是能正确地对待自己、他人、社会和周围的一切；是对自己的专业和周围的世界都怀有强烈的兴趣，喜欢钻研和探索；是热爱创新，不墨守成规，不故步自封，不固执僵化；是乐于和别人分享快乐，并能抚慰别人的痛苦与哀伤；是谦虚，承认自己的不足，并能乐于接受他人的意见，而且非常喜欢和别人交流；是乐于承担责任和接受挑战；是具有极强的适应性，乐意接受新的思想和新的经验，能够迅速适应新的环境；是坚强的心胸，敢于面对任何的否定和挫折，不畏惧失败。

不打开自己，一个人就不可能学会新东西，更不可能进步和成长。开放的胸怀，是学习的前提，是沟通的基础，是提升自我的起点。在一个组织里，最成功的人就是拥有开放胸怀的人，他们进步最快，人缘最好，也容易获得成功的机会。

具有开阔胸怀的人，会主动听取别人的意见，改进自己的工作。比尔·盖茨经常对公司的员工说："客户的批评比赚钱更重要。从客户的批评中，我们可以更好地汲取失败的教训，将它转化为成功的动力。"比尔·盖茨本人就是一个心态非常开放的人，他鼓励公司里每个人畅所欲言，当别人有不同意见时，他会很虚心地去听。每次公开讲演之后，他都会问同事哪里讲得好，哪里讲得不好，下次应该怎样改进。这就是世界首富的作风，也是他之所以能成为首富的原因之一。

开放的心自由自在，可以飞得又高又远；而封闭的心像一池死水，永远没有机会进步。如果你的心过于封闭，不能接纳别人的建议，就等于锁上了一扇门，禁锢了你的心灵。要知道偏激、狭隘就像一把利刃，会切断许多机会及沟通的管道。

花草因为有土壤和养分才会茁壮成长、绽放美丽，人的心灵也必须不断接受新思想的洗礼和浇灌，否则智慧就会因为缺乏营养而枯萎死亡。

蚌含沙而孕珍珠，人大量而容天地

据《孟子》记载：孟子第一次见梁惠王的儿子襄王时，走出来对大家说："望之不似人君，就之而不见所畏焉。"意思是远远地看襄王根本没有君主的样子，近处观察发现他没有一点谦虚之德和恐惧戒慎之心，可见其器量之狭小。

对此，南怀瑾先生感慨地说："越是有德的人，当他的地位越高，临事时就越是恐惧，越加小心谨慎……不但一国君主应该戒慎恐惧，就是一个平民，平日处世也应该如此，否则的话，稍稍有一点收获，就志得意满。赚了1000元，就高兴得一夜睡不着，这叫做'器小易盈'，有如一个小酒杯，加一点水就满溢出来了，像这样的人，是没有什么大作为的。"在南先生看来，古人立身修德，应当追求"海纳百川，有容乃大；壁立千仞，无欲则刚"之境界，那些目光短浅、骄傲自大之辈，是绝不会成就大事的。

法国大作家雨果说："世界上最广阔的是海洋，比海洋更广阔的是天空，比天空更广阔的是人的胸怀。"器量和胸怀决定了一个人生存的高度。对于一个人来说，器量是处世立身的根本，它被放得越宽泛，生命的丈量尺度就越难以计算。器量，是一种不需投资便能得到的精神高级滋补品；是一种保持身心健康、具有永久疗效的“维生素”；是一种宠辱不惊，笑看庭前花开花落的清醒剂；是一种使人做到“骤然临之而不惊，无故加之而不怒”的智慧和定力。器量，鄙视的是斤斤计较、蝇营狗苟和鼠目寸光的行为；崇尚的是磊落坦荡、无私无畏和志存高远的品格；失去的是不平、烦恼和怨恨；得到的是友情、快乐和幸福；抛弃的是狭隘、偏激、小气和毫无意义的你争我斗；得来的是宽广、博大、舒畅和融洽的人际关系。

南非的反种族隔离斗士曼德拉因为带领人民反对白人种族隔离政策而入狱，白人统治者把他关在荒凉的大西洋小岛罗本岛上27年。当时尽管曼德拉已经步入老年，但是白人统治者依然像对待年轻犯人一样对待他。曼德拉被关在监狱一个“锌皮房”里，他的任务是将采石场采的大石块碎成石料，有时从冰冷的海水里捞取海带，还做采石灰的工作。因为曼德拉是要犯，专门看守他的就有3个人，他们对他并不友好，总是寻找各种理由虐待他。

27年的监狱生活并没有打倒曼德拉，他坚强地走出监狱，获得了自由。1994年，他被选为南非总统。曼德拉在他的总统就职典礼上的一个举动震惊了整个世界。总统就职仪式开始时，曼德拉起身致词。他先介绍了来自世界各国的政要，然后他说，他深感荣幸能接待这么多尊贵的客人，但他最高兴的是当初他被关在罗本岛监狱时看守他的3名前狱方人员也能到场，然后他把这3人介绍给了大家。

曼德拉博大的胸襟和崇高的精神，让那些残酷虐待了他27年的白人无地自容，也让所有到场的人肃然起敬。看着年迈的曼德拉缓缓站起身来，恭敬地向3个曾关押他的看守致敬，世界在那一刻平静了。

事后，曼德拉向朋友们解释说，自己年轻时性子很急，脾气暴躁，正是在狱中学会了控制情绪才活了下来。他的牢狱岁月给了他激励，使他学会了如何面对苦难。他说，感恩与宽容经常源自痛苦与磨难，必须以极大的毅力来训练。身陷囹圄的时候，如不能把悲痛与怨恨留在身后，那么这个人其实仍在狱中，因为他的心灵始终都处于禁锢的状态。

匆匆百年红尘，人生不如意之事常八九。面对挫折、苦难，是否能保持一份豁达的胸怀，是否能保持一种积极向上的人生态度，需要博大的胸襟与非凡的气度。所以，先哲提倡“风物长宜放眼量”，人生重在追寻长久的精神底蕴，不必计较一时的成败得失。忍受孤独，在彷徨失意中修养自己的心灵，这就是最大的收获，如蚌之含沙，在痛苦中孕育璀璨的珍珠。

包容比惩罚更有力量

《菜根谭》中说：“遇欺诈的人，以诚心感动之；遇暴戾的人，以和气熏蒸之；遇倾邪私曲的人，以名义气节激励之。”意思是，遇到狡诈不诚实的人，用真诚去感动他；遇到粗暴乖戾的人，用平和去感染他；遇到行为不正、自私自利的人，用正义感去激励他。

惩罚人的过错，不如引人为善。因为没有谁愿意成为众人唾弃的对象，一句劝告的忠言胜过一条惩罚的皮鞭。

一次，楚庄王因为打了大胜仗，十分高兴，便在宫中召开盛大晚宴，招待群臣。宫中一片热火朝天，楚庄王也兴致高昂，让自己最宠爱的妃子许姬替群臣斟酒助兴。

忽然一阵大风吹进宫中，蜡烛被风吹灭，宫中立刻漆黑一片。黑暗中，有人扯住许姬的衣袖想要亲近她。许姬便顺手拔下那人的帽缨挣脱离开，来到楚庄王身边告诉楚庄王：“有人想趁黑暗调戏我，我已拔下了他的帽缨，请大王快吩咐点灯，看谁没有帽缨就把他抓起来处置。”

楚庄王说：“且慢！今天我请大家来喝酒，酒后失礼是常有的事，不宜怪罪。再说，众位将士为国效力，我怎么能为了显示你的贞洁而辱没我的将士呢？”说完，楚庄王不动声色地对众人喊道：“各位，今天寡人请大家喝酒，大家一定要尽兴，请大家都把帽缨拔掉，不拔掉帽缨不足以尽欢！”群臣都拔掉自己的帽缨后，楚庄王再命人重新点亮蜡烛，宫中一片欢笑，众人尽欢而散。

3年后，晋国进攻楚国，楚庄王亲自带兵迎战。交战中，楚庄王发现军中有一员将官总是奋不顾身，冲杀在前，所向无敌。众将士也在他的影响和带动下，奋勇杀敌，斗志高昂。这次交战，晋军大败，楚军大胜回朝。

战后，楚庄王把那位将官找来，问他：“寡人见你此次战斗奋勇异常，寡人平日好像并未对你有过什么特殊照顾，你为什么如此冒死奋战呢？”那将官跪在楚庄王阶前，低着头回答说：“3年前，臣在大王宫中酒后失礼，本该处死，可是大王不仅没有追究问罪，反而设法保全我的面子，臣深深感动，对大王的恩德牢记在心。从那时起，我就时刻准备用自己的生命来报答大王的恩德。这次上战场，正是我立功报恩的机会，所以我才不惜生命，奋勇杀敌，就是战死疆场也在所不惜。大王，臣就是3年前那个被王妃拔掉帽缨的罪人啊！”

这一番话使楚庄王和在场将士大受感动，楚庄王走下台阶将那位将官扶起，将官已是泣不成声。

楚庄王如果有心追究，那个犯了错的将官一定是死路一条，但是，楚庄王的宽容给了他生的机会，也给自己赢得了胜利的机会。西方人常说“赠人玫瑰，手有余香”，给别人带来好处，自己也能从中收获付出的幸福感。自私自利、心胸狭窄的人，就很难体会到这样的满足感。

人非圣贤，孰能无过？人会在一时冲动之后犯下错误，那时他已经感到内疚，最需要的不是增加惩罚，而是得到谅解和宽容。与其痛惩他的过错，不如用宽容的心对待他，引他为善，世上就少了一个恶人，多了一个善士。

宽容别人的实质是宽恕自己

“紫罗兰被脚踩扁的同时，却把芳香留在了脚上。”这是美国作家马克·吐温为宽容作的一个最为形象的注解。其实，宽容别人的同时，也是在释放自己。

一位画家在集市上卖画，不远处，前呼后拥地走来一位大臣的孩子，这位大臣在年轻时曾经把画家的父亲欺骗得心碎而死。孩子在画家的作品前流连忘返，并且选中了一幅，画家却匆匆用一块布把它遮盖住，并声称这幅画不卖。

从此以后，孩子因为心病而变得憔悴。最后，他父亲出面，表示愿意出一笔高价买这幅画。可是，画家宁愿把那幅画挂在自己画室的墙上，也不愿意出售。他阴沉着脸坐在画前，自言自语地说：“这就是我的报复。”

每天早晨，画家都要画一幅他信奉的神像，这是他表示信仰的唯一方式。

可是现在，他觉得所画神像与他以前画的神像日渐相异。

这使他苦恼不已，他不停地找原因。忽然有一天，他惊恐地丢下手中的画，跳了起来：他刚画好的神像的眼睛，竟然是那位大臣的眼睛，嘴唇也是那么的酷似。

他把画撕碎，并且高喊："我的报复已经回报到我的头上来了！"

报复会把一个好端端的人驱向疯狂的边缘，使你的心灵不能得到片刻安静。

宽容的实质不是宽容别人，而是宽恕自己。唯有宽容，才能抚慰你暴躁的心绪，弥补不幸对你的伤害，让你不再纠缠于心灵毒蛇的咬噬中，从而获得自由。

我们常常在自己的脑子里预设了一些规定，以为别人应该有什么样的行为，如果对方违反规定就会引起我

们的怨恨。其实，如果因为别人对我们的“规定”置之不理就感到怨恨，是一件十分可笑的事。大多数人以为，只要我们不原谅对方，就可以让对方得到一些教训，也就是说：只要我不原谅你，你就没有好日子过。实际上，不原谅别人，表面上是惩罚了别人，其实真正倒霉的却是我们自己，因为不肯宽容会产生愤恨和沮丧，愤恨首先影响的是你自己的健康。

要做到宽容，起码要做到两条：首先，你发现自己原来也有很多的缺点，自己原来也有亏欠人的地方，自己本身并不是一个完人；其次，发现你原来认为最不好的人，也有一些你没有的优点。所以，要学会看到自己的弱点，看到别人的优点。考虑问题时要多站在对方的角度，求大同，存小异。这样你才能够善待他人，也善待自己。

宽容别人的同时，自己也把怨恨或嫉恨从心中排掉，才会怀着平和与喜悦的心情看待任何人和任何事，会带着愉快的心情生活。所以，能在生活的磨难中逐步学会宽容，能宽容他人的人，心里的苦和恨比较少，或者说，心胸比较宽阔的人，就容易宽容他人。当你对别人宽容之时，也是对你自己宽容。明明是对方错怪了你，对方欺骗了你，对方伤害了你，照样没有怨恨在心头。那么，对坏人也要宽容吗？正确的回答是，你不以牙还牙，就是宽容。

所以，要让自己快快乐乐地生活在充满爱的世界里，首先要做一个宽宏大量的人。要真正做到宽容并不容易。如果你心里有恨和苦，宽容不了他人。或者，如果你认同宽容是很高尚的行为，不过难以时时做到，那么，你应该远离品头论足的人，随着时间的推移，你会发现，你的宽容多了，你心里的平静和喜悦也多了。

逐步做到宽容，是一个人成长和进步的过程。懂得宽容，你会始终生活在平静健康之中；懂得宽容，你会成为婚姻的赢家；懂得宽容，你会成为事业的赢家；懂得宽容，你会成为幸福的赢家。宽容可以让生活变得更美好，会让这个世界充满爱。

博大的心量可以稀释一切痛苦烦恼

从前有座山，山里有座庙，庙里有个年轻的小和尚，他过得很不快乐，整天为了一些鸡毛蒜皮的小事唉声叹气。后来，他对师傅说："师傅啊！我总是烦恼，爱生气，请您开示开示我吧！"

老和尚说："你先去集市买一袋盐。"

小和尚买回来后，老和尚吩咐道："你抓一把盐放入一杯水中，待盐溶化后，喝上一口。"小和尚喝完后，老和尚问："味道如何？"

小和尚皱着眉头答道："又咸又苦。"

然后，老和尚又带着小和尚来到湖边，吩咐道："你把剩下的盐撒进湖里，再尝尝湖水。"弟子撒完盐，弯腰捧起湖水尝了尝，老和尚问道："什么味道？"

"纯净甜美。"小和尚答道。

"尝到咸味了吗？"老和尚又问。

“没有。”小和尚答道。

老和尚点了点头，微笑着对小和尚说道：“生命中的痛苦就像盐的咸味，我们所能感受和体验的程度，取决于我们将它放在多大的容器里。”小和尚若有所悟。

老和尚所说的容器，其实就是我们的心量，它的“容量”决定了痛苦的浓淡，心量越大烦恼越轻，心量越小烦恼越重。心量小的人，容不得，忍不得，受不得，装不下大格局。有成就的人，往往也是心量宽广的人，看那些“心包太虚，量周沙界”的古圣大德，都为人类留下了丰富而宝贵的物质财富和精神财富。

其实，每个人一生中总会遇到许多盐粒似的痛苦，它们在苍白的心空下泛着清冷的白光，如果你的容器有限，就和不快乐的小和尚一样，只能品尝到又咸又苦的盐水。

一个人的心量有多大，他的成就就有多大，不为一己之利去争、去斗、去夺，扫除报复之心和嫉妒之念，则心胸广阔天地宽。当你能把虚空宇宙都包容在心中时，你的心量自然就如同天空一样博大。无论荣辱悲喜、成败冷暖，只要心量放大，自然能做到风雨不惊。

寒山曾问拾得："世间有人谤我、欺我、辱我、笑我、轻我、贱我、骗我，如何处之？"拾得答道："只要忍他、让他、避他、由他、耐他、敬他、不理他，再过几年，你且看他。"

如果说生命中的痛苦是无法自控的，那么我们唯有拓宽自己的心量，才能获得人生的愉悦。通过内心的调整去适应、去承受必须经历的苦难，从苦涩中体会心量是否足够宽广，从忍耐中感悟暗夜中的成长。

心量是一个可变化的容器，当我们只顾自己的私欲，它就会愈缩愈小；当我们能站在别人的立场上考虑，它又会渐渐舒展开来。若事事斤斤计较，便把自心局限在一个很小的空间里。这种处世心态，既轻薄了自身的能力，又轻薄了自己的品格。

心量是大还是小，在于自己愿不愿意敞开。一念之差，心的格局便不一样，它可以大如宇宙，也可以小如微尘。我们的心，要和海一样，任何大江小溪都要容纳；要和云一样，任何天涯海角都愿遨游；要和山一样，任何飞禽走兽，都不排拒；要和路一样，任何脚印车轨都能承担。这样，我们才不会因一些小事而心绪不宁、烦躁苦闷！

遇谤不辩，沉默即宽容

诗曰："不智之智，名曰真智。蠢然其容，灵辉内炽。用察为明，古人所忌。学道之士，晦以混世。不巧之巧，名曰极巧。

一事无能，万法俱了。露才扬己，古人所少。学道之士，朴以自保。”在人生的旅途中，我们会有各种各样的遭遇，许多时候，沉默是最好的武器，进可攻，退可守。

有位修行很深的禅师叫白隐，无论别人怎样评价他，他都会淡淡地说一句：“就是这样吗？”

在白隐禅师所住的寺庙旁，有一对夫妇开了一家食品店，家里有一个漂亮的女儿。有一天，夫妇俩发现尚未出嫁的女儿竟然怀孕了。这种见不得人的事，使得她的父母震怒万分！在父母的一再逼问下，她终于吞吞吐吐地说出“白隐”两字。

她的父母怒不可遏地去找白隐理论，但这位大师不置可否，只若无其事地答道：“就是这样吗？”于是，孩子生下来后，就被送给了白隐抚养。此时，他的名誉虽已扫地，但他并不在意，而是非常细心地照顾着孩子。他向邻居乞求婴儿所需的奶水和其他用品，虽不免横遭白眼，或是冷嘲热讽，他总是处之泰然，仿佛他是受托抚养别人的孩子一样。

事隔一年，这位没有结婚的妈妈，终于不忍心再欺瞒下去了，她老老实实地向父母吐露了真情：孩子的生父是住在附近的一位青年。

她的父母立即将她带到白隐那里，向他道了歉，请求他原谅，并将孩子带回了家。

白隐仍然是淡然如水，他只是在交回孩子的时候，轻声说道：“就是这样吗？”仿佛不曾发生过什么事；即使有，也只像微风吹过耳畔，霎时即逝。

白隐为给邻居女儿生存的空间，

代人受过，牺牲了为自己洗刷清白的机会。

在受到人们的冷嘲热讽时，他始终处之泰然，

只有平平淡淡的一句话“就是这样吗？”雍容大度的白隐禅师令人赞赏景仰。

在面对羞辱、误解、背叛的时候，沉默本身就是一种宽容。只是对于一个世俗人来说，这种宽容会让自己很不好受，是一种疼痛的过程。但对于悟道的人来说，这种宽容是一种快乐，因为它能够感化犯错的人，让他们从内心里反省自己的错误，是一种无声之教。面对这样的沉默，所有的语言力量都是微不足道的。

环视芸芸众生，能做到遭误解、毁谤，不仅不辩解、报复，反而默默承受，甘心为此奉献付出、受苦受难，这样的人有几个呢？

遇谤不辩，是一种多么难得的人生智慧。当诽谤发生后，一味地争辩往往会适得其反，不是越辩越黑便是欲盖弥彰。这时候，往往沉默是金，让清者自清而浊者自浊，这才是明智的选择。诽谤最终会在事实面前不攻自破。在现实生活中，拥有“不辩”的胸襟，就不会与他人针尖对麦芒；拥有“不辩”的智慧，宽恕永远多于怨恨。

心宽寿自延，量大智自裕

我们不能改变生命的长度，却可以改变生命的宽度。这句话常常被用来激励失意之人。不要慨叹生命的短暂，而是要在有限的生命中注入无限的激情，如此，心情会随之改变，生活会随之改变，命运也会随之改变。

事实上，当我们真正改变了心灵的宽度时，生命的长度也会悄然增加。圣严法师说："有德即是福，无嗔即无祸，心宽寿自延，量大智自裕。"这真是一种人生的大智慧。禅的智慧是无穷无尽的，宽度和量度都是禅的智慧。心宽，放下一切自我执着而引发的烦恼；量大，用包容的心去容下他人的一切，才能获得真正的洒脱，做到真正的慈悲，获得真正的智慧。

有一个久战沙场的将军，因为厌倦了战争和尘世间的奔波忙碌，便找到大慧宗杲禅师，要求剃度出家，并请求禅师为他开示。

他说："禅师，我已经看破红尘，红尘俗世中的种种，都不过是过眼云烟。禅师您慈悲，请您收留我，让我随您修行吧！"

宗臬禅师说："你贵为将军，声名显赫，能将功名利禄全部放下吗？"

将军说："功名利禄如粪土！"

宗臬禅师："可是你尚有家眷，还有太多尘世俗缘割舍不下，你不能出家！"

将军："禅师，我现在什么都放得下！妻子、儿女、家庭，全部都可以放下。请您为我剃度吧！"

宗臬摇摇头，仍然不肯为他剃度。

将军无奈地离开了。几天之后的一个清晨，他再次来到寺中参禅礼佛。宗臬禅师问："将军，你为什么这么早就来庙中拜佛呢？"

将军回答："为除心头火，起早礼师尊。"

禅师听到他用禅语回答自己的问题，心中对他出家的诚意大为赞赏，但还是开玩笑似的对他说："起得这么早，不怕妻偷人？"

将军一听，勃然大怒："你这老怪物，讲话太伤人！"

大慧宗臬禅师哈哈一笑，对将军说："轻轻一拨扇，性火又燃烧，如此暴躁气，怎算放得下！"

这位自以为已经放下了一切的将军不仅未能将心头的执着放下，更没有真正领悟到禅宗的智慧，被人稍稍一激，立刻变得暴躁，已然犯了嗔戒。“说时似悟，对境生迷”，他既没有正确地认识自己，也不能以一颗宽容的心去对待别人，又怎么能算是真正看破红尘了呢？

真正的宽容，是包容清净的，也包容污秽的；包容爱的人，也包容恨的人；包容善良，也包容邪恶。真正的量大，要像广袤的苍穹，容纳群星也容纳尘埃；要像浩瀚的大海，容纳百川也容纳细流；更要像无垠的虚空，无所不含，无所不摄。

苏东坡被贬谪到江北瓜洲时，和金山寺的和尚佛印相交甚多，常常在一起参禅礼佛，谈经论道，成为了非常好的朋友。

一天，苏东坡作了一首五言诗：稽首天中天，毫光照大千；八风吹不动，端坐紫金莲。作完之后，他再三吟诵，觉得其中含义深刻，颇得禅家智慧之大成。苏东坡觉得佛印看到这首诗一定会大为赞赏，于是想立刻把这首诗交给佛印，但苦于公务缠身，只好派了一个小书童将诗稿送过江去请佛印品鉴。

书童说明来意之后将诗稿交给了佛印禅师，佛印看过之后，微微一笑，提笔在原稿的背面写了几个字，然后让书童带回。

苏东坡满心欢喜地打开了信封，却先惊后怒。原来佛印只在宣纸背面写了两个字：“狗屁！”苏东坡既生气又不解，坐立不安，索性搁下手中的事情，吩咐书童备船再次过江。

哪知苏东坡的船刚刚靠岸，却见佛印禅师已经在岸边等候多时。苏东坡怒不可遏地对佛印说：“和尚，你我相交甚好，为何要这般侮辱我呢？”

佛印笑吟吟地说：“此话怎讲？我怎么会侮辱居士呢？”

苏东坡将诗稿拿出来，指着背面的“狗屁”二字给佛印看，质问原因。

佛印接过来，指着苏东坡的诗问道：“居士不是自称‘八风吹不动’吗？那怎么一个‘屁’就过江来了呢？”

苏东坡顿时明白了佛印的意思，满脸羞愧，不知如何作答。

苏东坡是古代名士，既有很深的文学造诣，同时也兼容了儒释道三家关于生命哲理的阐释，而有时候，他也并不能领悟真正的智慧。平时，我们谈生论死，侃侃而谈似乎置生死于度外；平时，我们谈名利如浮尘，恨不得视之为粪土。但是，当死亡的恐惧、浮名的诱惑摆在眼前时，我们是否还能够保持一颗平静淡然的心，从容对待呢？

当我们将手中的鲜花送与别人时，自己已经闻到了鲜花的芳香；而当我们要把泥巴甩向其他人的时候，自己的手已经被污泥染脏。不嗔怒不暴躁，不患得患失，不受尘俗牵挂，超然洒脱，才能达到高深的修持境界，获得真正的智慧。

多一些磅礴大气，少一些小肚鸡肠

大度，是一种修养，是一个人健全人格和健康心理的体现。大度也是一种气质，是一个人幸福生活的前提。大度来自人的理念、理想追求及道德修养。要做到大度不小气，首先要眼界宽阔，而不能目光短浅。因为，眼界宽阔的人在看问题方面会比较大气，而没有什么见识的人只能囿于自己的小圈子里面，为了鸡毛蒜皮的事情跟人吵得面红耳赤。因此，我们要始终怀着一颗美好的心去观察和认识世界，要用长远的眼光去看问题，只有这样，才能具有宏大而深邃的视野，才能拥有宽阔的胸襟。

从前有两个人，一个叫提耆罗，一个叫那赖。这两个人神通广大，本领高超，无论是婆罗门、佛家弟子，还是仙人、圣人、龙王及一切鬼神，无不钦佩，都来向他们顶礼膜拜。

一天夜里，提耆罗因长时间诵经感到十分疲乏，先睡了。那赖当时还没有睡，一不小心踩了提耆罗的头。提耆罗觉得疼痛难忍，一时心中大怒，说："谁踩了我的头？明天清早太阳升起一竿子高的时候，他的头就会破为7块！"那赖一听，也十分恼怒地叫道："是我误踩了你，你干什么发那么重的咒？器物放在一起，还有相碰的时候，何况人和人相处，哪能永远没有个闪失呢？你说明天日出时，我的头就要裂成7块，那好，我就偏不让太阳出来，你等着瞧！"

由于那赖施了法术，第二天，太阳果然没有升起来。一连几天过去了，太阳仍没有出现。两个人由于心胸狭窄，不能宽宥对方，从而让整个世界都处在了一片漆黑中。

这个小故事告诉了我们一个深刻的道理：做人要大气、大度，不能够小肚鸡肠，否则害人也害己。

宽以待人，历来被我国历史上的仁人贤士所推崇。"唯宽可以容人，唯厚可以载物。"但现实生活中，有些人却是"严以待人，宽以律己"。如果别人出了一点差错，就借题发挥，破口大骂，完全不顾他人感受，似乎别人就会一错再错，要把别人的尊严踩在脚下。如果自己做错了事情，则可以把黑的说成白的，或者干脆推卸责任。这种人恐怕没有几个人敢去沾惹。在人际关系中，这种借题发挥、颠倒黑白的行为正犯了大忌，一次两次的短期接触还好，长此以往则会招人怨。

曾有姓王的两兄弟，合伙在东莞开办制衣厂。兄弟俩苦苦经营了10年，眼看这家厂有了起色，财源滚滚而来，然而，弟媳却开始怀疑大伯多占了便宜，兄嫂也开始怀疑小叔子暗中多吞了钱财，不久，两兄弟便闹起了“窝里斗”，又是争权，又是争钱。一个好端端的工厂，因为两兄弟都把心思用到了闹分家上，再也没人来管理。而市场经济是无情的，所以没过多久工厂便关门倒闭了。

这个故事应该能够给人以警示，小肚鸡肠、心胸狭窄之人只会失去更多！避免小气，就要做到心理平衡。这既是保持身心健康的良方，又是事业成功的重要条件。善于调节心理平衡的人，必然心胸宽广，不会计较于一时得失，什么伤心事、苦恼事统统都可置之度外。这样就能大度待人，公道处事，使生活质量得到提高。反之，小肚鸡肠、心胸狭窄的人，动不动就落个心理不平衡，在这样的心态下生活，生活质量必然会大打折扣。如果我们经常想一想“生命在于平衡”的道理，就有助于我们正确对待工作、生活中的诸多不如意之事。

清代学者张潮曾说：“律己宜带秋风，处事宜带春风。”让我们多一些长远的目光，少一些狭隘的思维；多一些大气磅礴，少一些小肚鸡肠；多一些理解，多一些宽容；多一些主见，不轻易受别人的影响。这才是符合禅的哲理和智慧，这才是有为之人所必备的气质和胸怀。

苛求他人，等于孤立自己

每个人都有可取的一面，也有不足的地方。与人相处，如果总是苛求十全十美，那么永远也交不到真心的朋友。在这一点上，曾国藩早就有了自己的见解，他曾经说过："概天下无无瑕之才，无隙之交。大过改之，微瑕涵之，则可。"意思是说，天下没有一点缺点也没有的人，没有一点嫌隙也没有的朋友。有了大的错误，要能够改正，剩下小的缺陷，人们给予包容，就可以了。为此，曾国藩总是能够宽容别人，谅解别人。

当年，曾国藩在长沙读书，有一位同学性情暴躁，对人很不友善。因为曾国藩的书桌是靠近窗户的，他就说："教室里的光线都是从窗户射进来的，你的桌子放在了窗前，把光线挡住了，这让我们怎么读书？"他命令曾国藩把桌子搬开。曾国藩也不与他争辩，搬着书桌就去了角落里。曾国藩喜欢夜读，每每到了深夜，还在用功。那位同学又看不惯了："这么晚了还不睡觉，打扰别人的休息，别人第二天怎么上课啊？"曾国藩听了，不敢大声朗诵了，只在心里默读。一段时间之后，曾国藩中了举人，那人听了，就说："他把桌子搬到了角落，也把原本属于我的风水带去了角落，他是沾了我的光才考中举人的。”别人听他这么一说，都为曾国藩鸣不平，觉得那个同学欺人太甚。可是曾国藩毫不在意，还安慰别人说：“他就是那样子的人，就让他说吧，我们不要与他计较。”

凡是成大事者，都有广阔的胸襟。他们在与别人相处的时候，不会计较别人的短处，而是以一颗平常心看待别人的长处，从中看到别人的优点，弥补自己的不足。如果只能看到别人的短处，那么这个人的眼里就只有不好和缺陷，而看不到别人美好的一面。生活中，每个人都可能跟别人发生矛盾。如果一味地跟别人计较，就可能浪费自己很多精力。与其把自己的时间浪费在一些鸡毛蒜皮的小事上，不如敞开胸怀，给别人一次机会，也可以让自己有更多的精力去做更多有意义的事情。

一位在山中茅屋修行的禅师，有一天趁夜色到林中散步，在皎洁的月光下，突然开悟。他喜悦地走回住处，见到自己的茅屋遭小偷光顾。找不到任何财物的小偷要离开的时候在门口遇见了禅师。原来，禅师怕惊动小偷，一直站在门口等待。他知道小偷一定找不到任何值钱的东西，就把自己的外衣脱掉拿在手上。

小偷遇见禅师，正感到惊愕的时候，禅师说：“你走那么远的山路来探望我，总不能让你空手而回呀！夜凉了，你带着这件衣服走吧！”说着，就把衣服披在小偷身上，小偷不知所措，低着头溜走了。

禅师看着小偷的背影穿过明亮的月光消失在山林之中，不禁感慨地说：“可怜的人呀！但愿我能送一轮明月给他。”

禅师目送小偷走了以后，回到茅屋赤身打坐，他看着窗外的明月，进入空境。

第二天，他睁开眼睛，看到他披在小偷身上的外衣被整齐地叠好，放在了门口。禅师非常高兴，喃喃地说："我终于送了他一轮明月！"

面对小偷，禅师既没有责骂，也没有告官，而是以宽容的心原谅了他，禅师的宽容和原谅终于换得了小偷的醒悟。可见，宽容比强硬的反抗更具有感召力。可是，我们与别人发生矛盾时，总想着与别人争出高低来，但是往往因为说话的态度不好，使得两个人吵起来，甚至大打出手。人与人交往的过程中，没有舌头碰不着牙齿的时候，很多事情忍耐一下，也就过去了。有些矛盾的产生，别人也不一定就是故意的，我们给予他包容，他可能会主动认识到错误，也给自己减少了很多麻烦。

宽容，让痛苦变为伟大

有哲人说，宽容和忍让的痛苦，能换来甜蜜的结果。

这句话说得诚恳而有深度。宽容是痛苦的，它意味着放弃心中的愤懑不平，将往日的种种侮辱和痛苦生生咽进肚里。这位哲人能体会到宽容者内心的矛盾和波动，从人的内心出发，十分诚恳。同时，他又指出了宽容的必然性，因为宽容最终会换来甜蜜，而苛刻则只能给人带来更多的痛苦。即使是从追逐快乐甜蜜、远离痛苦这一“趋利避害”的简单本性出发，我们也应该在伤害面前选择宽容。确实，宽容是我们面对伤害应有的心态。

在现实生活中，难免会发生这样的事：亲密无间的朋友，无意或有意做了伤害你的事，你是宽容他，还是从此分手，或伺机报复？以牙还牙，分手或报复似乎更符合人的直觉本能。但这样做了，怨会越结越深，仇会越积越多，结果冤冤相报何时了。

芝加哥人蒙泰在林肯竞选总统期间频频发出尖酸刻薄的批评。林肯当选之后，为芝加哥人蒙泰在大饭店举行了一个欢迎会。林肯看见蒙泰站在角落里，虽然蒙泰曾大声辱骂过他，林肯仍然很有风度地说：“你不该站在那儿，你应该过来和我站在一块儿。”

参加欢迎会的每个人都亲眼目睹了林肯赋予蒙泰的荣耀，也正因为此，蒙泰成了林肯最忠诚、最热心的支持者。

所以，宽容才是消除矛盾的有效方法，冤冤相报抚平不了心中的伤痕，它只会将伤害者和被伤害者捆绑在无休止的争吵战车上。印度“圣雄”甘地说得好，如果我们对任何事情都采取“以牙还牙”的方式来解决，那么整个世界将会失去色彩。

宽容是一种高贵的品质、崇高的境界，是精神的成熟、心灵的丰盈。有了这种境界和心态，人就会变得豁达，变得成熟。宽容是一种仁爱的光，是对别人的释怀，也是对自己的善待。有了宽容之心，就会远离仇恨，避免灾难。宽容是一种生存的智慧、生活的艺术，是看透了社会人生以后所获得的那份从容、自信和超然。有了这种智慧、这种艺术，我们面对人生，就会从容不迫。宽容是一种力量、一种自信，是一种无形的感召力和凝聚力。有了这种力量和自信，人就会胸有成竹，获得成功。

也许你曾经遭受过别人对你的恶意诽谤或是深深的伤害，这些伤痛在你的心底一直未曾被抚平，你可能至今还在怨恨他，不能原谅他。其实，怨恨是一种具有侵袭性的东西，它像一个不断长大的肿瘤，使我们失去欢笑，甚至损害我们的健康。

心理学专家指出，心存怨恨有害健康，高血压、心脏病、胃溃疡等疾病就是长期积怨和过度紧张造成的。

所以，让我们学会宽容，忘记怨恨，这样才能抚慰你暴躁的心绪，弥补不幸对你的伤害，让你获得心灵的自由。

己所不欲，勿施于人

在社会生活中，每个人都难免会遇到磕磕碰碰的事情，关键是要有一种“能容天下难容之事”的宽容心态，少一些心胸狭窄、尖酸刻薄，多一些宽容大度。这样，无论遇到什么事情，都会平心静气地对待。

两千多年前，孔子的学生子贡问孔子：“有没有一句话可以作为终生奉行不渝的法则呢？”孔子回答说：“其恕乎！己所不欲，勿施于人。”也就是说，自己不喜欢的和不能接受的事情，就不要强加给别人。凡事要从对方的角度出发考虑问题，要学会多体谅一下别人，这是做人和处世的根本原则。从中也可以看出一个人的修养。

要想钓到鱼，就先问问鱼想要吃什么。生活中，许多人都有过钓鱼的经历和经验。鱼饵很重要，但它的选择不是根据钓鱼者的爱好，而是根据鱼的口味。世间万物都是相通的。我们在与人交往中，特别喜欢结交那些了解自己、有共同爱好的人。同样，我们也应该站在对方的立场上，考虑他们喜欢什么、不喜欢什么。

因此，以己度人，推己及人，这样处理问题，与人交往，才能获得别人的尊重，与别人和睦相处，甚至能够化敌为友。

在社会上，特别是对于初涉世事的青年来说，由于对社会的茫然，总是时时处处小心翼翼，左顾右盼地想找出参照物规范自己、约束自己。这种反应当然是正常的，但是有时候以此为原则，反而会导致初衷与结果南辕北辙。

这时，你就可以采用“己所不欲，勿施于人”的原则，在日常工作和生活中，多问一下自己：我做这件事产生的后果自己觉得如何？如果自己能够接受，那么别人也大概能够容忍；如果自己都不能容忍，那么别人肯定也不愿接受。

美国的欧文梅说：“一个人若能从别人的角度来看事情，了解别人的心灵活动，就永远也不必为自己的前途担心。”我们要学会体谅别人，站在别人的立场来看问题，这样就可以减少生活中的摩擦，人与人之间的关系就会变得更加和谐。

千金易得，宽厚之心难求

“但求世上人无病，何妨架上药生尘。”在以前的药铺里常常可以看到这样一副对联。它包含的悲天悯人、宽厚无私的情怀是很让人感动的。自己虽然是良医，却祈求别人不生病，其中蕴含着至高境界的道德品质。

同样的宽厚无私在孔子身上也可以看到，孔子在《论语•颜渊》中也曾说过:“听讼,吾犹人也。必也使无讼乎！”意思是说：审理诉讼案件，我同别人一样能做好。但内心总是希望这些事情不再发生啊！孔子希望通过教化来提升人们的修养，减少案件的发生。这是以天下人为念的崇高博大的情怀。

世间天地万物数不胜数，其中最能够打动人的莫过于一颗宽厚无私、善良之心。

山东潍县以前是个多灾多难的地方，经常发生水灾、旱灾。扬州八怪之一的郑燮（即郑板桥）在当地任县令7年期间，就有5年发生灾情。他刚到任那一年，潍县发生水灾，十室九空，饿殍满地，其景象惨不忍睹。郑板桥据实上报，请求朝廷开仓赈灾，可朝廷迟迟不准。在危急时刻，郑板桥毅然开仓放粮，他说：“不能等了，救命要紧。朝廷若有怪罪，就惩办我一个人好了。”这样灾民很快得救了。

郑板桥秉承儒家心系天下苍生的精神，心念百姓疾苦。他深知“民为邦本，本固邦宁”的古训，做任何事，他首先想到的是百姓。他招民工修整水淹后的道路城池，采取以工代赈的办法救济灾区壮男；同时责令大户在城乡施粥救济老弱饥民，不准商人囤积居奇；他自己带头捐出官俸，并刻下“恨不得填满了普天饥债”的图章。他开仓借粮时有秋后还粮的借条，到秋粮收获时，灾民歉收，他当众将借条烧掉，劝人们放心，努力生产，来年交足田赋。由于他的这些举措，无数灾民解除了倒悬之危。

为了老百姓，他得罪了一些富户，特别在整顿盐务时，

更是触动了富商大贾的私利。潍县濒临莱州湾，盛产海盐，长期以来，官商勾结，欺行霸市，哄抬盐价，贱进贵卖，缺斤少两，以次充好。郑板桥针对这些弊端严令禁止。因此，一些富人对他造谣毁谤，匿名上告。1752年，潍县又发大灾，郑板桥申报朝廷赈灾，上司怒其多次冒犯，又加上听信谗言，不但不准，反给他记大过处分，钦命罢官，削职为民。

离开潍县时，百姓倾城相送。郑板桥为官10余年，并无私藏，只是雇3头毛驴，一头自骑，两头分驮图书行李，由一个差丁引路，凄凉地向老家走去。临别他为当地人民画竹题诗："乌纱掷去不为官，囊橐萧萧两袖寒。写取一枝清瘦竹，秋风江上作鱼竿。"

郑板桥为官，不以自己的才情作为晋升的手段，也不以此卖弄，而是用在为民谋福上，这种宽厚无私的精神才是人格的最高境界。

一灯大师曾说："世人无数，可分三品：时常损人利己者，心灵落满灰尘，眼中多有丑恶，此乃人中下品；偶尔损人利己，心灵稍有微尘，恰似白璧微瑕，不掩其辉，此乃人中中品；终生不损人利己者，心如明镜，纯净洁白，为世人所敬，此乃人中上品。人心本是水晶之体，容不得半点尘埃。"人世间最宝贵的不是金银财宝，而是一颗宽厚无私、品行高尚的心，那是纵有千金也不能买到的稀世珍品。

第二章

笑对苦难，接纳人生的泥泞坎坷

苦难也是一笔**财富**

人的一生中会遇到各种各样的苦难。正如一位智者所言："没有苦难的人生不是真正的人生。"一个人只有经过困境的砥砺，才能焕发生命的光彩。沿着岁月的河道，我们回溯到几千年前的印度，无数先哲们在几千年的雾山上，用瑜伽的朴素方式苦苦修习一种心性和智慧的通透，来印证生命的不凡，让人心中读懂了苦难的许多真义。其实，当我们仔细地去品味诸如蚌病生珠、万涓成河、蛹化成蝶的生命故事，心灵会在刹那间被一种战胜苦难的神奇力量击中。

繁茂的大树，其挺拔的身姿是在与狂风暴雨搏斗后磨砺出来的；精良的斧头，其锋利的斧刃是在铁匠手中千锤百炼打造出来的。一个不容忽视的现象：顺境中的人往往"苗而不秀，秀而不实"。那是因为温室里的幼苗禁不起风吹雨打。

俗话说，火石不经摩擦就不会迸发出火花。同样，人若不遭遇苦难，生命之火就不会有火焰的灿烂。苦难并不可怕，它可以培养人的意志，给人信心、毅力和勇气。正如《真心英雄》里唱道，"不经历风雨，怎么见彩虹"。是啊，不曾跌倒的人怎么会知道跌倒的滋味呢，更不知道跌倒了该如何爬起来。对于一个人来说，苦难确实是残酷的，但如果你能充分利用苦难来磨炼自己，苦难会馈赠给你很多。要知道，勇气和毅力正是在这一次次的跌倒、爬起的过程中增长的。

帕格尼尼，世界超级小提琴家。他是一位在苦难的琴弦下把生命之歌演奏到极致的人。4 岁时患上一场麻疹和强直性昏厥

症。7岁患上严重肺炎，只得大量放血治疗。46岁因牙床长满脓疮，拔掉了大部分牙齿。其后又染上了可怕的眼疾。50岁后，关节炎、喉结核、肠道炎等疾病折磨着他的身体与心灵。后来声带也坏了。他仅活到57岁，就口吐鲜血而亡。

但身体的创伤不是他苦难的全部。他从13岁起，就在世界各地过着流浪的生活。他曾一度将自己禁闭，每天疯狂地练琴，几乎忘记了饥饿和疲劳。

像这样的一个人，过着这样一种悲惨的生活，却在琴弦上奏出了最美妙的音符。3岁学琴，12岁举办首场个人音乐会。他的琴声令无数人陶醉，令无数人疯狂！

乐评家称他是“操琴弓的魔术师”。歌德评价他：“在琴弦上展现了火一样的灵魂。”李斯特大喊：“天哪，在这4根琴弦中包含着多少苦难、痛苦与受到残害的生灵啊！”苦难净化心灵，悲剧使人崇高。也许上帝成就天才的方式，就是让他在苦难这所大学中进修。

苦难，在这些不屈的人面前，会化为一种礼物，一种人格上的成熟与伟岸，一种意志上的顽强和坚韧，一种对人生和生活的深刻认识。

苦难本是生命旅途中一道不可不观的风景。苦难是竖立在现实和未来之间的一扇纸糊的门，你只要敢于捅破，前方便一路坦途；苦难是蹲在成功门前的看门犬，怯弱的人逃得越急，它便追你越紧；苦难是火焰熊熊的炼狱，灵魂在苦难中涅槃，就会显露出金子般的成色……四季轮回，既然有春天的葱茏，也就有秋天的落叶；既然有夏天的热烈，也就有冬天的风雪。我们没有理由不接受苦难，没有理由不善待苦难。世上没有不弯的路，人间没有不谢的花。苦难宛如天边的雨，说来就来，你无法逃避，无法退却；苦难又似横亘的山，赶也赶不跑，你只有跨越，只有征服。生命中所有的艰难险阻都是通向人生驿站的铺路石。

你还在郁闷金融危机下的工作不好找吗？你还在埋怨城区的房租太昂贵吗？你还在厌烦现在的生活压力大吗？你还在苦恼目前的日子过得艰苦吗？学会接受这些宝贵的“苦难”，并努力去改变吧！只有当你克服了这些困难，你才真正学会成长。

以游戏之心看待挫折

我们从小就学会了做游戏，游戏本身，就是在不断战胜挫折与失败中获取一种刺激与欢乐。假如没有挫折与失败，再好的游戏也会索然无味。人生就如一场游戏，我们作为其中的玩家，真的能像对待游戏一样对待它吗？人们玩游戏，是作为娱乐，是带着挑战的心情去面对游戏中的困难与挫折，面对强大的对手，不断地损伤受挫，但越是如此，越会兴头十足。试想，倘若人们在生活中，也有这么一种积极向上的游戏心态，那么失败后，就不会显得那般沉重和压抑。既然如此，我们为何不将挫折变成一种游戏呢？那样便会让痛苦沮丧的心情超然快活起来。二者其实并无差别，只是人们在游戏中身心放松，而在生活中过于紧张。

每个人所选择的路都不一样，但命运对每个人都是公平的，有得必有失，就看你能不能往好处想。

一个病入膏肓的妇人，整天想象死亡的恐怖，心情坏到了极点。哲学家蓝姆·达斯去安慰她，说：“你是不是可以不花那么多时间去想死，而把这些时间用来考虑如何快乐地度过剩下的时间呢？”

他刚对妇人说时，妇人显得十分恼火，但当她看出蓝姆·达斯眼中的真诚时，便开始慢慢地领悟他话中的诚意。“说得对，我一直都在想着怎么死，完全忘了该怎么活了。”她略显高兴地说。

一个星期之后，那妇人还是去世了，她在死前对蓝姆·达斯说：“这一个星期，我活得比前一阵子幸福多了。”

“苦乐无二境，迷悟非两心。”妇人学会了心往好处想，所以在离开人世前仍能感到一丝幸福。如果她仍像以前一样，一味想死，那她只能痛苦地离开人世。

心往好处想，不论何时，不论何事。人可以没有名利，没有金钱，但必须拥有美好的心情。

一个春光明媚的日子，在阳光普照的公园里，许多小孩正快乐地游戏，其中一个小女孩不知绊到了什么东西，突然摔倒了，并开始哭泣。这时，旁边有一个小男孩立即跑过来，别人都以为这个小男孩会伸手把摔倒的小女孩拉起来或安慰鼓励她站起来。但出乎意料的是，这个小男孩竟在哭泣的小女孩身边故意摔了一跤，同时一边看着小女孩一边笑个不停。泪流满面的小女孩看到这情景，也觉得好笑，于是破涕为笑了。

将生活中的挫折和困难视为游戏，不是为了游戏人生，而是为了以积极的心态面对现实，从而克服困难。笑看忧愁，笑看人生，如此而已！

折磨你的人是你的新鲜空气

感激伤害你的人，因为他磨炼了你的心志；感激欺骗你的人，因为他增进了你的见识；感激鞭挞你的人，因为他清除了你的业障；感激压抑你的人，因为他拓展了你的心胸；感激身边的小人，因为他让你学会了生存；感激伤害你的人，因为他让你学会了自我保护；感激嫉妒你的人，因为他让你学会了包容；感激爱你的人，因为他让你懂得了什么是爱。感恩的心，感谢有你，感谢所有的好人、坏人、男人、女人、老人、小孩。

有一本书曾经这样写道：人生活在这个世界上，总会经历这样那样的烦心事，这些事总是会折磨人的心，使人不得安稳。尤其对于刚毕业的大学生来说，刚在社会中立足，还未完全成长起来，却要承受这个社会的种种压力，比如待业、失恋、职场压力等的折磨。而且大学生本身又是一个敏感脆弱的群体，往往在这些折磨面前束手无策。

其实，世间的事就是这样，如果你改变不了世界，那就改变你自己吧。换一种眼光去看世界，你会发现所谓的“折磨”

其实都是促进你生命成长的“清新氧气”。

人们往往把外界的折磨看作人生中纯粹消极的、应该完全否定的东西。当然，外界的折磨不同于主动冒险，冒险有一种挑战的快感，而我们忍受折磨总是迫不得已的。但是，人生中的折磨总是完全消极的吗？清代金兰生在《格言联璧》中写道：“经一番挫折，长一番见识；容一番横逆，增一番气度。”由此可见，那些挫折和横逆的折磨对人生不但不是消极的，反而是一种促进你成长的积极因素。

生命是一次次的蜕变过程。唯有经历各种各样的折磨，才能增加生命的厚度。只有一次又一次与各种折磨握手，历经反反复复几个回合的较量之后，人生的阅历才会在这个过程中日积月累、不断丰富。

在人生的岔道口，若你选择了一条平坦的大道，你可能会有一个舒适而享乐的青春，但你会失去一个很好的历练机会；若你选择了坎坷的小路，你的青春也许会充满痛苦，但人生的真谛也许就此被你打开了。

蝴蝶的幼虫是在一个洞口极其狭小的茧中度过的。当它的生命要发生质的飞跃时，这天定的狭小通道对它来讲无疑成了鬼门关，那娇嫩的身躯必须竭尽全力才可以破茧而出。许多幼虫在往外冲杀的时候力竭身亡，不幸成了飞翔的悲壮祭品。

有人怀着悲悯恻隐之心，企图将那幼虫的生命通道修得宽阔一些，他们用剪刀把茧的洞口剪大，这样一来，所有受到帮助而见到天日的蝴蝶都不再是真正的舞蹈精灵，它们无论如何也飞不起来，只能拖着丧失了飞翔功能的双翅在地上笨拙地爬行！原来，那“鬼门关”般的狭小茧洞恰是帮助蝴蝶幼虫两翼成长的关键所在，穿越的时候，通过用力挤压，血液才能被顺利输送到蝶翼的组织中去，唯有两翼充血，蝴蝶才能振翅飞翔。人为地将茧洞剪大，蝴蝶的翼翅就没有了充血的机会，爬出来的蝴蝶便永远与飞翔绝缘。一个人成长的过程恰似蝴蝶的破茧过程，在痛苦的挣扎中，意志得到磨炼，力量得到加强，心智得到提高，生命在痛苦中得到升华。当你从痛苦中走出来时，就会发现，你已经拥有了飞翔的力量。如果没有挫折，也许就会像那些受到“帮助”的蝴蝶一样，萎缩了双翼，平庸过一生。

只有经历过风雨，才能增长经验，你才能离成功更近一步。

学会接受不可更改的事实

荷兰阿姆斯特丹有一座 15 世纪的教堂遗迹，里面有这样一句让人过目不忘的题词：“事必如此，别无选择。”命运中总是充满了不可捉摸的变数，如果它给我们带来了快乐，当然是很好的，我们也很容易接受。但事情却往往并非如此，有时，它带给我们的会是可怕的灾难。这时，如果我们不能学会接受它，反而让灾难主宰了我们的心灵，那生活就会永远地失去阳光。

琼妮小姐是新西兰一位建筑商的女儿，移居美国后，曾在休斯敦一家电视台工作，1990年起任CNN摄影记者。1992年6月，她被派往萨拉热窝进行战地采访。在那里，曾有多名记者丧生。

琼妮在萨拉热窝逗留6个星期后，已经习惯周围的流弹。一天清早，一颗子弹击穿车玻璃，正好击中她的脸部，几乎掀掉了她的半边脸，她的颧骨被打得粉碎，牙齿没有了，舌头被打断。送到诊所时，大夫们直摇头，认为她不行了。经过20多次手术后，她又奇迹般地回到了工作岗位。这时的她，下颌仍无感觉，脸部还留着弹片，体重减轻了8千克。令大家吃惊的是，她要求重返萨拉热窝。她幽默地说："说不定我还能在那里找回我的牙齿。"她甚至想认识一下当初袭击她的枪手。有人问她，见到那个枪手后怎么办。她说："我会请他喝一杯，问他几个问题，比方说当时距离有多远。"

琼妮面对厄运的乐观态度证明她是一个具有坚韧毅力的女孩，正是这种乐观的性格，使她能够迅速摆脱挫折的阴影，积极地投入到新的工作中去。

威廉·詹姆斯说："完全接受已经发生的事，这是克服不幸的第一步。"哲人说："太阳底下所有的痛苦，有的可以解救，有的则不能。若有，就去寻找；若无，就忘掉它。"

快乐是什么？快乐是血、泪、汗浸泡的人生土壤里怒放的生命之花。正如惠特曼所说："只有受过寒冷的人才感觉得到阳光的温暖，也只有在人生战场上受过挫败、痛苦的人才知道生命的珍贵，才可以感受到生活之中的真正快乐。"

托尔斯泰在他的散文名篇《我的忏悔》中讲了这样一个故事：一个男人被一只老虎追赶而掉下悬崖，庆幸的是在跌落的过程中他抓住了一棵生长在悬崖边的小灌木。此时，他发现，头顶上那只老虎正虎视眈眈，低头一看，悬崖底下还有一只老虎，更糟的是，两只老鼠正忙着啃咬悬着他生命的小灌木的根须。绝望中，他突然发现附近生长着一簇野草莓，伸手可及。于是，他摘下草莓，塞进嘴里，自言自语道："多甜啊！"生命进程中，当痛苦、绝望、不幸和危难向你逼近的时候，你是否还能享受一下野草莓的滋味？"尘世永远是苦海，天堂才有永恒的快乐"是禁欲主义编撰的用以蛊惑人心的谎言。苦中求乐才是快乐的真谛。

当你对生活感到绝望的时候，请再等待 3 天，希望便可能出现。

应邀访美的女作家在纽约街头遇见一位卖花的老太太。这位老太太穿着相当破旧，身体看上去很虚弱，但脸上却满是喜悦。女作家挑了一朵花说："你看起来很高兴。"

"为什么不呢？一切都这么美好。"

"你很能承担烦恼。"女作家又说。然而，老太太的回答令女作家大吃一惊："耶稣在星期五被钉在十字架上的时候，那是全世界最糟糕的一天，可3天后就是复活节。所以，当我遇到不幸时，就会等待3天，一切就恢复正常了。”

英格兰的妇女运动名人格丽·富勒曾将一句话奉为真理:“我接受整个宇宙。”是的，你我也应该能接受不可避免的事实。即使我们不接受命运的安排，也不能改变事实分毫，我们唯一能改变的只有自己。成功学大师卡耐基也说:“有一次我拒不接受我遇到的一种不可改变的情况。我像个蠢蛋，不断作无谓的反抗，结果带来无眠的夜晚，我把自己整得很惨。终于，经过一年的自我折磨，我不得不接受我无法改变的事实。”

面对现实，并不等于束手接受所有的不幸。只要有任何可以挽救的机会，我们就应该奋斗！但是，当我们发现情势已不能挽回时，我们最好不要再思前想后、拒绝面对，要接受不可避免的事实，唯有如此，才能在人生的道路上掌握好平衡。

不能改变环境，**就学着适应它**

诸葛亮说:“腐儒俗士岂识时务，识时务者在乎俊杰。”

什么是识时务呢？识时务即指认清事物的变化方向，了解问题的特征，就如同垂钓之人了解鱼的习性，湘菜馆老板了解湘菜的发展趋势一样。懂得这样做的人才是高明之人，才堪称俊杰。

很多人都在问:“社会变化了，我能够做什么？”这个问题给很多人造成了心理障碍，让他们陷入了痛苦的深渊。

如果你的天赋和内心要求你从事木工工作，那么你就做一个木匠；如果你的天赋和内心要求你从事医学工作，那么你就做一名医生。人的生存离不开环境，环境一旦改变，我们必须随时调整自己的观念、思想、行动及目标，以适应这种变化，这是生存的客观法则。

但是，有时环境的变化，与我们的事业目标、欲望、兴趣、爱好等发展是不合拍的，有时甚至会阻碍、限制我们欲望和能力的发展。在这个时候，如果我们有能力、有办法来适应环境，使之满足我们能力和欲望的发展需求，则是最难能可贵的。

刚刚毕业于某高校音乐学院的小李，被分配到一家国企的工会做宣传工作。刚开始，他很苦恼，认为自己的专业才能与工作不对口，在这里长期干下去，不但自己的前途会被耽误，而且自己的专长也可能荒废。于是，他四处活动，想调到一个适合自己发展的单位。可是，几经折腾，终未成功。最后，他便死心塌地地安守在这个工作岗位上，并发誓要改变“英雄无用武之地”的状况。他找到单位工会主席，提出了自己要为企业筹建乐队的计划。正好这个企业刚从低谷走出来，扭亏为盈，开始进入高速发展时期，自然也想大张旗鼓地宣传企业形象，提高产品的知名度，就欣然同意了他的计划。他来了精神，跑基层、寻人才、买器具、设舞台、办培训，不出半年，就使乐队初具规模。两年以后，这个企业乐队的演奏水平已成为全市一流，而且堪与专业乐队相媲美，而他自己也成了全市知名度较高的乐队经理。通过自己的努力，他完全改变了自己所处的环境，化劣势为优势，不但开辟出了自己施展才能的用武之地，而且培养了自己的领导管理才能，为他以后寻求更大的发展空间奠定了坚实的基础。

适应环境需要许多条件，但最重要的是你的信心与智慧，它们相辅相成、缺一不可，有了适应环境的决心和勇气，肯定能够想出解决问题的好方法。

但现实生活中，有的人却不这样，他们改变不了环境，也不利用环境去努力寻找、开创新的机遇，而是怨天尤人、自暴自弃，把自己逼到了死角，一生难有任何作为。

其实，我们经常会身处一个陌生、被动的环境中，而环境本身往往又是不容易被改变的。这时，正确的做法就是适应环境，在适应中改变自己、提升自己。

“自己的命运掌握在自己手中。”当你无法改变身处的环境时，就应该以一种积极、向上的态度去适应它，

在你付出努力后，便会发现成功已悄然来临。如果有一天你实现了自己的人生目标，你应该自豪地对自己说："我掌握了命运，这都是我适时调整自己的结果。"

一个人要想生存，要想成为强者，就必须跟着时代的步伐一起前进。也就是说，我们要想改变生存环境，首先必须顺应生存环境的发展变化。如果一个人想改变生存环境，却不能顺应环境的发展变化，那么想改变环境的目的则是不可能达到的。

关上一道门后，**总有另一扇窗打开**

在人的一生中，每个人都不能保证事业一帆风顺。很多刚刚步入社会的年轻人，自身的经验、才能都尚在成长之中，加上社会上竞争激烈，各个用人单位对人才的要求不尽相同，这期间面试遭淘汰，或者工作不适被辞退，这都是很正常的事情。你不必为此感觉屈辱不堪，耿耿于怀。生活中谁都难免遭遇到挫折，只要你树立信心，继续努力，生活中，肯定会有"柳暗花明又一村"的新景象。

在面试中，被淘汰并不是一件坏事，这家单位没录用你，总会有一家适合你的正等待着你。路在脚下，即使我们被单位解聘淘汰了也不用去计较，走过去，前面有更光明的一片天空在等着我们。

西娅在维伦公司担任高级主管，待遇优厚。很长一段时间，她都为到底去什么地方度假而烦恼。但是情况很快就变得糟糕起来。为了应对激烈的竞争，公司开始裁员，西娅也在其中。那一年，她 43 岁。

“我在学校一直表现不错！”她对好友墨菲说，“但没有哪一项特别突出。后来，我开始从事市场销售。在30岁的时候，我加入了那家大公司，担任高级主管。

“我以为一切都会很好，但在我43岁的时候，我失业了。那感觉就像有人给了我的鼻子一拳。”她接着说，“简直糟糕透了。”

西娅似乎又回到了那段灰暗的日子,语气也沉重了许多。“有一段时间，我不能接受自己失业的事实。躲在家里，不敢出门，因为每当看到忙碌的人们，我都会觉得自己没用，脾气也越来越大，孩子们也越来越怕我。情况似乎越来越糟糕。但就在这时，转机出现了。一个月后，一个出版界的朋友问我，如何向化妆业出售广告。这是我擅长的方面。我重新找到了自己的方向：为很多上市公司提供建议，出谋划策。”

两年后，西娅已经拥有了自己的咨询公司。她已经不再是一个打工者，而是成了一个老板，收入自然也比以前多了很多。

“被裁员是一件糟糕的事情，但那绝对不是地狱。也许，对你自己来说，可能还是一个改变命运的机会，比如现在的我。重要的是如何看待，我记得那句名言：世界上没有失败，只有暂时的不成功。”西娅真诚地对墨菲说。

当生活为你关上一道门时，同时又会为你打开另一扇窗。生活在竞争异常激烈的今天，我们应该做好充分的心理准备迎接挑战。世界充满了就业的机遇，也充满了被淘汰的可能。被淘汰不一定是坏事，也许这正是生活在以另一种方式告诉你，你未尽其才，你需要寻找更适合你发展的空间。即使你被淘汰确实是因为你的能力暂时不足，只要你再接再厉，努力去争取，谁能说你的明天会不如现在呢？

愁也一天，喜也一天

社会上流行一首《宽心谣》：

日出东海落西山，愁也一天，喜也一天；遇事不钻牛角尖，人也舒坦，心也舒坦。

每月领取养老钱，多也喜欢，少也喜欢；少荤多素日三餐，粗也香甜，细也香甜。

新旧衣服不挑选，好也御寒，赖也御寒；常与知己聊聊天，古也谈谈，今也谈谈。

内孙外孙同样看，儿也心欢，女也心欢；全家老少互慰勉，贫也相安，富也相安。

早晚操劳勤锻炼，忙也乐观，闲也乐观；心宽体健养天年，不是神仙，胜似神仙。

朴实的语言中，透着一种大彻大悟的智慧，世人若能如此生活，宽心面对一切，相信心灵会少许多负累，可是人偏偏要和自己过不去。

有位老太太生了两个女儿，大女儿嫁给伞店老板，小女儿当上了洗衣作坊的女主管。于是老太太整天忧心忡忡，逢雨天，她担心洗衣作坊的衣服晾不干；逢晴天，她生怕伞店的雨伞卖不出去。她天天为女儿担忧，日子过得很忧郁。后来，一个聪明人告诉她：“老太太，您真是好福气！下雨天，您大女儿家生意兴隆；大晴天，您小女儿家顾客盈门。哪一天您都有好消息啊！”老太太一想，果然如此，从此高兴起来，每天都很舒心。

天空不会因为别人而改变其阴晴不定的本性，人只有学会面对这些必然之事，才能多一些快乐，少一些忧愁。看看现代人，抑郁症成了流行病，与路人打招呼都成了：“你抑郁了吗？”难道这个世界就让我们这么绝望，以至于所有的东西都变成了灰色？其实抑郁只是自找的，没有人强加于你，心太窄，终究没有大格局，也不会有大智慧。

很佩服有些人，他们疲于安身立命，却又超凡脱俗，任凭尘世惊涛，社会险难，自在逍遥游。他们从不灰心，从不退缩，他们心宽得很，是为达人。

曾有这么一位人力三轮车师傅，50多岁，相貌堂堂。有人问他为什么愿意干这样的活儿，他笑着从车上跳下来，并夸张地走了几步给大家看，哦，原来是跛足，左腿长，右腿短，天生的。

他坦然地笑着说，为了能不走路，踩三轮车便是最好的伪装，这也算是“英雄有用武之地”。不时，他还转过头说：“我老婆很漂亮，儿子也很帅！”让坐他车的人如沐春风。

他说，自己没什么文化，但体力好，踩三轮车，很环保，也可养家糊口，一天可挣上百元。虽然发不了大财，但日子过得还算舒坦，他说他有“人生三愿”，即吃得下饭，睡得着觉，笑得出来。

这位人力三轮车师傅可称为智者。仔细想想，人生不过数十寒暑，生长壮老，生命就是这么一个简单的过程，有人享受过程，有人厌恶过程，有人眷恋过程。但不管你是有钱，还是有权，都不能改变这个过程。即使可以通过一些手段加长这个过程，但多几年或少几年又有多大区别？因此，不要老是想不开，拼命地在这个过程中多多占有，以至于过程很累，结果两手空空，何苦呢？

正是“愁也一天，喜也一天”，何不一切随它去，眉间放一字宽，看淡人间名利与恩怨，持平常心，做乐活族。

包容问题，包容残缺

问题是组成生活的一部分，不过，生活中大多数问题都不会太严重，也不会给我们的生活带来很大的影响。可是有的问题却可能带来悲惨的结果，而原本这些问题对于当事人来说，本该可以避免的，如果当时能多克制自己一下，耐心一点，言语方式都柔婉一些……总之，如果有一颗包容的心，这样的悲剧就不会发生。

这是一个真实的故事：

一个从越战归来的士兵从旧金山打电话给他的父母，对他们说：“爸妈，我回来了，可是我有个请求。我想带一个朋友同我一起回家。”

“当然好啊。”父母回答，“我们会很高兴见到他的。”

不过儿子接下去说：“可是有件事我想先告诉你们，他在越战里受了重伤，少了一条胳膊和一条腿。他现在走投无路，我想请他回来和我们一起生活。”

父亲沉默了一会儿，说：“儿子，我很遗憾，不过或许我们可以帮他找个安身之处。”

儿子的声音有些颤抖：“难道你们不能接受一个残疾人和你们生活在一起吗？”

父亲说：“儿子，你不知道自己在说些什么。像他这样残障的人会对我们的生活造成很大的负担。我们还有自己的生活要过，不能就让他这样破坏了。我建议你先回家，然后忘了他吧，他也有他自己的生活，不应该和我们纠缠在一起的。”

儿子沉默了，挂断了电话。之后，他的父母再也没有收到他的消息。

过了一段时间，焦急的父母接到了来自旧金山警局的电话，告诉他们亲爱的儿子已经坠楼身亡了。警方认为这只是单纯的自杀案件，伤心欲绝的父母飞往旧金山，在警方的带领下去停尸间辨认儿子的遗体。

那的确是他们的儿子，可是，令他们不能置信的是，儿子居然只有一条胳膊和一条腿。

这种悲剧性的故事，以它的各种变异形式每天在地球上发生着。

如果那对父母多一些包容，同意接纳儿子所谓的朋友，那他们也就不会永远地失去自己的儿子。对于我们来说，接受那些健康、美丽、聪明、富裕的人是很容易的，可是要接受不如我们健康、美丽、聪明或富裕的人就太难太难了。我们几乎是下意识地去回避那些不如我们的人，因为害怕他们会搅乱我们平静的生活。这难道不是自私吗？

生活中总是有这样或那样的问题，我们要做一个能包容、心态坦然的人，这样才能成为一个坚强的人，在任何苦难之前都能坚持住，永远、永远不被击倒。

面对嗔怒，**宽容是一种美德**

在贪、嗔、痴、疑、慢五毒中，“嗔”是烦恼毒的根源，所谓“一念嗔心起，八万障门开”。在日常生活中，贪欲可以隐藏在内心深处，而很少有人能够喜怒不形于色。大多数人是喜怒无常的，快乐可以不动声色，而怒气却往往很明显地就浮现在脸上或者付诸报复之中。

圣严法师说：“生活中，很多人只要心中有嗔有怨有恨，很快就从面色、言辞、行动上表现出来。修行人若想心安稳、安定，感到喜悦安乐，一定要把嗔心除掉。有些人没有表现贪欲，但嗔心很重，他不求名位、利禄、权势，也不想追求男色、女色，但对很多事情、很多人都看不顺眼。既然对任何事都怨忿不平，对任何人都采取对立的心态，心中岂能安定？”

在贪、嗔、痴这三种最常见的烦恼中，圣严法师认为嗔心的毒害最大，因为贪往往是需要个人来背负的重担，通常只是带来个人的烦恼，而嗔怒的爆发是有指向性的，一旦发作，害人害己，是“双重的罪恶”。

嗔怒常常发生于不知不觉之间，当人想要控制自己的情绪时，却往往已经失控。嗔怒就像是一匹脱缰的野马，奔跑的方向已经难以掌控，只能在它闯祸之后，自己再来面对一个更加尴尬、更加难以把握的结果。“杀嗔心安稳，杀嗔心不悔；嗔为毒之根，嗔灭一切善。”人往往会有悔，但是能将这错误归结到自己身上的也是少数，很多人甚至会认为这易怒的品性来自于自己的父母。之所以会有这样荒谬的想法，一方面可能是愚蠢，另一方面，则可能是刻意的推卸责任。

有一位学僧请教禅师：“我脾气暴躁、气短心急，以前参禅时师父曾经屡次批评我，我也知道这是出家人的大忌，很想改掉它。但是，这是一个人天生的毛病，已成为习气，根本无法控制，所以始终没有办法纠正。请问禅师，您有什么办法帮我改正这个毛病吗？”禅师非常认真地回答道：“好，把你心急的习气拿出来，我一定能够帮你改正。”

学僧不禁失笑，说：“现在我没有事情，不会心急，有时候遇到事情它就会自然跑出来。”禅师微微一笑，说：“你看，你的心急有时候存在，有时候不存在，这哪里是习性？更不是天性了。它本来没有，是你因事情而生，因境而发的。你自己无法控制自己，还把责任推到父母身上，你不认为自己太不孝了吗？父母给你的，只有佛心，没有其他。”

学僧惭愧而退。

故事中的学僧就是一个典型的没有认清自己嗔心源头的人。他把自己的“脾气暴躁、气短心急”归咎到父母身上，却不知这样的品性本非天生，而是源自自己后天的习性。既然是后天养成的，那么嗔心就是能够改变的。一个人若能够时刻提醒自己以一颗宽容心对己对人，以一份豁达的心境面对人与事，那么，这个人就能够除却很多烦恼，保持一颗宁静的心。

“壁立千仞，无欲则刚”，布施心让人变得更加坚强；“海纳百川，有容乃大”，宽容心让人更加柔韧。坚韧是一种特质，像水一样，刀剑斩不断，绳索缚不住，牢笼困不得，而水滴却能穿石。

有一天，佛陀在竹林精舍的时候，忽然来了一个人，那人愤怒地冲进精舍来。因为他同族的人，都出家到佛陀这里来了，因此他大发嗔火。

佛陀默默地听了他的辱骂后，等他稍微安静时，对他说：“你的家偶尔也有访客吧？”那人回答：“当然有了，你为什么问这些？”佛陀不答，继续问道：“那个时候，你偶尔也会款待客人吧？”那个人说：“那是当然了。”佛陀继续问：“假如那个时候，访客不接受你的款待，那么，那些菜肴应该归谁呢？”那个人回答：“要是他不吃的话，那些菜肴只好归我了。”佛陀以慈祥的目光盯着他看了一会儿，然后说：“你今天在我面前说很多坏话，但是我并不接受它，所以你的无理谩骂，那是归于你自己的啊！婆罗门啊，如果我被谩骂，而再以恶语相向时，就有如主客一起用餐一样，因此，我不接受这个菜肴。”

然后，佛陀说：“对愤怒的人，以愤怒还愤怒是一件不应该的事。对愤怒的人，不以愤怒还愤怒的人，将可得到两个胜利：知道他人的愤怒，而以正念镇静自己的人，不但胜于自己，而且胜于他人。”

面对他人的无理谩骂，佛陀并未生气，而是以一种平和的心态对待，甚至以一颗宽容之心为他剖析其中缘由，实际上这是佛陀对他的点悟和开示，是否能够参透，则要看他自己的造化了。

在圣严法师眼中，灭嗔心是修行的必经之路：“如果能灭嗔心，就能修行一切善法。当嗔心的火熄灭时，对人会生起慈悲心，会以关怀、原谅、同情的心待人；当嗔心消灭时，对一切事物的决断，会以纯客观的智慧来处理自己的问题，分析他人的问题，化解一切麻烦的问题。所以说一旦嗔心灭，一切善法生了。”所以，众生在修行之时要学会以豁达的心胸待人处事，不以人之犯己而动气，以祥和慈悲的态度面对一切事、一切人。如此，就能够在世事面前如流水一样，可方可圆，顺其自然，过幸福的人生。

原来我们可以**如此幸运**

听说过这样一句话：“在这个世界上，你是自己最好的朋友，你也可以成为自己最大的敌人。”当你接受自己、热爱自己时，你的心里就充满了阳光；而当你排斥自己、讨厌自己时，你的心灵就会被冰雪覆盖。你要知道，微不足道的一点烦恼也可以染黑你的整个生活。

据说，有一个富翁，为了教每天精神不振的孩子知福惜福，便让他到当地最贫穷的村落住了一个月。一个月后，孩子精神饱满地回家了，脸上并没有带着“下放”的不悦，让富爸爸感到不可思议。爸爸想要知道孩子有何领悟，问儿子：“怎样？现在你知道，不是每个人都能像我们过得这么好吧？”

儿子说：“是的，他们过的日子比我们还好。因为，我们晚上只有灯，他们却有满天星空。我们必须花钱才买得到食物，他们吃的却是自己的土地上栽种的免费粮食。

“我们只有一个小花园，对他们来说到处都是花园。

“我们听到的都是噪音，他们听到的都是自然音乐。

“我们工作时神经紧绷，他们一边工作一边大声唱歌。

“我们要管理佣人、管理员工，他们只要管好自己。

“我们要关在房子里吹冷气，他们在树下乘凉。

“我们担心有人来偷钱，他们没什么好担心的。

“我们老是嫌菜不好，他们有东西吃就很开心。

“我们常常失眠，他们睡得好安稳。所以，谢谢你，爸爸。你让我知道，我们可以过得那么好。”

很多刚刚踏入社会的年轻人，无论思想还是为人处世，都有甚多不成熟的地方，却又敏感异常。他们希望事事做到完美，人人都能赞许他。但当这种想法不能实现时，他们就很轻易地陷入不如意的境地，觉得自己是全世界最倒霉的人了。

也许，你并不确切地了解自己幸运与否。没关系，这儿有一份专家们的“全球报告”，来细细地对照一下吧。

如果我们将全世界的人口压缩成一个100人的村庄，那么这个村庄将有：

57名亚洲人，21名欧洲人，14名美洲人和大洋洲人，8名非洲人；52名女人和48名男人；30名基督教徒和70名非基督教徒；89名异性恋和11名同性恋。

6人拥有全村财富的89%，而这6人均来自美国；80人住房条件不好；70人为文盲；50人营养不良；1人正面临死亡；1人正要出生；1人拥有电脑；1人（对，只有1人）拥有大学文凭。

如果我们从这种压缩的角度来认识世界，我们就能发现：

假如你的冰箱里有食物可吃，身上有衣可穿，有房可住，有床可睡，那么你比世界上75%的人更富有。

假如你在银行有存款，钱包里有现钞，口袋里有零钱，那么你属于世界上8%最幸运的人。

假如你父母双全，没有离异，那你就是很稀有的地球人。

假如你今天早晨起床时身体健康，没有疾病，那么你比其他几千万人都幸运，他们甚至看不到下周的太阳。

假如你从未尝试过战争的危险、牢狱的孤独、酷刑的折磨和饥饿的煎熬，那么你的处境比其他5亿人更好。

假如你能随便进出教堂或寺庙而没有任何被恐吓、强暴和杀害的危险，那么你比其他30亿人更有运气。

假如你读了以上的文字，说明你就不属于20亿文盲中的一员，他们每天都在为不识字而痛苦……

看吧，我们原来这么幸运。只要肯用心去面对，用心去体会，我们当下拥有的，足以幸福一生了。

学会豁达一些，在盯着他人财富的同时，也细细清点一下自己的所有，你会发觉，自己的运气其实一点都不差。

从新的视角发现生活的乐趣

一少妇投河自尽，被正在河中划船的船夫救起。

船夫问："你年纪轻轻，为何自寻短见？"

"我结婚才两年，丈夫就抛弃了我，接着孩子又病死了。您说我活着还有什么意思？"

船夫听了，想了一会儿，说："两年前，你是怎样过日子的？"

少妇说："那时的我自由自在，没有任何烦恼……"

"那时你有丈夫和孩子吗？"

"没有。"

"那么你不过是被命运之船送回到两年前去了。现在你又自由自在，没有任何烦恼了，你还有什么想不开的？请上岸去吧……"

听了船夫的话，少妇仿佛做了一个梦，她揉了揉眼睛，想了想，心中豁然开朗。从此，她没有再寻短见。她从另一个角度看到了希望的曙光。

有位哲人说："我们的痛苦不是问题的本身带来的，而是我们对这些问题的看法而产生的。"这句话很经典，它引导我们学会解脱。解脱的最好方式是面对不同的情况时，用不同的思路从多角度分析问题。因为事物都是多面性的，视角不同，所得的结果就不同。

要解决一切困难是一个美丽的梦想，但任何一个困难都是可以解决的。一个问题就是一个矛盾的存在，而每一个矛盾只要找到了合适的介点，就可以把矛盾的双方统一。这个介点不停地变幻，它总与那些处在痛苦中的人玩游戏。如果用同种方式去看所有的问题和问题的所有方面，你肯定会钻进死胡同，离介点越来越远，处在混乱的矛盾中不能自拔，就像故事中的那个少妇一样容易产生轻生的念头。

活着是需要睿智的。如果你能换个视角看问题，你就会看到事物美好的一面：

换个视角看人生，你就会从容坦然地面对生活。当痛苦向你袭来的时候，不要悲观气馁，要寻找痛苦的原因及战胜痛苦的方法，勇敢地面对多舛的人生。

换个视角看人生，你就不会为战场失败、商场失手、情场失意而颓废，也不会为名利加身、赞誉四起而得意忘形。

换个视角看人生，是一种突破，一种解脱，一种超越，一种高层次的淡泊宁静。换一个视角看待世界，世界无限宽大；换一种立场对待人事，人事无不自在。

接纳一切苦与乐

痛苦与快乐似乎从来都是相伴相生的，二者之间相互矛盾又相互联系，是相互对立、相辅相成、相互转化的。所谓“没有痛苦也就无所谓快乐”。正如哈密瓜比蜜还要甜，人们吃在嘴里乐在心上；苦巴豆比难吃的中药还要苦。然而，种瓜的老人却告诉我们：哈密瓜在下秧前，先要在地底下埋上半两苦巴豆，瓜秧才能茁壮成长，才能结出蜜一样甜的果实来。如果我们将痛苦与快乐看成是绝对的对立面而加以逃避，那么我们不仅得不到快乐，反而会陷入更加痛苦的深渊，而我们之所以见苦便畏惧，是因为我们没有一个正确的苦乐观。

没有苦中苦，哪有甜中甜呢？而乐又从何而来呢？苦是乐的源头，乐是苦的归结。“不经风霜苦，难得腊梅香。”成功的快乐，正是经历艰苦奋斗后产生的。吃得苦中苦，方为人上人。古人“头悬梁，锥刺股”，苦则苦矣，但他们下苦功实现上进之志，本身就是一种快乐，以苦为乐，苦中求乐，其乐无穷。

苦的滋味的确让人觉得不好受，甜、乐的滋味人人都喜欢，艰苦的劳动、挫败和失败与苦味一样，没有人想特意去领受，而成功的喜悦则是大家都梦想得到的。但是，如同没有苦巴豆就结不出哈密瓜一样，想要享受成功的喜悦，多半先要饱尝找寻成功的艰辛。

很多时候，苦乐往往会和成功、失败联系起来。成功是新大陆，不尝一尝在大西洋上漂泊近两个月看不见陆地的苦，哥伦布怎能在毫无希望之时，看到曙光中的大陆呢？成功是胜利，不每天尝一尝那在苦艾酒中浸过的苦胆，勾践怎么能取得灭吴的功绩呢？……甜丝丝的成功背后，总有一段苦不堪言的奋斗过程。《圣经》说，通往天国的门是小门，路是荆棘之路。是的，不付出代价，不经过艰苦努力而得来的成功是没有保障的。

"或许，靠老天帮忙，取得成功，也行吧？"有人会这样问。天上掉馅饼的事不一定没有，但那是极其偶然的，那种乐，是侥幸的乐，因为没有尝过苦味，所以也并不显得很乐。欢呼收割之前，必须流汗撒种。未经楷书的行书，不经火烧的陶瓷，不付出代价的捷径，行么？做一件艰苦的事，我们不能埋怨。一旦有了成功的希望，有了奋斗的目标，知道苦尽甘来的道理，艰苦前行的人，才不会懈怠，不畏惧迎接成功的苦痛。

的确，人生的悲苦从来都是无法逃避的。多苦少乐是人生的必然。因此，我们应该做到能苦会乐的那份坦然、化苦为乐的那份智者的超然。

有这样一个关于"苦"的古老故事：

有一群弟子要出去朝圣。师父拿出一个苦瓜，对弟子们说："随身带着这个苦瓜，记得把它浸泡在每一条你们经过的圣河，并且把它带进你们所朝拜的圣殿，放在圣桌上供养，并朝拜它。"

弟子朝圣走过许多圣河圣殿，并依照师父的教言去做。回来以后，他们把苦瓜交给师父，师父叫他们把苦瓜煮熟，当作晚餐。晚餐的时候，师父吃了一口，然后语重心长地说："奇怪呀！泡过这么多圣水，进过这么多圣殿，这苦瓜竟然没有变甜。"弟子听了，立刻开悟了。

这真是一个动人的教化，苦瓜的本质是苦的，不会因圣水圣殿而改变这一点，即使是圣人也不可能改变，何况是凡夫俗子！

苦为乐、乐为苦，苦与乐的感受全在于心。达摩面壁，凡人皆称其为苦修。有谁知道达摩祖师在静修中，心归空灵，慧及宇宙，体肤之苦尽皆化为心灵的极乐，并无半点苦楚可言。

其实，生命本身并没有苦与乐之分，只是众生按照自己的世俗观点和功利心，把世间的事情分成了苦与乐：合乎自己心愿的认为是乐，不合乎的就看作是苦。到头来，既没有接纳过苦，也没有彻底拥有过乐。须知，苦与乐是一体的，苦即是乐，乐即是苦。当我们接纳苦，把苦看作是人生的必然历程时，苦便不再是世俗的“苦”了。同样，接受乐，把乐当做是生命的历程，乐也不再仅仅是世俗的“乐”了。当众生真的能接纳所有苦乐时，先前的苦乐“标准”立刻土崩瓦解，根本不再有苦与乐的分别。生命本身就是一场盛宴，你我所能做的就是去享受生命的盛宴，享受所有的苦与所有的乐，活在生命的苦乐中。

因此，佛所说的离苦得乐的“苦”并不是我们世俗意义上的苦，在佛陀看来俗世众生的苦与乐都是苦，只有真正了悟“苦乐一体”的道理，摒除苦乐的俗世划分标准，体验到“大乐”，这才是真正的乐啊。因此，不再逃避苦，接纳一切苦与乐，用自己的全部感受去体验世间的所有。

第三章

接纳自己，包容自身的不完美

世上没有绝对的完美

“断臂维纳斯”一直被认为是迄今发现的希腊女性雕像中最美的一尊。美丽的椭圆形面庞，希腊式挺直的鼻梁，平坦的前额和丰满的下巴，平静的面容，无不带给人美的感受。

她那微微扭转的姿势，和谐而优美的螺旋形上升体态，富有音乐的韵律感，充满了巨大的魅力。

作品中女神的腿被富有表现力的衣褶所覆盖，仅露出脚趾，显得厚重稳定，更衬托出了上身的秀美。她的表情和身姿是那样的庄严崇高而端庄，像一座纪念碑；然而又是那样优美，流露出女性的柔美和妩媚。

令人惋惜的是，这么美丽的雕像居然没有双臂。于是，修复原作的双臂成了艺术家、历史学家最神秘也最感兴趣的课题。当时最典型的几种方案是：左手持苹果，搁在台座上，右手挽住下滑的腰布；双手拿着胜利花圈；右手捧鸽子，左手持苹果，并放在台座上让它啄食；右手抓住将要滑落的腰布，左手握着一束头发，正待入浴；与战神站在一起，右手握着他的右腕，左手搭在他的肩上……但是，只要有一种方案出现，就会有一种反驳的理由。最终得出的结论是，保持断臂反而是最完美的形象！

人生就像维纳斯的雕像一样，因为不圆满而变得富有深意。

苛求完美是一种心理洁癖，容不得事物有半点瑕疵。实际上，世界正是有了缺憾，才使我们整个生命有了追求前进的动力，珍惜缺憾，它就是下一个完美。每一个人在内心都有一种追求完美的冲动，当一个人对于现实世界的残缺体会越深时，他对完美的追求就会越强烈。这种强烈的追求会使人充满理想，但这种强烈的追求一旦破灭，也会使人充满绝望。

这个世界上没有任何一件事物是十全十美的，它们或多或少皆有瑕疵，人类亦同。我们只能尽最大的努力去使它更完美一些。智者告诉我们，凡事切勿过于苛求，如果采取一种务实的态度，你会活得更快乐！

完美是心中的一座宝塔，你可以在内心中向往它、塑造它、赞美它。一个人只有经受住失败的悲哀才能到达成功的巅峰，亡羊补牢，犹未为晚。不必为了一件事未做到尽善尽美而自怨自艾。

没有瑕疵的事物是不存在的，盲目地追求一个虚幻的境界只能是劳而无功。我们不妨问一问：“我们真的能做到尽善尽美吗？”既然不行，我们就应该重新修正认识。

不必把一个污点放大到全身

莎士比亚说：“聪明的人永远不会坐在那里为他们的损失而悲伤，却会很高兴地去找办法来弥补他们的创伤。”

在这个世界上，谁都难免犯错误，即使是四条腿的大象，也有摔跤的时候。“人要想不犯错误，除非他什么事也不做，而这恰好是他最基本的错误。”

反省是一种美德。对自己做错了的事，知道悔悟和责备自己，这是敦品厉行的原动力。不反省不会知道自己的缺点和过失，不悔悟就无从改进。

在你已经知错、决定下次不再犯的时候，就是停止后悔的最好的时候。然后，你就应该摆脱这悔恨的纠缠，让自己全心全意去做别的事。如果悔恨的心情一直无法摆脱，而你一直苛责自己，懊恼不止，那就是一种病态，或可能形成一种病态了。

你不能让病态的心情持续。你必须了解它是病态，一旦精神遭受太多折磨，有发生异状的可能，那就严重了。

所以，当你过分悔恨与自责的时候，要相信自己能够控制自己，告诉自己“赶快停止对自己的苛责，因为这是一种病态”。为避免病态具体化而加深，要尽量使自己摆脱它的困扰。这种自我控制的力量是否能够发挥，决定一个人的精神是否健全。

每个人都有缺点，这就是为什么我们要接受教育。学习使我们有能力认识自己的缺点并加以改正，这就是进步。但在随时发现自己的缺点并随时改正之外，更要注意建立自己的自信，尊重自己的自尊。

有人一旦犯了错误，就觉得自己样样不如人，由自责产生自卑，由于自卑而更容易受到打击。这就会导致你经不起小小的过失，受到了外界一点点轻侮或为任何一件小事，都会痛苦不已。

一个人缺少了自信，就容易对环境产生怀疑与戒备，所谓“天下本无事，庸人自扰之”。面对这种“无事自扰”的心境，最好的方法是努力进修，勤于做事，使自己因有进步而增加自信，因工作有成绩而增加对前途的希望，不再回头做无益的回顾。

进德与修业，都能建立一个人的自信心和荣誉感。对自己偶尔的小错误、小疏忽，不应过分苛责，而应从悔恨中发挥积极的力量。

自尊心人人都有，但没有自信做基础，就会使人变得偏激狂傲或神经过敏，以致对环境产生敌视与不合作的态度。要满足自尊心，只有多充实自己，使自己减少“不如人”的可能性，而增加对自己的信心。

一个心理健全的人应该是该做就做，想说就说，如果自己偶有过失，也能潇潇洒洒地承认：“这次错了，下次改过就是。”不必把一个污点放大为全身的不是。

标准过高只会迷失自己

古时候，有户人家有两个儿子。当两兄弟成年以后，他们的父亲把他们叫到面前说：在群山深处有绝世美玉，你们都成年了，应该去探险，去寻求那绝世之宝。

两兄弟次日就离家出发去山中寻找美玉。大哥是一个注重实际、不好高骛远的人。有时候，即使发现的是一块有残缺的玉，或者是一块成色一般的玉，甚至有些奇异的石头，他都统统装进了行囊。过了几年，到了他和弟弟约定会合回家的时间，此时他的行囊已经满满的了，尽管没有父亲所说的绝世完美之玉，但造型各异、成色不等的众多玉石，在他看来也足以令父亲满意了。

后来弟弟到了，两手空空，一无所得。弟弟说，你这些东西都不过是一般的珍宝，不是父亲要我们找的绝世珍品，拿回去父亲也不会满意的。弟弟说，我不回去，我要继续去更远更险的山中探寻，我一定要找到绝世美玉。

哥哥带着他的那些玉石回到了家。父亲说，你可以开一个玉石馆或一个奇石馆，那些玉石稍一加工，都是稀世之品，那些奇石也是一笔巨大的财富。但父亲听了他介绍弟弟探宝的经历后说，你弟弟不会回来了，他是一个不合格的探险者。他如果幸运，能中途醒悟，明白至美是不存在的这个道理，是他的福气。如果他不能早悟，便只能以付出一生为代价了。

短短几年，哥哥的玉石馆已经享誉八方，在他寻找的玉石中，有一块经过加工成为不可多得的美玉，被国王御用做了传国玉玺，哥哥因此也拥有倾城之富。

很多年以后，父亲的生命已经奄奄一息。哥哥对父亲说要派人去寻找弟弟。父亲说，不要去找了，经过了这么长的时间他都不能顿悟，这样的人即便回来又能做成什么事情呢？世间没有纯美的玉，没有完善的人，没有绝对的事物，为追求这种东西而耗费生命的人，何其愚蠢啊！

世界并不完美，人生当有不足。没有遗憾的过去无法链接人生。对于每个人来讲，不完美是客观存在的，无须怨天尤人。

如果总是不知足，很少肯定自己，自己就很少有机会获得信心。不知足就不快乐，痛苦就常常跟随着他，周围的人也会不快乐。学会欣赏别人和欣赏自己是很重要的，这是使人更进一步实现下一个目标的基石。

智者即使再优秀也有缺点，愚者再愚蠢也有优点。生活中对己宽、对人严的做法，必遭别人唾弃。对人多作正面评估，不以放大镜去看缺点，避免以完美主义的眼光去观察每一个人，而应以宽容之心包容其缺点，少些责难之心，多些宽容之心。

不要为你的缺点羞愧

很多年轻人喜欢追求完美，喜欢在一种唯美的思绪里畅想自己的未来。但是，生活中，又有多少事物能像韩剧里演的那样完美？那么经得住人们想象的寄托？

人，没有完美的，总会有这样或那样的缺点。缺点是否成为成功路上的障碍，关键要看成就什么样的事业。想成为万人瞩目的政治领袖吗？就需要具有富兰克林那样的勇气，检视自己的缺点，并与之进行坚持不懈的斗争，直到胜利为止。

克劳兹是美国某企业总裁，他奋斗了8年让企业的资产由200万美元发展到5000万美元。2005年，他去华盛顿领取了本年度国家蓝色企业奖章。这是美国商会为奖励那些战胜逆境的企业而颁发的，那年只颁发了6枚奖章。

克劳兹可以算是一个成功的企业家了，可他的心中却有一个难言之隐，他将它深深藏在心里已经很多年了。白天克劳兹应接不暇地处理对外事务，好像是忙得没有时间去阅读邮件和文件。很多文件由公司的管理人员白天就处理好了，白天遗留下来的文件，到了晚上，由他的妻子莱丝帮助他处理。他的下属对他无法阅读这件事一直一无所知。克劳兹的痛苦起源于童年。当时他在内华达的一个小矿区里上小学。“老师叫我笨蛋，因为我阅读困难。”他说。他是整个学校

里最安静的小孩，总是默默地坐在教室的最后一排。他天生有阅读障碍，老师又责骂他，他在学校的学习变得更艰难了。1963年，他从高中勉强毕业，当时他的成绩主要是C、D和F（A是最高等级）。

高中毕业后，克劳兹搬到了雷诺市，用200美元的本金开了一家小机械商店。经过不懈的努力，1997年他已经成功开了5个分店，今天他的企业已经成为所在行业的佼佼者，公司每年至少有1500万美元的利润。

克劳兹害怕受到那些大多是大学毕业的首席执行官们的嘲笑和轻视。于是，他决定将他不会阅读的事告诉给身边的人。但是，他没想到他得到了更多的支持和鼓励。“这使我更加佩服他获得的成功，这加深了我对他的敬意。”他的一个下属说。另外，当克劳兹告诉他的其他雇员他不会阅读的时候，也赢得了雇员们的尊重。克劳兹说：“自从我下决心让每个人都知道这件事以来，我心里轻松了许多。”

从那以后，克劳兹聘请了一名家庭教师为他做阅读辅导。克劳兹最近正在读一本管理方面的书。他在所有他不认识的单词下面画线，然后去查字典，读得很慢。他希望有一天他能像他妻子那样可以迅速地读完办公桌上所有的文件和信函。更重要的是，他希望他的故事能鼓励其他正在学习阅读的人。

有缺点没有什么可羞愧的，然而，如果明知自己有缺点却不做任何改进，那就变成一种耻辱了。自己不去正视缺点，它将永远是缺点。克服它、战胜它的过程也是优点凸显的过程。

换个角度，从缺陷中发现美

世界上很少有人不抱怨自己的容貌。人是个多面体，我们常说谁长得漂亮、谁长得丑，那只是我们从一个角度去看。当我们受到打击缺乏信心的时候，不妨换个角度审视一下自己，你也许会发现一个与众不同的自我。

有一对母女，母亲长得很漂亮，女儿却很丑。倒不是她的五官有什么问题，而是搭配有点偏离正常比例。为此，女儿十分自卑，常常怨天尤人。母亲当然了解女儿的心事，为了帮助她摆脱心理困境，她把女儿带到照相馆去照相。

母亲对照相师的要求很奇怪，她不让照相师拍她女儿的整张脸，而是逐一对眼睛、鼻子、耳朵、嘴等五官单独拍特写。帮女儿拍完照后，她又拿出美国著名女星玛丽莲·梦露的头像，让照相师翻拍，并把五官一一分开。

照片一冲出来，母亲就把女儿的五官照片和著名女星玛丽莲·梦露的五官照片一一对照贴到女儿卧室的墙上。每当女儿自卑的时候，母亲就让女儿看看那些被分割的照片，说：“和世界上最著名的美女比较一下，你哪个地方会比她差？”还未成年的女儿迷惑地看了看母亲，将信将疑。后来，她把自己的这些照片指给那些闺中密友看。密友在不知情的情况下，有的说照片上的眼睛比那个外国佬的眼睛迷人，有的说照片上的嘴巴更性感。渐渐地，她相信了母亲的话，真觉得自己并不比玛丽莲·梦露丑了，自信也随之而来。

长得丑的确是一种缺陷，但如果只盯着自己的缺陷，它就会告诉你自己是多么丑陋，多么不幸，这时你的眼前就像横着一幅放大镜，小小的缺陷就会被无限放大成悲剧或灾难。可是，当你换个角度来看时，这个缺陷并不致命，甚至完全可以忽略不计。

从生理上来说，世上很难找到完美之人。人有生理缺陷当然遗憾，但它既已存在，我们就该泰然处之。人生的价值在于奉献和创造，在于完美人格的构建、灵魂的塑造和精神的升华。上帝关上一扇窗的同时，又会为你打开另一扇窗，问题是你有没有用心地去发现那扇窗。我们不必为自己的平庸与丑陋感到自卑，只要善于发现，你完全可以从这些自认为丑陋的缺陷中找到有价值的一面。

每个人都是上帝的宠儿

很多时候，人总觉得自己不重要，少个我和多个我没什么区别。而作为独一无二的我真的不重要吗？对自己的父母来讲，你是他们爱情的结晶和今后的希望；对于你的恋人来讲，不论别人多么优秀你依然是对方心里每天挂念的人；对于你的儿女来讲，你就是他们可以仰仗的大树；对于你的好朋友来说，你就是他们一生中不可缺少的知己……难道这样的我不重要吗？当然不是！“我”很重要。

当我们对自己说出“我很重要”这句话的时候，“我”的内心一下子充盈了。是的，“我”很重要。

“我”是由无数星辰、日月、草木、山川的精华汇聚而成的。只要计算一下我们一生吃进去多少谷物，饮下多少清水，才凝聚成这么一具美轮美奂的躯体，我们一定会为那数字的庞大而惊讶。世界付出了那么多才塑造了这么一个“我”，难道“我”不重要吗？

你所做的事，别人不一定做得来。而且，你之所以为你，必定是有一些相当特殊的地方，我们姑且称之为特质吧，而这些特质是别人无法模仿的。

既然别人无法完全模仿你，就不一定做得了你能做的事。那么，他们怎么可能给你更好的意见呢？他们又怎能取代你的位置，替你做些什么呢？所以，你不相信自己，又能相信谁呢？况且，每个人都是上帝的宠儿，上帝造人时即已赋予每个人与众不同的特质，所以每个人都会以独特的方式与别人互动，进而感动别人。要是你不相信的话，不妨想想：有谁的基因会和你完全相同？有谁的个性会和你丝毫不差？由此，我们相信：你有权活在这世上，你是别人无法取代的。

不过，有时候别人（或者是整个大环境）会怀疑我们的价值，时间一长，连我们自己都会对自己的重要性感到怀疑。请你千万不要让这类事情发生在你身上，否则你一辈子都无法抬起头来。记住！你有权利相信自己很重要。

“我很重要。没有人能替代我，就像我不能替代别人一样。我很重要！”

生活就是这样，无论是有意还是无意，我们都要对自己有信心。不要总是拿自己的短处去对比别人的长处，却忽视了自己也有别人所不及的地方。自卑是心灵的腐蚀剂，自信是心灵的发电机。所以，无论我们身处何境，都不要让自卑的冰雪侵占心灵，而应燃烧自信的火炬，始终相信自己是最优秀的，这样才能激发生命的潜能，创造无限美好的生活。

也许我们的地位低下，也许我们的身份卑微，但这并不意味着我们不重要。重要并不是伟大的同义词，它是心灵对生命的允诺。人们常常从成就事业的角度，判断自己是否重要。但这并不应该成为标准，只要我们时刻努力，为光明奋斗，我们就是无比重要的不可替代的存在。

让我们昂起头，对着地球上无数的生灵，响亮地宣布：我很重要！

面对这么重要的自己，我们有什么理由不爱自己呢？

包容自己的不完美，逃出“心狱”的监禁

现实生活中，有不少人不自觉地把自己讨厌的事塞满自己的脑袋，把一些不相干的事与自己联系在一起，自己给自己制造心理压力。殊不知，对于自己讨厌的、想不通的事，我们可以不去想，否则最后你就会变成压力的囚徒。

我们总是执迷不悟，对于压力不肯放手，死死握紧，不肯去寻找新的机会，发现新的思考空间，所以陷入愁云惨雾中。

人的一生充满坎坷，稍不留神，就会被自己营造的“心狱”监禁。在“心狱”里，很多人还在不停地折磨自己，结果造成无法挽回的悲剧。有人认为，“心狱”无法逃离。但事实怎样？人的“心理牢笼”既然是自己营造的，人就有冲出“心理牢笼”的本能。这种本能就是精神上的包容，有了这种包容，什么样的“心理牢笼”都可以攻破。

有这样一句话：除了上帝之外，谁能无过？犯了错只表示我们是人，不代表就该承受如下地狱般的折磨。我们唯一能做的就是正视这种错误的存在，在错误中吸取教训，以确保未来不再发生同样的憾事。接下来就应该获得绝对的宽恕，然后就把它忘了，继续向前进。

只要生活在这个世界上，就难免犯错。要是对每一件事都深深自责，一辈子都背着沉重的罪恶感生活，你还能奢望自己走多远？

人生之帆，不论顺风或逆风都要前进。包容自己，才能

把犯错与自责的逆风化为成功的推力。

学会给自己释放压力，其实就是在包容自己。

每天给自己一小时独处的时间。

每天皆以祈祷、静思、默想作为开始和结束。

简单生活，别让自己活得太累。

行程表别排得太满。

设定合理的工作期限。

别承诺你做不到的事情。

做每一件事都多给自己半小时的时间。

随身携带有趣的读物。

呼吸——经常深呼吸。

活动身体——行走、跳舞、跑步，做你喜欢的运动。

重视存在，别总是一味地做事。

每周腾出休息和恢复的一天。

笑口常开。

沉浸于自己的感觉中。

总是以舒适为优先考虑。

如果你不喜欢它，就把它请出你的生活。

让大自然母亲滋养自己。

别再去讨好每一个人。

开始讨好你自己。

别和老是对你不满的人在一起。

别浪费宝贵的资源：时间、创造能量、感情。

滋养友谊。

别惧怕自己的热望。

放弃期待。

品味美丽的事物。

有“是”就有“不”。

别担忧，包容才能快乐。

已经拥有的东西最珍贵

有时候我们心情沮丧，总是觉得自己拥有的太少。

有一个国王，常为过去的错误而悔恨，为将来的前途而担忧，整日郁郁寡欢，于是他派大臣四处寻找快乐的人，并把这个快乐的人带回王宫。

这位大臣四处寻找了好几年，终于有一天，当他走进一个贫穷的村落时，听到一个快乐的人在放声歌唱。寻着歌声，他找到了正在田间犁地的农夫。

大臣问农夫：“你快乐吗？”农夫回答：“我没有一天不快乐。”

大臣喜出望外地把自己的使命和意图告诉了农夫。农夫不禁大笑起来，他说道：“我曾因为没有鞋子而沮丧，直到我有一天在街上遇到了一个没有脚的人。”

有人为工资低而懊恼、忧郁，猛然发现邻居大嫂已经下岗失业，于是又暗暗庆幸自己还有一份工作可以做，虽然工资低一些，但起码没有下岗失业，心情转眼就好了起来。每个人总是看重自己的痛苦，而常常忽略别人的痛苦。当自己痛苦不堪的时候，要是能够换一个角度来思考，痛苦的程度就会大大减弱。当自己兴高采烈的时候，应多向上比，会越比越进步；当自己苦恼郁闷的时候，应多向下比，会越比越开心。

人生最可怜的事，不是生与死的诀别，而是面对自己所拥有的，却不知道它是多么的珍贵。

网上有这么一幅比较流行的漫画：一个漂亮的女孩子，觉得自己过得很不幸，终于有一天她决定跳楼自杀。身体慢慢往下坠，她看到了十楼以恩爱著称的夫妇正在互殴，她看到了九楼平常坚强的皮特正在偷偷哭泣，八楼的阿妹发现未婚夫跟最好的朋友在床上，七楼的丹丹在吃她的抗忧郁症药，六楼失业的阿喜还是每天买7份报纸找工作，五楼受人尊敬的王老师正在偷穿老婆的内衣，四楼的罗丝又要和男友闹分手，三楼的阿伯每天盼望有人拜访他，二楼的莉莉还在看她那结婚半年就失踪的老公照片。在她跳下之前，她以为她是世上最倒霉的人。而此刻她才知道每个人都有不为人知的困境。她看完他们之后深深地觉得其实自己过得还不错……可是已经晚了。当她掉在楼下的地上时，楼上所有不幸的人同时感慨：原来自己的生活还是美好的，还有人比他们更不幸。

这幅漫画很贴切地展现了生活中许多人的想法，我们每每羡慕别人的生活是如何的美好，总觉得自己是最不幸的那一个，而实际上并不是这样的。每个人的生活中总会出现别人所没有遇到的各种各样的困难，就像这个美丽的女子在跳楼时所看到的那样。其实谁都一样，谁都不是生活中的宠儿，只是每个人对待生活的态度不同罢了。坚强的人最终尝到了生活的美味，意志薄弱的人最终被生活所淘汰。

不要总把眼光局限在自己手中的坏牌上，实际上，别人手中的牌也并非都是好牌。这样去想，你才不至于太自卑、太绝望，才能保持必胜的决心，坚强地走下去。

“出丑”是“出众”之母

很多时候，我们都会用这样一句话来鼓励自己：天才是1%的灵感加上99%的汗水。于是，一些人开始拼命工作，希望能用100%的汗水换来那1%的天分。其实，如果能用汗水弥补的天分，就不是真正的天分了。这个世界上，毕竟只有少数人才能成为天才。所以，我们之中的大多数人属于99%里的一员，我们的成长总是要伴随着一些无谓的辛苦和无趣的笑话的。

人们都想使自己变得聪明，都怕在众人面前出丑。聪明人绝不会出丑，出丑的人必然是笨蛋，这似乎是截然对立的两件事。然而，实际生活并非如此。聪明的人有时简直如同一个大傻瓜，他们当众出丑，却若无其事，他们被人嗤笑却自得其乐。然而，他们就这样走向了成功。罗茜读书时网球打得不好，所以老是害怕打输，不敢与人对垒，至今她的网球技术仍然很蹩脚。罗茜有一个同班同学，她的网球比罗茜打得还差，但她不怕被人打下场，越是输越打，后来成了令人羡慕的网球手，成了大学网球代表队队员。

聪明是令人羡慕的，出丑总使人感到难堪。但是，聪明是在无数次出丑中练就的，不敢出丑，就很难聪明起来。

那些勇敢地去干他们想干的事的人是值得赞赏的，即使有时在众人面前出了丑，他们还是洒脱地说："哦，这没什么！"就是这么一类人，他们还没学会反手球和正手球，就勇敢地走上网球场；他们还没学会基本舞步，就走下舞池寻找舞伴；他们甚至没有学会屈膝或控制滑板，就站上了滑道。

艾米只会说几句法语，她却毅然飞往法国去做一次商业旅行。虽然人们曾告诫她：巴黎人看不起不会讲法语的人，但她坚持在展览馆、在咖啡店、在爱丽舍宫用法语与每个人交谈。难道她不怕结结巴巴，不怕语塞傻笑、出丑吗？一点也不。因为艾米发现，当法国人对她使用的虚拟语气大为震惊之后，许多人都热情地向她伸出手来，为她的“生活之乐”所感染，从她对生活的努力态度中得到极大的乐趣。他们为艾米喝彩，为所有有勇气做一切事情而不怕出丑的人欢呼。

生活中有些人由于不愿成为初学者，总是拒绝学习新东西。他们因为害怕“出丑”，宁愿闭塞自己，限制自己的乐趣，禁锢自己的生活。

若要改变自己的生活位置，总要冒出丑的风险。除非你决心在一个地方、一个水平上“钉死”了。不要担心出丑，否则你就会无所作为，而且更重要的是你同样不会心绪平静、生活舒畅。你会受到局限于静止的生活而又时时渴望变化的愿望的痛苦煎熬。我们也许应该记住这一点，由于我们害怕出丑，也许会失去许多机会而感到后悔。我们应该记住法国的一句谚语：“一个从不出丑的人并不是一个如他自己想象的聪明人。”

第四章

宽以待人，
包容是赢得人心的奥秘

为人处世以容人为上策

古人曾说："得饶人处且饶人。"生活中，如果我们一旦有争强好胜、锱铢必较的心理，就可能给自己招来不必要的烦恼、嫉妒甚至是仇恨。

可见，包容是做人、处世的大智慧，也是和谐人际关系的一种润滑剂。尤其是在双方产生针锋相对的矛盾时，如果以硬碰硬，无论胜负都会有所损失。倘若能够互相包容，不仅能避免损伤，还能够将问题处理得很好。

在生活和工作中，我们每个人都难免会遇到不如意的事情。如果因为一点小事情就闷闷不乐，甚至大动肝火，这不仅会影响自己，影响他人，可能还会招致更多的麻烦。所以，当我们在遇到不如意的事情时，一定要学会去适当地包容，不要与他人产生摩擦，而要以一种平和的态度来面对。

人生在世，本就是苦多于乐，如果再过多地与人计较，甚至与自己计较，总在为得失算计，那就失去了生活的乐趣。生活过得不快乐，还有什么意义呢？所以要转变态度，去包容他人。

有一位高僧特别喜欢兰花，在平日修行讲佛之余总会花费很多的心力侍弄兰花。有一次他要出远门云游，临行前交代弟子要好好照顾他的兰花。有一天，一个弟子在浇花时，不小心摔倒了，把花架撞倒了，所有的兰花盆都摔碎了，兰花也散落了一地，无法收拾。弟子们全都慌了，只好等着师父回来责罚。但出乎意料的是，当师父回来之后，却没有责怪他们，而是召集齐了众弟子，跟他们说：“我种兰花，一来是想要用它来供奉佛祖，二来是为了美化寺庙的环境，而不是为了生气而种的！”

“不是为了生气而种的！”得道高僧修养自然是高，兰花本为师父所好，也花费了很多时间来培养。一般人如果遇到这种情况肯定会很生气，很有可能会重重责罚把兰花弄坏的人，但是高僧没有。因为他明白自己种花的目的虽然没有达到，但是也不能为此而生气，况且弟子也是无心之过，所以他很容易地宽容了徒弟。

为人处世，如果以严厉的态度、倨傲的性格对待别人，就会招致别人的怨恨，引来不满。如此，于人于己都不利，何必呢？正所谓：利人就是利己，亏人就是亏己，容人就是容己，害人就是害己。所以说：君子以容人为上策。

宽容是一种修养，一种德行，一种度量。如果人人都有宽容忍让的心态，那么这个社会肯定会变得更美好，人与人之间的关系也肯定会变得更和谐。

留有余地是一种理智的人生策略

我国古代有个叫李密庵的学者，写过一首《半半歌》，诗云：“酒饮半酣正好，花开半时偏妍。帆张半扇免翻颠，马放半缰稳便。半少却饶滋味，半多反厌纠缠。百年苦乐半相参，会占便宜只半。”用现代的话来说，就是凡事要留有余地，要给自己和别人留有退路。

常留余地二三分，体现了人生的一种智慧。凡事留有余地，则自由度就增加。进也可、退也可，亲也可、疏也可，上也可、下也可，处于一种自由的境地，体现了一种立身处世的艺术。

常留余地二三分，这是因为世界上的事变幻不定，常常有许多意想不到的不利因素产生作用。人外有人，天外有天。人不要总是赢，要留一些给别人赢；不要老想占上风，要给别人一些尊严。这样，自己才能不断进步，人际关系才能更和谐。记住这句话，为人处世还是谦虚谨慎些的好。如果目中无人，骄傲自满，就容易碰壁、栽跟头。

唐朝时，有一位德山大师，精研律藏，而且通达诸经，其中尤以讲《金刚般若波罗蜜经》最为得意。因俗姓周，故得了个“周金刚”的美称。

当时，禅宗在南方很盛行，德山大师就大不以为然地说：“出家沙门，千劫学佛的威仪，万劫学佛的细行，都不一定能学成佛道，南方这些禅宗的魔子魔孙，竟敢诳说：‘直指人心，见性成佛。’我一定要直捣他们的巢穴，灭掉这些孽种，来报答佛恩。”

于是德山大师挑着自己所写的《青龙疏钞》，浩浩荡荡地出了四川，走向湖南的澧阳。

一日途中，突然觉得饥肠辘辘，看到前面有一家茶店，店里有位老婆婆正在卖烧饼，德山大师就到店里想买个饼充饥。老婆婆见德山大师挑着那一大担东西，便好奇地问道：

“这么大的担子，里面装的是什么东西？”

“是《青龙疏钞》。”

“《青龙疏钞》是什么？”

“是我为《金刚般若波罗蜜经》作的批注。”德山大师对于自己的著作，表现出很得意的神情。

“这么说，大师对于《金刚般若波罗蜜经》很有研究？”

“可以这么说！”

“那我有一个问题想请教您，您若能答得出来，我就供养您点心；若答不出来，对不起，请您赶快离开此地。”

德山大师心想：“讲解《金刚般若波罗蜜经》是我最擅长的，任你一位老太婆，怎么可能轻易就难倒我！”随即毫不在意地说：“有什么问题，你尽管提出来好了！”

老婆婆奉上了饼，说道：“在《金刚般若波罗蜜经》中说：‘过去心不可得，现在心不可得，未来心不可得。’不知大师您是要点哪一个心？”

德山大师经老婆婆这一问，呆立

半晌，竟然答不出一句话来。他心中又惭愧又懊恼，只好挑起那一大担的《青龙疏钞》，怅然离去。

德山大师受到这次教训后，再也不敢轻视禅门中修行之人，后来来到龙潭，至诚参谒龙潭祖师，从此勇猛精进，最后大彻大悟。

世事无常，万事多留些余地，多些宽容。这是一条重要的做人准则。在你留有余地的同时，别人也会因此而受益匪浅。

待人对己都要留有余地。好朋友不要如影随形，如胶似漆，不妨保持一点距离；是冤家也不要把人说得全无是处；对崇拜的人不要说得完美无缺；对有错误的人不要贬得一无是处。不要把自己看得像朵花，看别人都是豆腐渣。不要以为自己的判断绝对正确，宜常留一点余地。

一幅画上必须留有空白，有了空白才虚实相间，错落有致。有余地才更加符合实际，才更加充满希望。当然，留有余地不是一种立身处世的圆滑，不是有力不肯使，也不是逢人只说三分话，而是对世界、对自己抱一种知己知彼的理性态度，是对世界的复杂性和自身能力的有限性所采取的一种理智的人生策略。

忧他人之忧，乐他人之乐

宋代朱熹有一句话："体谓设以身处其地而察以心也。"一语道出了将他人的处境纳入思考范畴的境界，这是需要具有很高的自身修养才能体会到的。我们平时熟稔于心的是"己所不欲，勿施于人”。其实，无论怎样表达，都说明了设身处地地为他人着想是一种人生必修的课程，它阐释着宽容、忍让、体谅等很多美好的东西。

人不是单靠吃饭活着的动物，一生中会有很多美丽的邂逅，无论是擦肩而过还是结为金兰，我们都会永远深藏在心底。所以，我们要珍惜每一次真挚的心跳，多为他人考虑一些，也好随着时间的推移，将尘封在心底的往事定格为最美的风景。

有人曾说：“人世间最纯净的友情只存在于孩童时代。”让人感到每个字眼里都透露着悲凉。谁能否认自己不渴望真情？其实，真情永远存在于人们的心中。不同的年龄对感情的态度不同，体悟感情的方式也不尽一样，但这个过程中始终有一个不变的真理，那就是，如果你能把别人的处境纳入思考的范畴，那么你就会得到恒久的真情。

人与人的相处需要忘我的精神。你可曾发觉很多人说话的时候主语经常是“我”？如果我们都把对方放在主要的位置，事情定会是另一番景象。人是一种高级动物，都需要一份温暖、一份关心、一份慰藉，当对方成功时，我们为何不给予真诚的肯定；当对方偶有失误时我们为何不选择包容。多站在对方角度上考虑一下，这世界就不会再有嫉妒、责难，也不会有人再感到真情需要千呼万唤，它将时刻弥漫在我们身边。

爱因斯坦说：“对于我来说，生命的意义在于设身处地替人着想，忧他人之忧，乐他人之乐。”这是一种怎样宽广的胸怀，让他足以容纳他人的忧和乐，这本身就是一种慈悲，一种人生的大爱！

聪明的人遇事时为他人着想，因为他知道当心中只有自己的时候，也可能把麻烦留给了自己；当心中有他人的时候，他人也就为自己留出了一条宽敞的大道。他们往往从别人的角度出发，先考虑到别人的不方便之处；他们对自己要求很严格，却也有足够的涵养不苛责别人；他们把做人的深邃的哲理都赋予了行动。

人生就像春种秋收那样，随着四季的流转，不停地播种和收获。不一样的"播种"也将收获不一样的人生。你把目光投向大海，你将得到整个海洋；你把目光投向天空，你将得到整个天空；你用目光穿透黑暗，你也就会收获黎明；你用目光温暖众人，你也将得到众生的恩宠。

愿你在生命中播种美好与幸福，在美丽的深秋收获金色的黄昏，让人生的舞台像心胸那样海纳百川，收获整个天地间的温情。

律己宜严，待人宜宽

宽容，是胸襟博大者为人处世的一种人生态度。总是对别人吹毛求疵的人，一定不是个受欢迎的人。

能容天下者，方能为天下人所容。据此看来，你若要彩虹，你就得宽容雨点，若是在雨点滴到身上的那一刻便勃然大怒，又怎么能在彩虹出现的刹那拥有一种怡然自得的心情来观赏美丽的风景呢？

森林中有一条河流，河水湍急，不停地打着漩涡，奔向远方。河上有一座独木桥，窄得每次只能容一人通过。

某日，东山上的羊想到西山上去采草莓，而西山的羊想到东山上去采橡果，结果两只羊同时上了桥，到了桥中心，彼此碰到了，谁也走不过去。

东山的羊见僵持的时间已很长了，而西山的羊照样没有退让的意思，便冷冷地说道："喂，你长眼了没有，没见我要去西山吗？"

"我看是你自己没长眼吧，要不，怎么会挡我的道？"西山的羊反唇相讥。

于是，两只互不相让的羊开始了一场决斗。

"咔"——这是两只羊的犄角相碰撞的声音。

"扑通"——这是两只羊失足，同时落入河水中的声音。

森林里安静下来，两只羊跌入河心淹死了，尸体很快就被河水冲走了。

故事中的悲剧本来是可以避免的，只要有一只羊后退到桥头，等另一只羊通过后再上桥，两只羊便都会平安无事。可悲的是，山羊们都固执地认为狭路相逢勇者胜，不肯宽容和忍让，最终都葬身河底。

“宽以待人”既是一种待人接物的态度，也是一种高尚的道德品质，它能够化解人和人之间的许多矛盾，增强人和人之间的友好情感。同时，一个人如果能够养成“宽以待人”的优良品德，就一定可以在与他人的相处过程中，严格要求自己，宽大地善待他人，不断提高自己的思想境界，使自己成为一个道德高尚的人。

有人说，世上只要有人的地方就有纷争，尤其是有“我”有“你”再加个“他”，你、我、他之间的纷争就更多了。所以，若能秉持“你好他好我不好，你大他大我最小，你乐他乐我来苦，你有他有我没有”这4句偈语中所包含的精神，人与人必能和谐相处。

指责只会招来对方更多的不满

动物王国的某公司里，狮子经理上任的第一天，便把前任经理的秘书斑马小姐叫到办公室，说：“你本身就够胖的，还成天穿着花条纹衣服，一点气质都没有，这样下去有损我们公司的形象。如果你还想当办公室秘书，就得换身衣服来上班。”

“可是，我……”斑马小姐刚开口解释，狮子经理便恼怒地一挥手，斑马小姐只好含泪离开了办公室。

狮子又叫来业务员黄鼠狼，并对它说："你是业务骨干，为了体面地面对客户，从今天起，你不准放臭屁。"

"可是，我……"黄鼠狼刚要解释，狮子经理不耐烦地一挥手，黄鼠狼只好委屈地离开了办公室。

狮子又叫来会计野猪，嫌它獠牙太长。

第二天，狮子刚走进公司大门，发现公司里冷冷清清，原来公司的员工集体辞职不干了。

狮子经理的无端指责，不但没有获得它所想要的效果，反而因树敌太多，大家都离开了它，使它成了"孤家寡人"。我们要记住狮子的教训，无论是在生活中还是在工作中，都不要轻易地指责他人。俗话说："多个朋友多条道，多个敌人多堵墙。"

人往往都有这样一个特点，无论他多么不对，他都宁愿自责而不希望别人去指责他。在你想要指责别人的时候，首先请你记住，指责就像放出的信鸽一样，它总要飞回来的。指责不仅会使你得罪对方，而且对方也必然会在一定的时候指责你。

学会接纳他人，容忍他人的缺点，是人生的一门重要课程，它有助于提高你的人格魅力。因此，树敌不如交友，批评不如赞扬，只要你不到处树敌，他人就乐于与你交往。懂得了这一点，对你成功做事、做人是有帮助的。

自我反省会得到他人的尊敬

我们每个人都有必要学会自省，因为学会自省可以少犯错误，使自己的道德品质日臻完善，使自己做人做事更加机智成熟，使自己能正确认识自身的不足，并且能客观、公正地评价自己。

我国古代思想家孔子的弟子曾子提出著名的“吾日三省吾身”的自省修养方法。另外一位大思想家孟子则提出“自反”“反求诸己”，即经常反省自己的言行。《易传》把这称为“修省”的方法，以后的思想家进一步发展了这一思想，并提出“责己”的学说，相当于现在我们所说的“自我批评”。可见，我们要想成为一个有道德、有修养的人，就需要经常反省自己的思想和行为。

苏联文学家高尔基认为：“自我批评是最严格的批评，而且也是最有益的。”所以，我们应善于辨察自我意识和言行中的善恶是非，严于自我批评，及时改正自己的过错，更要敢于公开承认自己的错误，勇于揭露自己的不足。就像闻一多先生所说的那样:“我们倒不怕承认自身的‘弱点’，愈知道自身弱在哪里，愈好在各人自己的岗位上来尽力加强它。”

“你可以有一点兴奋，但不要过于兴奋。从影50年，拍片35部，这固然是一种积累，也确实值得高兴。你一直在说自己最好的影片还没有拍出来，现在，留给你有力气拍片的时间还有多少呢？3年？5年？总之是不会再有50年了！所以，你不要过于兴奋，相反，你倒是需要有一点忧患意识，需要更强烈的只争朝夕的紧迫感。

“你可以有一点满足，但不要过于满足。你这50年，不也有许许多多的遗憾吗？你的电影业留下种种遗憾，这里有你自己的局限，也有种种无可奈何。所以，你不要过于满足，你应当看到这些遗憾，抓紧剩下的时间，拍出不遗憾或者少遗憾的新电影来。

“你可以有一点骄傲，但不要过于骄傲。有一点成就，也不是你一个人的。你要感谢几十年来你的老师、老领导、老朋友对你的关心、帮助和支持！你还要感谢时代，特别是十一届三中全会以来的20年，小平同志率领中国人民走上了改革开放的康庄大道，你才有了放开手脚真正施展的天地！这些，你不能忘记，你要珍惜！”

从谢晋给自己的这封信中，我们深深感受到一名老艺术家对祖国文化艺术事业的拳拳之心，字里行间，渗透着这位老艺术家对自身艺术生命高度负责的严肃态度。但在现实生活中，却有很多人会因光阴易逝而及时享乐，不求进取。而年过七旬，到了所谓“从心所欲，不逾矩”的年龄的谢晋，却在功成名就引来无数赞美喝彩之际，依然如此清醒地严厉地审视自己，并面向未来执着地进取和追求，这种精神是值得我们所有人学习的。

事实上，自省的过程就是一个自我检讨、自我反思、自我监督、自我提高的过程。通过这个过程认识自己，洗涤自己大脑中的"污垢"和"灰尘"。

只有学会自省，才能静下心来客观公正地评价自己，才能清楚地认识到自己的缺点与不足，认识到自己的愚昧与无知，从而得到人们更高的尊重。

尊重他人就是要理解和包容他人

根据马斯洛的需求层次理论，尊重和自我实现的需要是人类最高层次的需要。人们都有一种"身份"意识，希望得到他人的认可和尊重。更何况，照顾他人面子是中国的传统文化。只有尊重他人，才能赢得他人的尊重，别人才会跟你交朋友、做生意。

尊重他人将使我们变得更加宽容、乐观，与人更好地接触交流、精诚合作。相反，如果你自视甚高，目中无人，不顾及他人面子，总有一天会吃苦头。

小田和小方在同一单位工作，在工作能力上小田比小方稍胜一筹，这让小方生出一些嫉妒。

工作中，小田经常获得奖励，小方最喜欢对他说："你脑袋那么好使，叫咱这样的笨蛋脸往哪儿搁呀？"在背后，小方好像开玩笑似的对其他同事说："小田拍马屁的功夫了不得，弄得领导们服服帖帖……"

在一次讨论方案的会议上，小田刚刚说完自己的设想，请大家发表意见，小方就用不阴不阳的口气说："你下了这么大的工夫，搞了这么一堆材料，一定很辛苦，我怎么一句也没听懂呢？

是不是我的水平太低，需要小田给我再来一点启蒙教育？”

顿时，小田的脸就气红了，说：“有意见可以提，你用这种口气是什么意思？”显然，小方的话太刺激人了。

后来，小田升职的速度比小方快，当上了小方的上司。终于有一天，小田逮住小方的错误，借机将他调到单位下属的一个小厂接受锻炼去了。

小方就是吃了不尊重人的苦头。如果他不改掉这个毛病，恐怕以后还会得罪更多的人，更不用说跟人友好相处、紧密合作了。

美国诗人惠特曼说过：“对人不尊敬，首先就是对自己的不尊敬。”你希望别人怎样对待你，你就应该怎样对待别人。你尊重他人，他人就会尊重你。不尊重别人就会深深地刺伤别人的自尊心，并且让人恼羞成怒，这样对自己也没有什么好处。与其如此，为什么不让我们换一种眼光，站在对方的角度考虑问题，给别人一点尊重呢？要知道，尊重是人际关系的润滑剂，它将使许多问题变得更加容易解决。

克洛里是纽约泰勒木材公司的推销员。他承认，多年来，他总是尖刻地指责那些大发脾气的木材检验人员的错误，他也赢得了辩论，可这一点好处也没有。因为那些检验人员和“棒球裁判”一样，一旦判决下去，他们绝不肯更改。

克洛里虽然在口舌上获胜，却使公司损失了成千上万的金钱。他决定改掉这种习惯，不再抬杠了。他说：

“有一天早上，我办公室的电话响了。一位愤怒的主顾在电话那头抱怨我们运去的一车木材完全不符合他们的要求。他的公司已经下令停止卸货，请我们立刻把木材运回去。因为在木材卸下25%后，他们的木材检验员报告说，55%的木材不合格。在这种情况下，他们拒绝接受。

“挂了电话，我立刻赶去对方的工厂。在途中，我一直在思考着一个解决问题的最佳办法。通常，在那种情形下，我会以我的工作经验和知识来说服检验员。然而，我又想，还是把在课堂上学到的为人处世原则运用一番看看。

“到了工厂，我见购料主任和检验员正闷闷不乐，一副等着抬杠的姿态。我走到卸货的卡车前面，要他们继续卸货，让我看看木材的情况。我请检验员继续把不合格的木料挑出来，把合格的放到另一边。

“看了一会儿，我才知道他们的检查太严格了，而且把检验规格也搞错了。那批木材是白松。虽然我知道那位检验员对硬木的知识很丰富，但检验白松却不够格，经验也不够，而白松碰巧是我最在行的。我能以此来指责对方检验员评定白松等级的方式吗？不行，绝对不能！我继续观看着，慢慢地开始问他某些木料不合格的理由是什么，我一点也没有暗示他检查错了。我强调，我请教他是希望以后送货时，能确实满足他们公司的要求。

“以一种非常友好而合作的语气请教，并且坚持把他们不满意的部分挑出来，使他们感到高兴。于是，我们之间剑拔弩张的气氛消散了。偶尔，我小心地提问几句，让他自己觉得有些不能接受的木料可能是合格的，但是，我非常小心，不让他认为我是有意为难他。他的整个态度渐渐地改变了。他最后向我承认，他对白松的经验不多，而且问我有关白松的问题，我就对他解释为什么那些白松都是合格的，但是我仍然坚持：如果他们认为不合格，我们不要他收下。他终于到了每挑出一根不合格的木材就有一种罪过感的地步。最后他终于明白，错误在于他们自己没有指明他们所需要的是什么等级的木材。

"结果，在我走之后，他把卸下的木料又重新检验一遍，全部接受了，于是我们收到了一张全额支票。

"就这件事来说，讲究一点技巧，尽量控制自己对别人的指责，尊重别人的意见，就可以使我们的公司减少损失，而我们所获得的则非金钱所能衡量的。"

你看，解决问题的办法就是这么简单，只要少一点抱怨，多一分尊重，事情就变得简单了。在这里，尊重并不是一种谄媚，而是理解与包容，是一种高明的解决之道，一种自尊自爱的表现。因为只有你尊重别人了，别人才会尊重你，才会觉得你有解决问题的诚意，才愿意跟你商谈合作。

面对别人的批评，我们要用诚恳的态度来接受；面对别人的过失，我们不妨多一些体谅与宽容；面对别人的疑惑，我们不妨热情地伸出我们的双手。别人就是一面镜子，在尊重他人的言行里，我们可以照出自己的人格，也能照出自己的锦绣前程。

用刀剑去攻打，不如**用微笑去征服**

卡耐基培训班的一位学员说："我已经结婚18年了，在这段时间里，从我早上起来，到要上班的时候，我很少对太太微笑，或对她说上几句话。我是最闷闷不乐的人。

"既然你要我对微笑也发表一段谈话，我就决定试一个礼拜看看。因此，第二天早上梳头的时候，我就看着镜子对自己说：'威尔森，你今天要把脸上的愁容一扫而空。你要微笑起来。现在就开始微笑。'当我坐下来吃早餐的时候，我以'早安，亲爱的'跟太太打招呼，同时对她微笑。

"现在，我要去上班的时候，就会对大楼的电梯管理员微笑着说一声'早安'。我用微笑跟大楼门口的警卫打招呼。我对地铁的出纳小姐微笑，当我跟她换零钱的时候。当我到达公司，我对那些以前从没见过我微笑的人微笑。

"我很快就发现，每一个人也对我报以微笑。我以一种愉悦的态度，来对待那些满肚子牢骚的人。我一面听着他们的牢骚，一面微笑着，于是问题就更容易解决了。我发现微笑带给我更多的收入，每天都带来更多的钞票。"

微笑是人的宝贵财富，微笑是自信的标志，也是礼貌的象征。人们往往依据你的微笑来获取对你的印象，从而决定对你所要办的事的

态度。只要人人都献出一份微笑，事情将不再难办，人与人之间的沟通将变得十分容易。

现实生活中，一个人对你满面冰霜、横眉冷对，另一个人对你面带笑容、温暖如春，他们同时向你请教一个工作上的问题，你更欢迎哪一个？显然是后者，你会毫不犹豫地对他知无不言，言无不尽。而对前者，恐怕就恰恰相反了。

有微笑面孔的人，就会有希望。因为一个人的笑容就是他传递好意的信使，他的笑容可以照亮周围的人。没有人喜欢帮助那些整天愁容满面的人，更不会信任他们。很多人在社会上站住脚是从微笑开始的，还有很多人在社会上获得了极好的人缘，也是从微笑开始的。

任何一个人都希望自己能给别人留下好印象，这种好印象可以创造出一种轻松愉快的气氛，可以为彼此建立友善的联系。一个人在社会上就是要靠这种关系才可立足，而微笑正是打开愉快之门的金钥匙。

有人做了一个有趣的实验，以证明微笑的魅力。

他给两个人分别戴上一模一样的面具，上面没有任何表情，然后，他问观众最喜欢哪一个人，答案几乎一样：一个也不喜欢，因为那两个面具都没有表情，他们无从选择。

然后，他要求两个模特儿把面具拿开，现在舞台上有两张不同的脸，他要其中一个人愁眉不展并且一句话也不说，另一个人则面带微笑。

他再问每一位观众："现在，你们对哪一个人最有兴趣？"答案也是一样的，他们选择了那个面带微笑的人。

如果微笑能够真正地伴随着你生命的整个过程，这会使我们超越很多自身的局限，使我们的生命自始至终生机勃发。

用你的笑脸去迎接每一个人，那么你会成为最受欢迎的人。

接纳别人的**与众不同**

圣诞节临近，美国芝加哥西北郊的帕克里奇镇到处洋溢着喜庆、热闹的节日气氛。

正在读中学的谢丽拿着一叠不久前收到的圣诞贺卡，打算在好朋友希拉里面前炫耀一番。谁知希拉里却拿出了比她多10倍的圣诞贺卡，这令她羡慕不已。

"你怎么有这么多的朋友？这中间有什么诀窍吗？"谢丽惊奇地问。

希拉里给谢丽讲了自己两年前的一段经历：

“一个暖洋洋的中午，我和爸爸在郊区公园散步。在那儿，我看见一个很滑稽的老太太。天气那么暖和，她却紧裹着一件厚厚的羊绒大衣，脖子上围着一条毛皮围巾，仿佛正下着鹅毛大雪。我轻轻地拽了一下爸爸的胳膊说：‘爸爸，你看那位老太太的样子多可笑呀！’

“当时爸爸的表情特别严肃。他沉默了一会儿说：‘希拉里，我突然发现你缺少一种本领，你不会欣赏别人。这证明你在与别人的交往时少了一份真诚和友善。’

“爸爸接着说：‘那位老太太穿着大衣，围着围巾，也许是生病初愈，身体还不太舒服。但你看她的表情，她注视着树枝上一朵清香、漂亮的丁香花，表情是那么生动，你不认为很可爱吗？她渴望春天，喜欢美好的大自然。我觉得这老太太令人感动！’

“爸爸领着我走到那位老太太面前，微笑着说：‘夫人，您欣赏春天时的神情真的令人感动，您使春天变得更美好了！’

“那位老太太似乎很激动：‘谢谢，谢谢您！先生。’她说着，便从提包里取出一小袋甜饼递给了我，‘你真漂亮……’

“事后，爸爸对我说：‘一定要学会真诚地欣赏别人，因为每个人都有值得我们欣赏的优点。当你这样做了，你就会获得很多朋友。’”

你可能会觉得别人与众不同，并觉得很诧异，但只要换种眼光去捕捉他们身上的闪光点，学会真诚地欣赏，你就会惊喜地发现你的周围有很多伙伴，好朋友也越来越多，生活也越来越丰富。

如何接纳别人的与众不同呢？不妨参考以下几点：

（1）虚心学习朋友的长处。

（2）不勉强别人做他们不愿意做的事。

（3）真诚对待周围的每一个人。

（4）在与别人的交谈中不要轻易说不喜欢谁。

（5）与人交往要态度温和，不要动不动就发脾气。

帮助曾经伤害过你的人

用宽广的胸怀去包容曾经伤害过自己的人，能够不计前嫌，给他以帮助与关怀，才是为人之大德。

从前有一个富翁，他有3个儿子，在他年事已高的时候，富翁决定把自己的财产全部留给3个儿子中的一个。可是，到底要把财产留给哪一个儿子呢？富翁想出了一个办法：他要3个儿子都花一年时间去周游世界，回来之后看谁做了最高尚的事情，谁就是财产的继承者。一年时间很快就过去了，3个儿子陆续回到家中，富翁要3个人都讲一讲自己的经历。大儿子得意地说：“我在周游世界的时候，遇到了一个陌生人，他十分信任我，把一袋金币交给我保管，可是那个人却意外去世了，我就把那袋金币原封不动地交还给了他的家人。”二儿子自信地说：“当我旅行到一个贫穷落后的村落时，看到一个可怜的小乞丐不幸掉到湖里了，我立即跳下马，从河里把他救了起来，并留给他一笔钱。”三儿子犹豫地说：“我，我没有遇到两个哥哥碰到的那种事，在我旅行的时候遇到了一个人，他很想得到我的钱袋，一路上千方百计地害我，我差点死在他手上。可是有一天我经过悬崖边，看到那个人正在悬崖边的一棵树下睡觉，当时我只要抬一抬脚就可以轻松地把他踢到悬崖下，但我想了想，觉得不能这么做，正打算走，又担心他一翻身掉下悬崖，就叫醒了他，然后继续赶路了。这实在算不了什么有意义的经历。”富翁听完3个儿子的话，点了点头说道：“诚实、见义勇为是一个人应有的品质，称不上是高尚。有机会报仇

却放弃，反而帮助自己的仇人脱离危险的宽容之心才是最高尚的。我的全部财产都是三儿子的了。”

宽容是一笔巨额的财富，是人性达到的一种至善境界，是人性之花历经沧桑之后依然盛开的那份通透与恬然。

活在仇恨里的人是愚蠢的。一方面，你在憎恨他人时，心里总是愤愤不平，希望别人遭到不幸、惩罚，却又往往不能如愿，失望、莫名的烦躁之后，你便失去了往日那轻松的心境和欢快的情绪，从而心理失衡；另一方面，在憎恨他人时，由于疏远他人，只看到他人的短处，在言语上贬低他人、在行动上敌视他人，结果使人际关系越来越僵，以致树敌过多。宽容地帮助曾经伤害过你的人才不失为人生大智慧，以德化怨，春风化雨，是成熟人性的完美体现。宽容的人生收获的必是满城桃李。

要私下指出别人的缺点

如果你想让自己的说话方式讨人喜欢，那么私下指出别人的缺点是采取行动的第一步。但有的人却常常要么容忍别人的缺点，要么就直接对外宣扬，让别人下不了台。这个教训实在值得我们思考。

做人要拥有一颗宽容的心。“金无足赤，人无完人。”记得有位专家就说过，不要苛求别人的完美，宽容让你自己不断完美起来。如果别人的某些缺点比较严重，我们应该以私下谈心的方式委婉指出。急风暴雨不如和风细雨，当场训斥不如私下平心静气、施以爱心。只有我们拥有了一颗宽容的心，别人才能感受到我们的真诚，当我们指出缺点的时候他们才能心悦诚服地接受。

朋友之间，指出缺点总是要担负伤和气的风险的，但作为朋友应该承担这种风险。风险有大有小，关键是用的方法适当与否。人总是要讲点面子，指出缺点更应该顾及对方的面子，说话尽可能婉转一些，尤其不要当众给朋友生硬“挑刺”。即使在私下场合指出缺点和错误，也应充分考虑如何让对方愉快接受，建议先聊聊其他事情，以便在沟通感情、融洽气氛的基础上再婉转地指出问题。

指出缺点更多的是发生在角色地位并不平等的人之间，比如上司对下属，老师对学生。这些情况下可以公开指出缺点吗？当然不可以，照样应该维护下属和学生的面子。当员工违背明确的规章制度时，当然应当众指出其过错，让他认识到缺点错误的同时，也可对其他人起到警示作用。假若员工在工作上出现小小的失误，而且不是有意的行为，可在私下为其指出来，或以含蓄、暗示的方式使其意识到自己的缺点。这样既能维护他的面子，又能达到帮他改正缺点的目的。

要时常反问自己:“处理这件事最合乎人性的方法是什么？”当员工因为某些原因把事情弄糟了，有的领导者会把犯错误的员工当着其他员工甚至是这个员工的下属的面训斥一通。而人性化的领导者会在私下里跟员工谈心，指出缺点，帮助他们找出适当的方法去做好事情，并且肯定他们已经做得很好的部分，以免让这些员工丧失信心。

所以，作为上司，假如下属真的有比较严重的缺点，建议应私下找他谈话，指出缺点，告诉他今后如何正确处理类似的问题，避免再犯同样的错误。只有这样，下属有问题才愿找上司反映或沟通谈心。这样一来，领导者就会在员工中树立一个良好的形象。

作为老师，指出学生的缺点时也要注意方法。

刘老师班上有个女生很优秀，有一段时间看到别人比自己成绩好，心里有些不平衡。刘老师通过网上聊天工具和她聊天，直言不讳。这个女生很感激，情绪理顺了。对其他有缺点的学生，刘老师也尽量采取类似方法。学生们说："刘老师照顾我们的面子，我们也尽力改正。"一位教育专家这样评价刘老师："刘老师这样做是讲策略，育人工程最艰深，关键要用心！"有一次，刘老师经过教室，听到一位同学用粗话骂老师，他装作没听见，事后私下把那同学请到办公室，告诉他老师已经听到他说的那句话，但不想当着全班人的面来批评，是为了尊重他。这位同学很诚恳地承认了错误并向老师道歉，后来变得很有礼貌了。试想，如果刘老师当时走进教室狠批他一顿，有可能换来学生第二次更难听的粗话。

因此，面对别人的缺点，私下里指出而不是当面批评或宣扬，不仅会让他感受到你的修养，而且他也会更加尊重你。

放大镜看人优点，缩小镜看人缺点

在现实生活中，不难发现很多人在与他人交往的过程中，他们把别人身上的缺点无限扩大，动不动就责怪他人。对于别人身上的优点呢？则以“这有什么了不起”为由来对其嗤之以鼻。这种现象其实是非常可悲的。因为当一个人以刻薄小气的胸襟为人处世时，他绝不可能有什么出息。一个用“缩小镜看人优点，放大镜看人缺点”的人，绝对不会获得美好的友谊，也难以得到别人的帮助。

生活中，我们要善于发现别人身上的优点，努力学习别人的优点，这才是正确的行为。也只有以这种“放大镜看人优点，缩小镜看人缺点”的心态，才能有宽广的胸襟，才能赢得别人的敬重，才容易取得成功。

蔡元培先生就是一个有着大胸襟的人。在他担任北京大学校长时，曾有这么两个“另类”的教授。一个是“持复辟论者”和“主张一夫多妻制”的辜鸿铭。辜鸿铭当时应蔡元培先生之请来讲授英国文学。辜鸿铭的学问十分渊博而庞杂，他上课时，竟带一童仆为之装烟、倒茶，他自己则是“一会儿吸烟，一会儿喝茶”，学生焦急地等着他上课，他也不管，“摆架子，玩臭格”成了当时一些北大学生对辜鸿铭的印象。很快，就有人把这事反映到蔡元培那儿。然而蔡元培并不生气。他对前来反映情况的人解释说：“辜鸿铭是通晓中西学问和多种外国语言的难得人才，他上课时展现的陋习固然不好，但这并不会给他的教授工作带来实质性的损害，所以他生活中的这些习惯我们应该包容。”经过一段时间后，再也没有人来告状了，因为辜鸿铭的课堂里挤满了北大的学子。很多学生为他渊博的知识、学贯中西的见解而折服。辜鸿铭讲课从来不拘一格，天马行空的方式更是大受学生欢迎。

另一个人，则是受蔡元培先生的聘请，教《中国古代文学》的刘师培。根据冯友兰、周作人等人回忆，刘师培给学生上课时，“既不带书，也不带卡片，随便谈起来”，且他的“字写得实在可怕，几乎像小孩描红相似，而且不讲笔顺”，“所以简直不成字样”，这种情况很快也被一些学生、老师反映到蔡元培那儿。然而蔡元培却微微一笑，说：“刘师培讲课带不带书都一样啊，书都在他脑袋里装着，至于写字不好也没什么大碍啊。”后来学生们发现刘师培讲课是“头头是道，援引资料，都是随口背诵”，而且文章没有做不好的。

从蔡元培对辜鸿铭和刘师培两位教授的处理方法，可见蔡元培量用人才的胸怀是何等求实、豁达而又准确。他把对师生个性的尊重与宽容发挥到了一种极高明的地步。为了实现改革北大的办学理想，迅速壮大北大实力，他极善于抓住主要矛盾和解决问题的关键，把尊重人才个性选择与用人所长理智地结合起来。他曾精辟地解释道：“对于教员，以学诣为主。在校讲授，以无悖于第一种之主张（循思想自由原则，取兼容并包主义）为界限。其在校外之言动，悉听自由，本校从不过问，亦不能代负责任。夫人才至为难得，若求全责备，则学校殆难成立。”

正是这种博大的胸襟，才使蔡元培能够发现真正的人才，也才使当时的北京大学有了长足的发展。

美国著名的人际关系学家卡耐基和许多人都是朋友，其中包括若干被认为是孤僻、不好接近的人。有人很奇怪地问卡耐基："我真搞不懂，你怎么能忍受那些老怪物呢？他们的生活与我们一点都不一样。"卡耐基回答道："他们的本性和我们是一样的，只是生活细节上难以一致罢了。但是，我们为什么要戴着放大镜去看这些细枝末节呢？难道一个不喜欢笑的人，他的过错就比一个受人欢迎的夸夸其谈者更大吗？只要他们是好人，我们不必如此苛求小处。"

在现实生活里，我们应该学会以一种大胸襟来对待别人的缺点和过错。学会“容人之长”，因为人各有所长，取人之长补己之短，才能相互促进，学习才能进步；学会“容人之短”，因为“金无足赤，人无完人”，人的短处是客观存在的，容不得别人的短处就只会成为“孤家寡人”；学会“容人之过”，因为“人非圣贤，孰能无过”，历史上凡是有所作为的伟人，都能容人之过。

朋友们，当我们拥有“以放大镜看人优点，以缩小镜看人缺点”的大胸襟时，我们便拥有了众多的朋友，拥有了无尽的帮助，也拥有了通向成功的门票。

不因偶尔的过错就丧失对朋友的信任

朋友间的相处，伤害往往是无心的，帮助却是真心的，不要因朋友偶尔的过失而失去对他的信任。

在一个小镇上有一个出名的地痞，整日游手好闲，酗酒闹事，人们见到他唯恐躲避不及。一天，他醉酒后失手打伤了前来上门讨债的债主，被判刑入狱。

入狱后的地痞幡然悔悟，对以往的言行感到十分懊悔。

一次，他成功地协助监狱管理人员制止了犯人的集体越狱出逃，获得减刑的机会。

地痞（原谅继续这样称呼他）从监狱中出来后，回到小镇上重新开始生活。他先是想找个地方打工赚钱，结果全都拒绝用他。食不果腹的地痞又来到亲朋好友家借钱，看到的都是一双双不信任的眼睛，他那一点刚充满希望的心，开始滑向失望的边缘。这时，地痞少年时代的朋友听说了此事，就取出了1000元送给他，地痞接钱时没有显出过分的激动，他平静地看了一眼昔日的朋友后，消失在镇口的小路上。

数年后，地痞从外地归来。他靠1000元起家，苦命拼搏，终于成了一个腰缠万贯的富翁，不仅还清了亲朋好友的旧账，还领回来一个漂亮的妻子。他来到了昔日的朋友家，恭恭敬敬地捧上了2000元，然后，流着泪说道："谢谢你！你是我真正的朋友，是你的信任给了我站起来的勇气。"

信任是最好的支持，它是对人性的肯定，它对人的帮助在于心理上道义的重建，其意义超过了金钱的支援。真正的朋友经得起任何狂风暴雨的打击，请不要因为朋友对你的态度一时冷淡，或是因朋友一时的过错而失去了对朋友的信任。你若能对朋友坦诚相待，你真正的朋友必然会以最大的忠诚回报你。

阿拉伯传说中，有两个朋友在沙漠中旅行，在旅途中他们吵架了，一人还给了另外一人一记耳光。被打的那位觉得受辱，一言不语，在沙子上写下：今天我的好朋友打了我一巴掌。他们继续往前走。直到到了沃野，他们才决定停下。被打巴掌的那位差点淹死，幸好被朋友救起来了。被救起后，他拿了一把小剑在石头上刻了：今天我的好朋友救了我一命。

一旁的朋友好奇地问道："为什么我打了你，你要写在沙子上，而救了你却要刻在石头上呢？"他笑了笑回答说："当被一个朋友伤害时，要写在易忘的地方，风会负责抹去它；相反，如果得到帮助，我们要把它刻在心里的深处，在那里任何风都不能磨灭它。”

或许，朋友对你的伤害是无意间造成的，朋友间有了裂痕就需要用宽容来弥合。信任是伸向失望的一双手，一个小小的动作能改变一个人的一生。不要因偶尔的过错就失去对朋友的信任，宽容你的朋友吧，说不定在你的身边会出现奇迹。

容人小过，不念旧恶

古人说，“水至清则无鱼，人至察则无徒。”如果一个人要求与他交往的人都像天使一样纯洁，那他就要与上帝一起生活了。有句话说得好，人非圣贤，孰能无过？过而能改，善莫大焉。人不是圣人，谁都会犯错，只要不是一些原则性的大错，我们就没有必要太过计较。何必因为一些鸡毛蒜皮的小事而生气烦心呢？“糊涂”点才是真聪明。

西汉宣帝时的丞相叫丙吉，他有一个车夫很好喝酒，醉酒后常有行为不检点的地方。有一次，车夫酒后为丙吉驾车，结果呕吐起来，弄脏了车子。丞相的属官为此骂了车夫一顿，并要求丙吉将此人撵走。丙吉说：“何必呢！他本是一个不错的驭手，现在因为饮酒的过失被撵走了，谁还会再雇用他呢！那叫他以后怎么办！就容忍了吧，况且，也不过就是弄脏了我这个丞相的车垫子罢了。”于是继续让他驾车。

这个车夫的家在边疆地区，经常会传来有关于边疆情况的消息。一次他外出，正巧看见驿站上来了个从边郡往京城送紧急文件的使者，他就跟随到皇宫正门负责警卫传达的公车令那里去打听，知道是匈奴侵犯云中郡和代郡等地。他马上赶回相府，将情况报告给丙吉，并建议道："恐怕在匈奴进犯的边境地区，有一些太守和长吏已经老病缠身，难以胜任用兵打仗之事了，丞相是否预先查验一遍，也好事前有个准备。"丙吉听了，觉得车夫的想法很对，到底家在边境的人对这些事考虑得特别细致，于是召来属吏有司，让他们立即统计有关人员情况，做到对边境官员有个比较充分的了解。

不久，汉宣帝召见丞相和御史大夫，询问遭匈奴侵犯的边境守将情况，丙吉当下一一对答如流，而御史大夫仓促间哪能回答得出，皇帝见他那副吞吞吐吐的窘态，大为生气，狠狠地加以责备，而对丙吉则大加赞扬，称许他能时时忧虑边境事务，忠于职

守。其实，皇帝哪里知道这全是车夫的提醒之功啊！

军国大事本不是车夫所长，丙吉在朝也难以了解到边区的具体状况。只因容人小过，却意外收到了如此有利的效果。看来，关键就在于在车夫身上所表现出来的化短为长的力量的作用。

可见，容忍别人的小过失，他必将以自己的一技之长来酬答；宽容自己的仇人，他有可能会尽力回报你。只因为要报答恩人的感情激荡在胸中，所以他一有机会就跃跃欲试，他的才干一受到激励，就会尽情发挥。

郭进任山西巡检时，有个军校到朝廷控告他，宋太祖召见了那人，审讯后知道是诬告，就将他押送回山西，交给郭进，让郭进亲自处置他。当时正赶上北汉国入侵，郭进就对那人说："你竟敢诬告我，确实还有点胆量。现在我赦免你的罪过，如果你能出其不意，消灭敌人，我将向朝廷推荐你。如果你被打败了，就自己去投河，不要弄脏了我的剑。"那个军校在战斗中奋不顾身，英勇杀敌，居然打了大胜仗，郭进就向朝廷推荐了他，使他得到提升。

容人小过，不仅因为多数人或迟或早会有这样那样的过失、短处，而且大多数人都可以做到"过而能改"，并不自甘堕落。换言之，容人小过，也是在为"过而能改"的人创造改过的条件，这样才能获得别人的尊重。容人小过，不念旧恶，这就是我们每个人都应该遵守的一条社交法则。

第五章

化解矛盾，一分包容胜过十分责备

包容可以减少冲突

这是一场看似普通又极为特殊的世界职业拳手争霸赛。

正在比赛的是美国两个职业拳手，年长的叫卢卡，30岁；年轻的叫拉瓦，25岁。上半场两人打了6个回合，实力相当，难分胜负。在第七个回合，拉瓦接连击中老将卢卡的头部，打得他鼻青脸肿。

短暂地休息时，拉瓦真诚地向卢卡致歉。他先用自己的毛巾一点点擦去卢卡脸上的血迹，然后把矿泉水洒在他的头上。拉瓦始终是一脸歉意，仿佛这一切都是自己的罪过。接下来两人继续交手。也许是年纪大了，也许是体力不支，卢卡一次又一次地被拉瓦击倒在地。按规则，对手被打倒后，裁判连喊三声，如果三声之后仍然起不来，就算输了。每次都不等裁判将“三”叫出口，拉瓦就上前把卢卡拉起来。卢卡被扶起后，他们微笑着击掌，然后继续交战。

这样的举动在拳击场上极为少见。

最终，卢卡负于拉瓦，观众潮水般涌向拉瓦，向他献花、致敬、赠送礼物。拉瓦拨开人群，径直走向被冷落一旁的老将卢卡，将最大的一束鲜花送进他的怀抱。

两人紧紧地拥在一起，相互亲吻对方被击伤的部位，俨然是一对亲兄

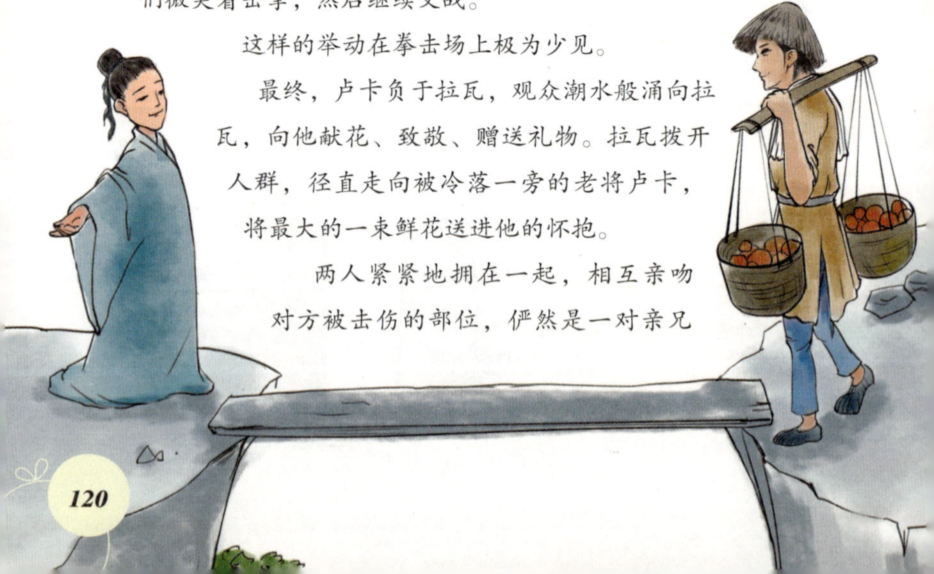

弟。卢卡真诚地向拉瓦祝贺，一脸由衷的笑容。他握住拉瓦的手高高举过头顶，向全场的观众致敬。观众更加沸腾了，为这一对相拥在一起的对手欢呼。

真正有智慧的人总会包容一切，从而使冲突消弭于无形。包容是一种美德。能够宽容别人的人，可以和各种人和睦相处，同时也可以反映出自身的人格修养和广阔胸襟。客观地看待自己和他人，同时保持一种谦逊和宽容的精神，是最有利于个人成长的做法。

“原谅别人，才能释放自己。”借着宽恕，你释放了牢里的犯人，而那个犯人，可能就是你自己。

有一次，公司老总派查尔斯去国外洽谈一个重要的合作项目，并对他说：“你要用人，公司职员随便你挑……”

查尔斯说：“那我就点名要杰克。”这个请求倒是把老总弄糊涂了。杰克的狡猾和贪婪大家有目共睹，坏毛病一大堆，为什么查尔斯要选他呢?

查尔斯对迷惑不解的老总说：“我在外需要公司内部给我提供大量信息和全力支持，本来杰克就参与了这次谈判，不让他去，难保他不眼红。如果他暗中作梗，岂不坏了大事?但是我与他一起合作，分他点功名，他也就不会再为难我。为人为己，我认为这是最好的选择。”老总听后，明白了查尔斯的深远用意，连称高明。

生活中有很多事应当忍则忍，能让则让。忍让和宽容不是懦弱和怕事，而是关怀和体谅，以己度人，推己及人，我们就能与别人和睦相处，甚至化敌为友。用和平的方式处理生活中的冲突与愤怒，是迎战那些终日想要给你使绊儿的人所能采用的最上策，而且，它往往能让你得到更多回报。

与他人争执时，**懂得后退一步**

生活中，当我们与他人发生争执时，要懂得后退一步。所谓“退一步海阔天空”，不无道理。

明朝冯梦龙在《广笑府》中记载了这样一则故事：

从前，有父子二人，性格都非常倔强，生活中从来不对人低头，也不让人，且不后退半步。一日，家中来了客人，父亲命儿子去市场买肉。儿子拿着钱在屠夫处买了几斤上好的肉，用绳子串着转身回家，来到城门时，迎面碰上一个人，双方都寸步不让，也坚决不避开，于是，面对面地挺立在那儿，相持了很久很久。

日已正中，家中还在等肉下锅待客，做父亲的不由得焦急起来，便出门去寻找买肉未归的儿子。刚到城门处，看见儿子还僵立在那儿，半点也没有让人的意思。父亲心下大喜：这真是我的好儿子，性格刚直如此；又大怒，你算老几，竟敢在我父子面前如此放肆。他蹿步上前，大声说道：“好儿子，你先将肉送回去，陪客人吃饭，让我站在这儿与他比一比，看谁撑得过谁？”

话音刚落，父亲与儿子交换了一个位置，儿子回家去烹肉煮酒待客；父亲则站在那个人的对面，如怒目金刚般挺立不动。惹得众多的围观者大笑不止。

故事很可笑，但也说明了一个道理：懂得退步，才会有更大的收获。

就因为在一些小事上发生了争执，两位大作家——列夫·托尔斯泰和屠格涅夫的友情曾中断了17年。

1878年，托尔斯泰在经历了长期的内疚和不安后，主动写信给屠格涅夫表示道歉。他写道："近日想起我同您的关系，我又惊又喜。我对您没有任何敌意，谢谢上帝，但愿您也是这样。我知道您是善良的，请您原谅我的一切！"

屠格涅夫立即回信说："收到您的信，我深受感动。我对您没有任何敌对情感，假如说过去有过，那么早已消除——只剩下了对您的怀念。"

一场积聚多年的冰雪终于化解了。不过，此后不久，另一件事又差点使他们的关系再次陷入危机。幸运的是，吃一堑长一智，他们这次都知道如何避开了。

这一年，在托尔斯泰的盛情邀请下，屠格涅夫到勃纳庄园做客。有一天，托尔斯泰请客人一起去打猎。屠格涅夫瞄准一只山鸡，"砰"地开了一枪。

"打死了吗？"托尔斯泰在原地喊道。

"打中了！您快让猎狗去捡。"屠格涅夫高兴地回答。

猎狗跑过去之后很快便回来了，但却一无所获。"说不定只是受了伤。"托尔斯泰说，"猎狗不可能找不到。"

“不对！我看得清清楚楚，‘啪’的一声掉下去，肯定死了。”屠格涅夫坚持说。

他们虽然没有吵架，但山鸡失踪无疑给两个人带来了不快，仿佛二人之中有一个说了假话。可是，这一次他们都意识到不应再争执下去，便把话题转向别处，尽量在愉快的消遣中打发时光。

当天晚上，托尔斯泰悄悄地吩咐儿子再去仔细搜索。事情终于弄清楚了：山鸡的确被屠格涅夫一枪打中了，不过正好卡在了一根树杈上面。

当孩子把猎物带回来时，两位老朋友简直开心得像孩童一般，相视大笑。

可见，人与人出现矛盾时，正确的做法应是“大事化小，小事化了”，以互谅互让的态度去平息矛盾，而不是用争辩的方法去处理。

有争执时，让步是一种修养，让步是一种暂时的退却。

社会中，人与人之间应相互理解、相互尊重，尤其是在与人讨论、交谈时，对于别人的见解，我们不应轻易否定，即使其见解与你相左。如果能够做到理解别人、体贴别人，那么就能少一分盲目。

生活中要善于发现别人的正确见解，只有这样，才能多角度地看问题，就会发现固守自己的思维定式，有时显得多么的无知和可笑。因此，无论何时都要注意，别听到不同的观点就怒不可遏。通过细心观察，你会发觉，也许错误在你这一边，你的观点不一定都与事实相符。

在人际交往中，让步是一种常用的处理问题的方式，它不是懦弱、失去人格的表现，而是一种修养。

让步其实只是暂时的退却，进一尺，有时就必须先做出退一寸的忍让。

主动让“道”是一种宽容，是在人际交往中有较强的相容度。相容就是宽厚、容忍、心胸宽广、忍耐性强。

若想避免出现僵局，一种有效的办法是说句“我们两人都是对的”，然后再转向比较安全的话题。

不管什么情况，无谓的争执就是浪费时间。只要能避免徒劳无功的争执，人人都是赢家。

以高姿态化解对方的挑衅

历史上有这样一则故事：

王曾到大名府代替陈尧咨的官职。在正式接替工作之后，王曾看见官府中有毁坏、倒塌了的房屋，就进行修葺，并不作任何改动；有损坏了或丢失了的器物，就修补或补充得一件不少；原来的政令有不妥的地方，就尽量弥补错漏，掩盖陈尧咨以前做得不对的地方。及至他转任洛阳太守时，陈尧咨重新回到大名府任职，看到王曾所做的一切，不无感慨地说：“王公适合担任宰相，我的度量远远赶不上他呀！”陈尧咨以为过去他们曾经有隔阂，王曾一定会将他的过失公开出来。

王曾拥有宰相的度量，他不计较以往与陈尧咨之间的矛盾，在接替陈尧咨的职务时，他真心实意地完善陈尧咨以往的工作，并且最终用他的真诚感动了陈尧咨。

海纳百川，有容乃大。每条河流在入海的时候泥沙俱下，如果大海很较真，只想要清清的河水却不想要泥沙，那么大海恐怕早已经干涸了。

每个人在社会上免不了要与他人打交道。有时难免会面对别人的为难与挑衅，冷静分析、保持风度不失为一种良方。

皮特先生是一家啤酒厂的经营者。有一家公司的采购员罗伯特欠皮特先生2000美元啤酒款长期未付。

一次，罗伯特来到啤酒销售部，对皮特先生大发脾气，抱怨他出售的啤酒质量越来越差，并说市场上骂声一片，人们不会再买他们的啤酒，最后竟说自己欠的那2000美元钱也不付了，原因是皮特先生出售的啤酒质量一直不怎么样，并表示他所在的公司及他本人不再购买皮特先生的啤酒等。

皮特先生听后压住火气，又仔细询问罗伯特一些情况，然后，皮特出人意料地向罗伯特赔起不是来，声称啤酒质量确有不尽如人意之处，最后说："你的意见，我会尽快向厂部反映的。至于你欠的那2000美元啤酒钱，你要是不付，也就算了，谁让我的啤酒一直不争气呢！你说今后你们公司和你本人不再买我的啤酒，这是你们的自由，随你们的便。你说我的啤酒质量有问题，我现在就给你介绍另外两家有名的啤酒厂……"

皮特先生这一番话里有话的艺术性表述，确实出乎罗伯特所料。罗伯特为了不还所欠的2000美元，以啤酒质量不好为借口试图堵住皮特先生的嘴。然而，皮特先生没有单刀直入地正面反驳罗伯特，却用了巧妙的迂回战术，假装虚心承认并接受罗伯特的意见，待罗伯特发泄完后，即刻展开攻势，用诚挚的话语，向对方说明啤酒厂的现状及未来的发展前景等。

罗伯特最后被皮特先生的诚意和坦率征服了，不但继续到该啤酒厂为其所在的公司购买啤酒，而且还动员了另外几家公司，常年向该啤酒厂购买啤酒。

皮特大度能容刁钻客户，诚意和坦率打动了罗伯特先生，罗伯特还为他带来了新的客户。古人云："小不忍则乱大谋。"世上不平之事，比比皆是，若是事事计较、丝毫不让，只会让我们生活得很不愉快。

以低姿态消融他人嫉妒的壁垒

拿破仑曾经说："有才能往往比没有才能更有危险；人们不可能避免遇到轻蔑，却更难不变成嫉妒的对象。"真正聪明的人懂得以低姿态为自己筑起一道防止嫉妒的有效堤坝，不会让自己惹火上身。

古人云："木秀于林，风必摧之。"一般人总是愿意大家彼此差不多。在日常工作中，因为有特殊才能或特殊贡献而冒尖的人，往往容易成为众人打击的对象。由于嫉妒心重还可能有人暗地里给你使绊子，让你生活在一种无形的压力之下，时时处处都有障碍，让你人做不好，事干不成。莎士比亚曾经说过："妒妇的长舌比疯狗的牙齿更毒。"如果我们不能有效化解别人对自己的嫉妒，很可能会在不知不觉中失去本该属于自己的天空。所以，必要的时候低一下头，给别人的嫉妒心留出点空间，是你不得不做出的让步。

当你一旦发现别人对你有嫉妒心理时，你可以采取以下几种方法化解。

第一，向对方表露自己的不幸或难言之痛。当一个人获得成功的时候，有人可能会因此感到自己是个失败者。这构成了嫉妒心理产生的基本条件。此时，你若向嫉妒者吐露自己往昔的不幸或目前的窘境，就会缩小双方的差距，并且让对方的注意力从嫉妒中转移出来。同时，会使对方感受到你的谦虚，减弱了对方因你的成功而产生的恐惧，从而使其心理渐趋平衡。

第二，求助于嫉妒者。一方面，在那些与自己并无重大利害关系的事情上故意退让或认输，以此显示自己也有无能之处。另一方面，在对方擅长的事情上求助于他，以此提高对方的自信心和成就感，并让对方感到你的成功对他并不是一种威胁。

第三，赞扬嫉妒者身上的优点。你的成功使嫉妒者身上的优点和长处黯然失色，于是一种自卑感在其内心油然而生，以至于自惭形秽。这是嫉妒心理产生并且恶性发展的又一条件。因此，你适时适度地赞扬嫉妒者身上的优点，就容易使他产生心理上的平衡。当然，对嫉妒者的赞扬必须实事求是，态度要真诚。否则他会觉得你在幸灾乐祸地挖苦他，结果不但达不到消除其对自己嫉妒的目的，还可能挑起新的战火。

第四，主动出击，相互接近。嫉妒常常产生于相互缺乏帮助、彼此又缺少较深感情的人之间。大凡嫉妒心强的人，社交范围很小，视野不开阔。只有投入到人际关系的海洋里，才能钝化自私、狭隘的嫉妒心理，才会增加容纳他人、理解他人的能力。因此，相互主动接近，多加帮助和协作，增进双方的感情，就会逐渐消除嫉妒。傲慢不逊的大人物是最令人嫉妒的。试想，如果一个大人物能利用自己的优越地位来维护他的下属的正当利益，那么他就能筑起一道防止嫉妒的有效堤坝。

第五，让嫉妒者与你分享欢乐。在取得成功和获得荣誉的时候，不要居功自傲，自以为是。真诚地邀请大家（其中包括嫉妒你的人）一起来分享你的欢乐和荣誉，这样有助于消除彼此关系的紧张气氛。当然，如果嫉妒者拒绝你的善意，则不必勉强于他，顺其自然。

总之，“退一步海阔天空”，以低姿态化解别人对你的嫉妒，不仅是一种灵活的处世方法，更体现出你的内涵和宽容，它可以消融人与人之间的壁垒，让你的成就在嫉妒的布景中得到映衬。能引起别人的嫉妒，说明你有才华；能有效地化解这种嫉妒，则说明你拥有聪明和美德。

不咎既往，冰释前嫌

面对前嫌，我们可以选择两种处理方式：一种是冰释前嫌，重归于好；一种是耿耿于怀，势不两立。很显然，前者是值得称道的，是我们需要学习的。

1902年，刚满8岁的梅兰芳，经人介绍拜见一位姓朱的京剧前辈，想投其门下从师学戏。朱先生看他目光有些灰暗，缺乏光泽，便有点失望，但碍于介绍人的面子又不好推却，于是勉强收了下来。第二天，朱先生做了几个舞台眼神示范动作让梅兰芳跟着学，朱见梅呆板迟钝，毫无灵气，便断定这是一对“死鱼眼”，不可救药。接着又以昆曲开蒙戏《思凡》教其演唱，前两句是“昔日有个目连僧，救母亲临地狱门”。就这两句并不很难的唱词，朱先生教了十几遍，梅兰芳唱得依然还是荒腔走板，极不入耳。最后，朱先生一气之下把他臭骂了一顿让其回家，并断言“祖师爷没有赏给你饭碗，这辈子你没缘分吃这碗饭”。

回家以后，梅兰芳又经人介绍拜在一位姓乔的先生门下，继续学戏，在乔师傅的指导下他勤学苦练，发奋图强，每天对着陶瓷坛子的坛口喊嗓子，望着放飞的飞鸽练眼神儿，看着古画学身段儿，面向墙壁念口白，通过日复一日年复一年的苦练，终于艺臻稔精，11岁登台一鸣惊人，20岁挑班誉满京都。

一天，当初教他的那位姓朱的老师也来看他的戏，看毕大吃一惊，愧悔交集地来到后台向梅道歉，说自己是“有眼不识金镶玉”，求他谅解。梅兰芳当即跪倒在地上说：“师傅，您可千万不能这么说，要不是当初您骂我一顿，说不定我还不会有今天哩！”接着问清楚朱先生当时的住址，第二天便拿着礼品登门看望。往后多少年来，一直不断去向这位朱先生问业求教，并在生活上、经济上给朱先生多方照应和孝敬，直到这位老先生去世为止。有人不解地问梅先生：当初最看不起您的就是这位老师，如今何必如此孝敬于他？梅先生却

说，对师傅应该不计前嫌，应该以礼相待，哪怕是教过自己一天，也应该是“一日为师，毕生为尊”。

这样的事例虽属偶然，但是我们却可以从中看出，不计前嫌是一种很高的思想境界，是一种处理彼此积怨的好方法。不论在同事之间，还是在家人亲友之间，摒弃前嫌，化解已有的矛盾，恢复和谐的人际关系，你就能在生活中感受到更多的快乐。

魁先生与格先生在大学读书时是同学，曾为一个女生，魁先生动手打过格先生一顿。毕业后，魁先生求职，鬼使神差地求到格先生所在的公司，而且格先生就是负责人事的部门经理！魁先生一看到格先生，扭头要走，没想到格先生笑着站起来叫住魁先生，诚恳地问魁先生是不是来应聘的？魁先生后来回忆说：

“当格先生如此问我时，我似是而非地点了点头，格先生就高兴万分地拥着我，并说能与我一起共事，十分荣幸，而且，中午还主动请我吃饭。在饭桌上，我问格先生是否记得我曾打过他的事，如果记得，当着那些求职应聘者的面损我一回，不是可以出气？格先生却说，只有在学生时代，才可能出现为一个女生而打架的事，还说，走出学校后，他就把此事给淡忘了，就算没忘干净，也没必要再提起它……在格先生的力荐下，进公司不久，我就升为总裁助理！在格先生看来，我的综合能力要在他之上，其实，我心里清楚，做人的能力，我却远在格先生之下……在一个公司工作，又得到了格先生不计前嫌的帮助，想不把他当成知心的朋友，都不可能了……”

魁先生的经历，对我们所有人都应该有所启迪。

人与人之间有怨恨，尤其是受了伤害，本能的反应就是报复。然而，报复虽能发泄怒气，减轻心中的负荷而痛快一时，但永远不能平息伤痛，甚至会激化矛盾，步入“冤冤相报”的恶性循环中。要解决这类问题，只有一条路——宽恕。宽恕能使你“大肚能容天下难容之事”，不过分地计较个人的恩怨得失，从而把自己塑造得更加完美。

《宋朝事实类苑·祖宗圣训二》中曰：“以大度包容，则万事兼济。”现实生活中，包容之心存之，方显得自我的大度之气，大度之气存之，人为我友者，就会是真心诚意。

以包容之心接受建议

孔子说：“三人行，必有我师焉。”我们应该善待他人的批评、忠告，因为剔除少数无用的、恶意的部分之后，大部分意见常常比我们对自己的看法中肯得多。一味地掩饰、为自己辩护，是不可取的。

20世纪80年代初，美国戏剧家阿瑟·米勒曾经到当时已年逾古稀的戏剧大家曹禺先生家做客。午饭前的休息时分，曹禺突然从书架上拿来一本装帧讲究的册子，上面裱着画家黄永玉写给他的一封信，曹禺逐字逐句地把它念给阿瑟·米勒和在场的朋友们听。这是一封措辞严厉且不讲情面的信，信中这样写道：“我不喜欢你解放后的戏，一个也不喜欢。你的心不在戏剧里，你失去伟大的灵通宝玉，命题不巩固、不缜密，演绎分析也不够透彻，过去数不尽的精妙休止符、节拍、冷热快慢的安排，那一箩一筐的隽语都消失了……”

这封信对曹禺的批评，用字不多却相当激烈，还夹杂着明显羞辱的味道。然而曹禺念着信的时候神情激动，仿佛是对他的褒奖和鼓励。

当时，阿瑟·米勒对曹禺的行为感到茫然，其实这正是曹禺的清醒和真诚。尽管他已经是功成名就的戏剧大家，可他并没有像旁人一样过分爱惜自己的荣誉和名声。在这种“不可理喻”的举动中，透露出曹禺已经把这种羞辱演绎成了对艺术缺陷的真切悔悟，那些话对他而言已经是一笔鞭策自己的珍贵馈赠，所以他要当众感谢这一次羞辱。

忠言逆耳利于行。对于别人的意见，心胸狭隘的人可能会把它看成是包袱，而心胸宽广的人则把它看作是提高和充实自己的机会。

对于批评，我们还应该有的是一份冷静、一份坦然。

罗伯·赫金斯是个半工半读的大学毕业生，做过作家、伐木工人、家庭老师和卖成衣的售货员。现在，他已被任命为美国著名大学——芝加哥大学的校长。

在他成功以后，一些批评也接踵而至，许多人反对他当校长，并举出理由说：他太年轻了，经验不足，教育观念不成熟，学历不够高……

罗伯·赫金斯和他的家人对这样的批评并不在意，反而更加自信、快乐起来。就在罗伯·赫金斯就任的那一天，有一个朋友对他的父亲说："今天早上我看见报上的社论攻击你的儿子，真把我吓坏了。"

赫金斯父亲的回答似乎更为坦然一些，他说："不错，话是说得很凶。可是请记住，从来没有人会踢一只死了的狗。"

可见，拥有自信、达观，你才不会被指责、批评击倒。

生活中，我们面对批评时，可以按下面的原则去处理：

（1）不要跟一个感情冲动的批评者争论，不要去指责对方言语中的失误或失实。有时对方前来，只不过是要发泄一下不满情绪，此时你若与之相争，则会使问题变得更糟。

（2）尽量使来者坐下面谈，这样可以大大缓和紧张气氛。给对方沏杯茶会更加减少其单纯的不满情绪，也使自己免受刺激。

（3）别表现出强烈的厌烦，更不要愤然拒绝批评而离去，这会显得你没有肚量，即使是"过分"的指责，你也应耐着性子听。

（4）无论如何别打断对方的讲话，相反要鼓励对方把话说完，这可以更有效地使对方变得平静，而你也可以心平气和。

（5）绝不要在未听完对方的指责之前就表态。面对情绪激动的来者一再表示道歉，常可使对方反而语塞。

（6）换一句话把对方的意见说出来，表示你不仅认真听了他的指责，而且态度诚恳。这样做不论你是否准备接受对方的批评，都会使之感到满意。

宽容让摩擦去无踪

生活，就因为一些鸡毛蒜皮的小事而变得琐碎，它分散我们的精力、影响我们的心情、销蚀着我们宽容的心。宽容，有的时候只不过是忽略别人一点无关紧要的过失而已，就像奥地利犹太和平主义者阿尔弗雷德·弗里德一样，它不但能让我们避免不必要的麻烦，而且还会为我们换来意想不到的收获。

阿尔弗雷德·弗里德小时候家里比较穷，为了减轻父母的负担，他摆了一个小书摊。有一天，4个和他差不多大的孩子围了过来。小阿尔弗雷德冷不防被其中一个孩子绊倒了，这时，4个孩子一起冲上来，把他压在身子下面。一个孩子厉声问道："你的钱呢？钱在哪里？快点给我们！"当4个孩子在小阿尔弗雷德身上乱搜的时候，他又气又急，慌乱中，他忽然看见街对面有一个警察，就大喊了一声："警察来了！"那4个孩子看见警察朝这边走来，都慌了，爬起来就跑。其中有一个孩子比较小，跑得慢，所以被小阿尔弗雷德一把给抓住了。

那位警察过来了，很严肃地问道："你们刚才做什么了？"小阿尔弗雷德看了看旁边那个因惊恐而瑟瑟发抖的孩子，说："他想……他想租书看，可是我要收摊回家吃晚饭了，所以他就帮我收拾摊子。"警察见没有发生什么事情，就微笑着说："那你们赶快回家吧。"

等警察一走，那个孩子便迷惑不解地问："刚才我们那么对你，你……你为什么不报告警察？"小阿尔弗雷德并没有回答，却反问那个孩子："那你们为什么要来抢我的钱呢？"那个孩子认真地看了看小阿尔弗雷德，说："我们已经观察你好几天了，本来也没想抢你的钱的，可是今天我们没有弄到吃的东西，都饿坏了，所以才……""就因为我看你们的衣服很破旧，所以我知道你们抢钱肯定也是迫不得已，我也是穷人家的孩子，所以我才没有报告警察。"小阿尔弗雷德非常认真地说道。

那个孩子很不好意思地低了下了头。小阿尔弗雷德说："欢迎你们明天还到我这里来，我可以让你们免费看书。"后来这4个孩子都成了小阿尔弗雷德很要好的朋友。

生活中，我们要学会宽容、大度。古人说："大度集群朋。"一个人若能有宽宏的度量，他的身边便会聚集大群知心朋友。所以，小事不要太过计较，要原谅别人的过失；不如意的事来临时，要泰然处之，不为所累；受人讥讽时，不要睚眦必报，要学会吃亏，把便宜让给别人。相信只要多看别人的优点，少盯着别人的缺点，每一个人都会是可爱的。

把心放宽，学会克制

人生活在社会之中，每天都要与不同的人打交道，由于立场不同，个性相异，因此不可避免地会发生分歧、冲突。这些矛盾使人与人之间存在许多不稳定因素，甚至会产生危机，如果未调节好，对自己和他人都有可能带来损害。

在一个学校的教室里，两个小男生像两只好斗的公鸡，一个揪住对方衣领，一个拽着对方的衣襟，老师的出现，并没有使他们产生松手的念头，有人警告：“老师来了，还不放手？”可是局面还是僵持着，但已不再扭打，不再辱骂，渐渐地放下了手，各自走回自己位置，“战争”在无声无息中结束了。下课铃响了，出于意料的是，“两只公鸡”双双来到办公室，老师以为又出了什么事。

“老师，我错了，我错在得理不饶人，还得寸进尺。”一个学生说。

“老师，我也错了，我不该为一点鸡毛蒜皮的小事惹是非。”另外一个学生说。

“怎么会这么快就想通了？”老师问。

“静下来一想，真不该动手，你经常教育我们，要我们宽恕别人，要不我们也得不到宽恕。我想到这句话就知道错了。”两位学生解释道。

“好了，事情的起因、经过、结果，一切都不再追究，当做一种教训吧。来，化干戈为玉帛，握手言欢。”老师高兴地说。

两个学生的手握在一起，还用力顿了两顿。一场矛盾就这样化解了。

生活中，我们常见到有的人因不能克制自己的情绪，

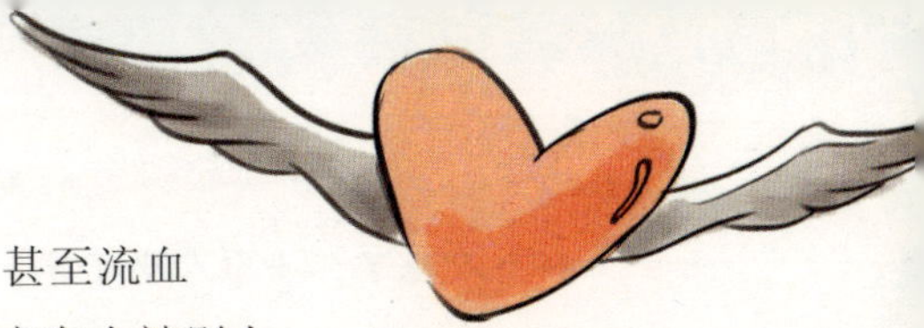

而引发争吵、骂人、打架，甚至流血事件。有时仅仅是因为在公交车上被别人踩了一脚，或一句话说得不当，这些都可能成为引爆一场口舌大战或拳脚演练的导火索。在社会治安案件中，相当多的案件是由于当事人不能冷静地处理小事情而引发的。

阿兰·马尔蒂是法国西南小城塔布的一名警察，这天晚上，他身着便装来到市中心的一间烟草店门前，他准备到店里买包香烟。这时，店门外一个叫埃里克的流浪汉向他讨烟抽。马尔蒂说他正要去买烟。埃里克认为马尔蒂买了烟后会给他一支。

当马尔蒂出来时，喝了不少酒的流浪汉缠着他索要烟。马尔蒂不给，于是两人发生了口角。随着互相谩骂和嘲讽的升级，两人情绪逐渐激动。马尔蒂掏出了警官证和手铐，说："如果你不放老实点，我就给你一些颜色看。"埃里克反唇相讥："你这个混蛋警察，看你能把我怎么样？"在言语的刺激下，二人扭打成一团。旁边的人赶紧将两人分开，劝他们不要为一支香烟而发那么大火。

被劝开后的流浪汉骂骂咧咧地向附近一条小路走去，他边走边喊："臭警察，有本事你来抓我呀！"失去理智、愤怒不已的马尔蒂拔出枪，冲过去，朝埃里克连开4枪，埃里克倒在了血泊中……法庭以"故意杀人罪"对马尔蒂作出判决，他将服刑30年。

一个人死了，一个人坐了牢，起因是一支香烟，罪魁祸首是失控的激动情绪。

每个人的情绪都会时好时坏。实际上没有任何东西比情绪——也就是我们心里的感觉，更能影响我们的生活了。因此，学会控制情绪是我们成功和快乐的要诀。

没有自制，就没有幸福。心情愉快了，人们就感觉到了幸福；心情不愉快，人就没有幸福的感觉。说到底，幸福是人的一种内心的感觉，而这个感觉在很大程度上取决于克制。

克制，是调解人际关系的一剂良药，它既是消解剂，又是润滑剂。克制自我意识，不要认为自己是最重要的、自己做什么都绝对正确，才可以真心去体谅、宽恕、关心和爱护别人。

你对待别人的态度，决定了他人对你的态度

人与人的关系常常是微妙的。有时候，你对一个人不满，或者存在一种厌烦的心理，但是你并不希望他能够感受到你对他的不满或者厌烦，还希望他能够在不发现的前提下把你当成朋友。事实上，这种情况几乎是不存在的。我们常说，人与人之间的关系是相互的，你不喜欢别人，往往他也正烦着你呢。你很希望与一个人成为朋友，也许他同样受着你的吸引。

这样说来，在处理人际关系中时，我们就没有权利去抱怨那些对待自己不友善的人了。在舞会上，如果我们受到了别人

的冷落，就应该想一想，自己是不是也同样没有将目光投放在别人的身上，却还过多地希望得到别人的关注？在生病的时候，身边没有人对自己表示关怀，是不是我们也在别人生病的时候表现出了冷漠，伤害了别人渴望关怀的心……

一位老人，每天都要坐在路边的椅子上，向开车经过镇上的人打招呼。有一天，他的孙女在他身旁，陪他聊天。这时有一位游客模样的陌生人在路边四处打听，看样子想找个地方住下来。

陌生人从老人身边走过，问道："请问，住在这座城镇还不错吧？"

老人慢慢转过来回答："你原来住的城镇怎么样？"

游客说："在我原来住的地方，人人都很喜欢批评别人。邻居之间常说闲话，总之那地方很不好。我真高兴能够离开，那不是个令人愉快的地方。"

摇椅上的老人对陌生人说："其实这里也差不多。"

过了一会儿，一辆载着一家人的大车在旁边的加油站停下来。车子慢慢开进加油站，停在老先生和他孙女坐的地方。

这时，父亲从车上走下来，向老人说道："住在这市镇不错吧？"老人没有回答，问道："你原来住的地方怎样？"父亲看着老人说："我原来住的城镇每个人都很亲切，人人都愿帮助邻居。无论去哪里，总会有人跟你打招呼，说谢谢。我真舍不得离开。"老人看着这位父亲，脸上露出和蔼的微笑："其实这里也差不多。"

车子开动了。那位父亲向老人说了声谢谢，驱车离开。等到那一家人走远，孙女抬头问老人："爷爷，为什么你告诉第一个人这里很可怕，却告诉第二个人这里很好呢？”老人慈祥地看着孙女说：“不管你搬到哪里，你都会带着自己的态度。任何地方可怕或可爱，全在于你自己！”

我们之中总有那么一些人，常常以自我为中心，只看到别人是怎么对待他的，却从来不去想自己是怎么对待别人的。有什么事情求朋友，从来都不会想别人是否有空，是否有更重要的事情要去做，或者朋友已经很累了，而拖延了他的请求，他总觉得自己受到了伤害，是朋友们没有为自己着想。我们每个人都有自己的生活圈子，朋友也有自己的生活，没有人是单单为了某一个人而存在的。当我们感受到了朋友的冷落时，不要总是责怪他人，而是要从自身开始检讨，看看自己是否做了过分的事情。因为你如何对待别人，别人也往往怎样对你。

维护友情，需要的是相互理解、相互体谅的心。如果一直都从私利出发去要求别人，那么你无疑会招致别人的反感。生活中，我们也常常会听到“什么样的人会交什么样的朋友”“不是一家人不进一家门”之类的话，其实就是将人以群分。这告诉我们，你怎样经营你对别人的感情，别人也会以同样的方式来对待你。

第六章

合作共事，包容大度方能成就大业

人与人，在互惠中成长

人生就像是战场，人与人之间有时候难免要处于互相对立的位置。但是，人生毕竟不是战场，战场上敌对双方中的一方不消灭对方就会被对方消灭，生活却不必如此，不用争个鱼死网破，两败俱伤。

运动场上非赢即输的角逐、学习成绩的排名向我们灌输非此即彼的思维方式，于是我们常常通过输赢的“有色眼镜”看人生。倘若不能唤醒内在的知觉，只为了争一口气而奋斗，人与人一辈子都只会拼个你死我活。从来不去用互惠双赢的思维

解决问题，无论是对个人还是对整体，都将是多么大的损失。

互惠互利的思维鼓励我们在解决问题时，要共同探讨，以便能够找到切实可行并令所有人受惠的方法。现在已经不是一个“天下唯我独尊”的时代，人们更倾向于达到一种共荣共赢的状态。有这样一个故事，真假且不去分析，从中你可以更深刻地明白何谓共赢。

在美国的一个小村子里，住着一个老头，他有3个儿子。大儿子、二儿子都在城里工作，小儿子和他在一起，父子俩相依为命。

突然有一天，一个人找到老头，对他说：“尊敬的老人，我想把你的小儿子带到城里去工作。”老头气愤地说：“不行，绝对不行，你滚出去吧！”这个人说：“如果我给你儿子找的对象，也就是你未来的儿媳妇是洛克菲勒的女儿呢？”老头想了想，终于，让儿子当上洛克菲勒女婿这件事打动了他。过了几天，这个人找到洛克菲勒，对他说：“尊敬的洛克菲勒先生，我想给你的女儿找个对象。”洛克菲勒说：“快滚出去吧！”这个人又说：“如果我给你女儿找的对象，也就是你未来的女婿是世界银行的副总裁，可以吗？”洛克菲勒同意了。

又过了几天，这个人找到了世界银行总裁，对他说：“尊敬的总裁先生，你应该马上任命一个副总裁！”总裁先生说：“不可能，这里这么多副总裁，我为什么还要任命一个副总裁呢，而且还必须是马上？”这个人说：“如果你任命的这个副总裁是洛克菲勒的女婿，可以吗？”结果自然可知，总裁先生同意了。

人与人，在互惠中寻求共赢。共赢思维是一种基于互敬、寻求互惠的思考框架与心意，目的是获得更多的机会、财富及资源，而非敌对式竞争，既非损人利己，亦非损己利人。

告别“独行侠”时代，你才可以“笑傲江湖”

工作中，有人自视甚高，以为做事“舍我其谁”。他们喜欢单干，如高傲的“独行侠”一般，以自我为中心，极少与同事沟通交流，更不会承认团队对自己的帮助。

有人也许会有疑问：有些天才就是特立独行的，他们也取得了巨大的成就，伟大的成就有时候就是需要别具一格啊！是的，在一些领域里，具有非凡天赋和付出超人努力的人会取得巨大的成就，比如梵高和爱因斯坦。但是，再有才华的人取得的成就也是以前人的成就为基础的，而且在企业里，这样的人是不可能取得长期成功的，苹果电脑的创始人之一乔布斯正是其中的代表人物。

美国航天工业巨头休斯公司的副总裁艾登·科林斯曾经评价乔布斯说：“我们就像小杂货店的店主，一年到头拼命干，才攒那么一点财富。而他几乎在一夜之间就赶上了。”乔布斯22岁开始创业，从赤手空拳打天下，到拥有2亿多美元的财富，他仅仅用了4年时间。不得不说乔布斯是有创业天赋的人。然而，乔布斯因为独来独往，拒绝与人团结合作而吃尽了苦头。

他骄傲、粗暴，瞧不起手下的员工，像一个国王高高在上，他手下的员工都像躲避瘟疫一样躲避他。很多员工都不敢和他同乘一部电梯，因为他们害怕还没有出电梯之前就已经被乔布斯炒鱿鱼了。

就连他亲自聘请的高级主管——优秀的经理人、前百事可乐公司饮料部总经理斯卡利都公然宣称：“苹果公司如果有乔布斯在，我就无法执行任务。”

对于二人势同水火的形势，董事会必须在他们之间决定取舍。当然，他们选择的是善于团结的斯卡利，而乔布斯则被解除了全部的领导权，只保留董事长一职。对于苹果公司而言，乔布斯确实是一个大功臣，是一个才华横溢的人才，如果他能和手下员工们团结一心的话，相信苹果公司是战无不胜的。可是他选择了“独来独往”，不与人合作，这样他就成了公司发展的阻力，他越有才华，对公司的负面影响就越大。所以，即

使是乔布斯这样的出类拔萃的开创者，如果没有团队精神，公司也只好忍痛舍弃。

事实上，一个人的成功不是真正的成功，团队的成功才是最大的成功。对于每一个职场人士来说，谦虚、自信、诚信、善于沟通、团队精神等一些传统美德是非常重要的。团队精神在一个公司、在一个人事业的发展过程中都是不容忽视的。

松下公司创始人松下幸之助访问美国时，《芝加哥邮报》的一名记者问他："您觉得美国人和日本人哪一个更优秀呢？"这是一个相当尴尬的问题，说美国人优秀，无疑伤害了日本人的民族感情；说日本人优秀，肯定会惹恼美国人；说差不多，又显得搪塞，也显示不出一个著名企业家应有的风度。

这位聪明的企业家说："美国人很优秀，他们强壮、精力充沛、富于幻想，时刻都充满着激情和创造力。如果一个日本人和一个美国人比试的话，日本人是绝对不如美国人的。"美国记者十分高兴："谢谢您的评价。"正当他沾沾自喜的时候，松下幸之助继续说："但是日本人很坚强，他们富有韧性，就好像山上的松柏。日本人十分注重集体的力量，他们可以为团体、为国家牺牲一切。如果10个日本人和10个美国人比试的话，肯定可以势均力敌，如果100个日本人和100个美国人比试的话，我相信日本人会略胜一筹。"美国记者听了目瞪口呆。

"没有完美的个人，只有完美的团队"这一观点已被越来越多的人所认可。每个人的精力、资源有限，只有在协作的情况下才能达到资源共享。

单打独斗的年代已经一去不复返，只有懂得合作的人才能借别人之力成就自己，并获得双赢。朋友，你想成为真正的笑傲职场的“英雄”吗？那就彻底告别“独行侠”的角色吧。

胸襟有多大，成就就有多大

如同千人千面，人的度量也是千差万别的。有的人豁达大度，“将军额上能跑马，宰相肚里能撑船”；有的人睚眦必报，锱铢必较，你碰我一拳，我一定踢你一脚。

人非圣贤，谁能没有七情六欲？即使是讲究“跳出三界外，不在五行中”的佛门中人，也还要常常念叨“出家人以慈悲为怀，善哉！善哉！”为的是时时提醒自己宽容大度。何况凡尘中人。

义青禅师尚未正式开示说法前，曾在法远禅师处求法。有一次，法远禅师听闻圆通禅师在邻县说法，便让义青禅师去圆通禅师那里求法。

义青禅师极不愿意，他认为圆通禅师并不高明，又不愿违逆法远禅师，便不情不愿地去了。但到了圆通禅师那里，义青禅师并不参问，只是贪睡。

执事僧看不过去，就告诉圆通禅师说：“堂中有个僧人总是白天睡觉，应当按法规处理了。”

圆通禅师一向只听执事僧讲听者的虔诚，还不曾听说谁在堂上睡觉，便很惊讶地问：“是谁？”

执事僧回答："义青上座。"

圆通禅师想了想，便说："这事你先不要管，待我去问一问。"

圆通带着拄杖走进了僧堂，果然看到义青正在睡觉。圆通禅师便敲击着义青禅师的禅床呵斥说："我这里可没有闲饭给吃了以后只会睡大觉的上座吃。"

义青禅师却似刚睡醒般地问道："和尚叫我干什么？"

圆通禅师便问："为什么不参禅去？"

义青禅师回答："食物纵然美味，饱汉吃来不香。"

圆通禅师听出义青禅师话里的机锋，说："可是不赞成上座的有很多人。"

义青禅师则胸有成竹地回答："等到赞成了，还有什么用？"

圆通禅师听其言谈，知其来历一定不凡，就问："上座曾经见过什么人？"

义青禅师回答："法远禅师。"

圆通禅师笑道："难怪这样顽劣！"

随之，两人握手，相对而笑，再一同回方丈室。义青禅师因此而名声远扬。

圆通禅师能够让法远禅师敬重，并要求义青禅师前去听法，很可能就是因为圆通禅师的容人雅量。义青禅师在圆通禅师面前的自信，多少显示出对圆通禅师的轻视。圆通禅师在询问过程中不会没有察觉。倘若圆通禅师没有容人的雅量，不能对义青禅师的轻慢一笑置之，估计义青禅师是免不了被扫地出门的。

但是，幸运的是，义青禅师遇到的是能够容人的圆通禅师，圆通禅师不仅能够容忍他的轻慢之举，而且能够肯定他，抬举他，给他应有的地位。

有容乃大，忍者无敌。很多时候一个人之所以能够被人敬仰，受人尊敬，不在于他的能力有多高，相貌有多好，知识有多渊博，而在于他有宽广的胸襟，能够容人之不能。这种人，不会因他人对自己的轻慢，而轻易对他人进行简单的否定。

一个人度量的大小，固然与他的思想修养、道德水平、文化程度、社会经历乃至脾气性格都有关系，然而远大的理想抱负和广博的境界则是开阔胸襟的根本原因。

境界是可以后天修炼的，度量也是可以改变的，随着社会经历的日渐丰富和生活环境、社会地位的变化，度量在思想锻炼和修养培养的过程中也会不断发生变化。度量小的可能变得宽容大度，度量大的也可能变得小肚鸡肠。

西方近代天文学之父弟谷也曾是一个度量狭小的人。他念书时，因为在一个数学问题上与一个同学发生了争吵，最后

竟与人决斗。在决斗中，弟谷的鼻子被对方的剑刃削掉，为了维护容貌，后来不得不装上个假鼻子。从这次遭遇中，他意识到度量狭小的害处，就开始改变自己处世的态度。后来，他无私地援助开普勒研究天文，并容忍了他的误解和无礼。开普勒后来回忆说：自己之所以发现行星运动的规律，完全得益于弟谷的大度和提挈。

俗话说:“最大的是心，最小的也是心。”但有的人心胸狭窄，容不得他人强过自己，容不得他人轻视自己，这样就只会使自己局限于一隅，难以有所建树。而对于一个想有所作为的人而言，唯有宽大容物才能成就自己。胸襟宽广，就能够团结一切人，能够成就大事。正所谓“有多大胸襟就有多大成就”。

你可以不信，但不必排斥

法国的启蒙思想家伏尔泰说：“虽然我不同意你的观点，但我誓死捍卫你说话的权利。”这是西方人对尊重个体与尊重自由的呐喊。而在东方，讲究的是包容，是海纳百川，是泽被万物，是儒家这一主体思想对外来佛教的包容与融合，是接受彼此的差异化，求同存异，是和谐共处，因此这一文化之源流几千年而不断绝。

星云大师谈到佛教传到中国时，颇有感慨地说道：中国和佛教始终是和谐的。佛教文化被悠久的中华文化所接纳，并且继续发扬光大，成为中国的佛教。佛教对得起中国，中国也不负佛教，正是两者之间相互的包容造就了这和谐的一切。接着，大师说了一句朴实却振聋发聩的话：你可以不信，但不必排斥。这不仅适用于对宗教的信仰，也适用于每个人为人处世，待人接物。

传说在喜马拉雅山中有一种共命鸟。这种鸟只有一个身子，却有两个头。有一天，其中一个头在吃美果，另一个头则想饮清泉，由于清泉离美果的距离较远，而吃美果的头又不肯退让，于是想喝清水的头十分愤怒，一气之下便说："好吧，你吃美果却不让我喝清水，那么我就吃有毒的果子。"结果两个头都同归于尽了。

还有一条蛇，它的头部和尾部都想走在前面，互相争执不下，于是尾巴说："头，你总在前面，这样不对，有时候应该让我走在前面。"头回答说："我总是走在前面，那是按照早有的规定做的，怎能让你走在前面？"两者争执不下，尾巴看到头走在前面，就生了气，卷在树上，不让头往前走，它趁着头放松的

机会，立即离开树木走到前面，最后掉进火坑被烧死了。

无论是两头鸟还是那条头尾相争的蛇，因为不知道求同存异这个道理，最终导致两败俱伤，受到伤害的终究还是自己。如果那只鸟的一个头能够先让另一个头喝到水，再过去吃鲜果，那自己也不是没有什么损失吗？只是哪个先哪个后的问题。人有时候和这两个头一样，不愿意让自己的利益受到一点点的损失，别人的一点要求也不能满足，所以到头来自己也是一无所获。

这世上的事物千差万别，人与人之间也存在着众多的差异，生活背景、生活方式、个性、价值观等方面的差异，让我们的相处也存在着或多或少的困难，无所谓希望或者失望、信任或者背叛，我们所能做的只能是相互尊重、相互包容、求同存异、真诚相对，而不必强求一致。

正是因为这种差异性的存在，在客观上便要求我们要做到“求同存异”，即在寻找相互之间相同点的同时，也要尊重相互之间客观存在的差异性，从而实现相互之间的合作。因此，要做到“求同存异”,“尊重”是基础，而且还需要有耐心、能包涵、心胸开阔。如果能将这一条与取长补短、开诚布公协调运用，那么，不仅双方能沟通得更为顺畅，而且还能从中学到不少的新东西。

我们要逐渐学会求同存异，保留相同的利益要求，与人相处也要照顾别人的利益，在自己的利益与别人的利益之间求中间值，让自己的利益和别人的利益都得以实现。

如果我们不懂得求同存异，那么，我们就很有可能在面临差异与分歧的时候相互争斗，最终使双方都受到巨大的伤害。在生活和工作中，我们也该本着“求同存异”的原则与他人相处。寻找人与人之间的共同点往往是我们打造良好人际关系的开始，也是求同存异的前提条件，并且在此基础之上相互尊重对方的差异性，只有这样才能与对方进行合作，并且最终取得双赢的局面。

能够包容他人才能被更多人接纳

《易经》的第二卦坤卦的开头有这样一句话：“地势坤，君子以厚德载物。”这句话被国学大师张岱年先生认为是国学精华的一颗明珠。而今这句话被广为推崇，它的字面意思是：大地是宽广、包容万物的，君子就应当像大地一样，有厚重的道德能容忍他物。张岱年先生是这样解释这句话的：厚德载物是一种宽容的思想，对不同意见持一种宽容的态度，对中国的思想、学术、文化、社会的发展都起了很大的作用，宽容的态度在中国文化里面起了主导作用，是一种健康正确的思想。

的确，如张岱年先生所说，五千年的中国历史其实就是一部宽容发展的历史。中华民族能够长盛不衰，中华文明能够历久弥新，就在于我们的民族精神里闪耀着宽容大度的光辉。从汉朝昭君出塞与呼韩邪单于和亲，到唐太宗对俘获的东突厥首领颉利可汗宽容以待，成就万国来朝的盛世气象，中华民族的历史无不闪耀着宽容的光芒。宽容大度的态度，一直是流淌在我们民族文化中的另一股血液。正是这股血液，成就了中华民族的博大精神，成就了华夏古国的永远年轻。正如张岱年先生所说，中国文化的特点之一就是宽容、博大。

世界发展到今天，很多国家、民族在地球上已经消失。而我们的祖国已经有五千多年的历史了，依然年轻而有活力，就是因为我们的文化是宽容的，我们的民族是宽容的，我们的思想是宽容的。可见，宽容有着多大的作用。对于国家、民族来说，宽容能使国家强盛、民族强大。对于个人来说，宽容能使一个人得到他人的信服和帮助，宽容能成就一个人伟大的理想。

服装界有名的商人马亮是一个善于容人的经营者，他的成功就和自己能够包容不同个性的人才有很大关系。

马亮刚入服装行业的时候，有一次他拿着样衣经过一家小店，却无缘无故地被店主讥讽嘲笑了一通，说他的衣服只能堆在仓库里，再过10年也卖不出去。马亮并未反唇相讥，而是诚恳地请教，店主说得头头是道。马亮大惊之下，愿意高薪聘用这位怪人。没想到这人不仅不接受，还讽刺了马亮一顿。马亮没有放弃，运用各种方法打听，才知道这位店主居然是一位极其有名的服装设计师，只是因为他自诩天才、性情怪僻而与多位上司闹翻，一气之下发誓不再设计服装，改行做了小商人。

马亮弄清原委后，三番五次登门拜访，并且诚心请教。这位设计师仍然是火冒三丈，劈头盖脸地骂他，坚决不肯答应。马亮毫不气馁，常去看望他，经常和他聊天并给予热情的帮助。这位怪人到最后，也很不好意思了，终于答应马亮，但是条件非常苛刻，其中包括他一旦不满意可以随意更改设计图案、允许设计师自由自在地上班等。果然，这位设计师虽然常顶撞马亮，让他下不了台，但其创造的效益很巨大，帮助马亮建立了一个庞大的服装帝国。

从这个小故事中，我们可以看出宽容的巨大作用。你待人宽宏，你就能得到别人的感激和回报。如果你待人刻薄，不懂宽大为怀的道理，在生活中你就会孤立无援。这位设计师的脾气不可谓不怪异，甚至有点恃才傲物，但是马亮慧眼识金，懂得他的价值所在，对他的缺点和不足一一宽容，使他帮助自己走上了事业的成功之路。

“地势坤，君子以厚德载物。”大地因为宽广，才容得下山川草木、森林河流。一个君子就应该从大自然的启发中，培养自己宽容的胸襟，牢记“厚德载物”这一国学精华的古训。在现实生活中，用自己的一举一动践行“君子以厚德载物”的人生信条。

回避恶性竞争，不抢同行盘中餐

虽然说没有竞争就没有进步，可是商场之中一旦陷入恶性竞争，就可能会为争权夺利而不择手段。

胡雪岩创业之初很担心因为同行的恶性竞争而阻碍自己事业的发展，所以在他经营阜康钱庄的时候，就一再发表声明：自己的钱庄不会挤占信和钱庄的生意，而是会另辟新路，寻找新的市场。

这样一来，属于同一行业范畴的信和钱庄，不是多了一个竞争对手，而是多了一个合作伙伴。心中的顾虑消除了，信和钱庄自然很乐意支持阜康钱庄的发展。在后来的发展历程中，阜康钱庄遇到发展危机的时候，信和能够主动给予帮助，也是因为当初胡雪岩“不抢同行盘中餐”的正确性所在。

在阜康钱庄发展十分顺利的时候，胡雪岩插手了军火生意。这种生意利润很大，但是风险也大，要想吃这一碗饭，没有靠山和智慧是不行的。胡雪岩凭借王有龄的关系，很快进入军火市场，也做成了几笔大生意。这样一来，胡雪岩在军火界的名声也就越来越响了。

一次，胡雪岩打听到了一个消息，说外商将引进一批精良的军火。消息一确定，胡雪岩马上行动起来了，他知道这将是一笔大生意，所以赶紧找外商商议。凭借胡雪岩高明的谈判手腕，他很快与外商达成了协议，把这笔军火生意谈成了。

可是，这笔生意做成不久，外面就有传言说胡雪岩不讲道义，抢了同行的生意。胡雪岩听了后，赶紧确认。原来，在他还没有找外商谈军火一事之前，有一个同行已经抢先一步，以低于胡雪岩的价格买下了这批货，可是因为资金没有到位，还没来得及付款，就让胡雪岩以高价收购了。

弄清楚情况以后，胡雪岩赶紧找到那个同行，跟他解释说自己是因为不知道，所以才接手了这单生意的。他甚至主动提出，这批军火就算是从那个同行手中买下来的，其中的差价，胡雪岩愿意全额赔偿。那个同行感动不已，暗叹胡雪岩是个讲道义的人。

协商之后，胡雪岩做成了这单生意，同时也没有得罪那个同行，在同业中的声誉比以前更高了。这种通融的手腕让他消除了在商界发展的障碍，也成了他日后纵横商场的法宝。

在商场上，竞争尤为激烈。人们为了达成自己的目的，往往会不择手段。有时候，为了挤走同行业的竞争者，甚至会出现价格大战、造谣中伤等情况。这样做，虽然暂时受益的是顾客，但是如果因为竞争而造成了成本不足，导致产品的质量下降，最后直接受损失的还是顾客。

俗话说:“同行是冤家。”但并不是说同行就必须要“打破脸，撕破皮”，互相看不上眼，老死不相往来。而是应该彼此给对方留一些发展空间，这样才能在危机到来的时候达成一致，共渡难关。

每个人的身上都有着属于自己的优点，商场中也是一样的。各家的经营手段不同，其中一定有好的一面可以让大家学习，能够看到对方的优点，回避对方在发展中的不足，这也是有利于大家共同发展的一种手段。

没有永远的敌人：学会妥协，力求共赢

英国前首相丘吉尔曾说过："世界上没有永远的敌人，也没有永远的朋友，只有永远的利益。"这句话如果引申到商业中，就是说利益是现代所有商业合作的根基。合作是为了从消费满溢的市场中分得一杯羹，从而达到双方都比较满意的效果。因此，双赢成为现代企业合作的最佳状态。

2004年12月8日上午9点，联想集团宣布以12.5亿美元收购IBM个人电脑事业部，收购的范围涵盖了IBM全球台式电脑和笔记本电脑的全部业务。这一为世人所瞩目的收购项目在经过13个月的并购谈判后终于画上了一个圆满的句号。

通过对IBM全球个人电脑业务的并购，联想的发展历程整整缩短了一代人，年收入从过去的30亿美元猛增到100亿美元，一跃成为世界第三大PC制造商。联想也因此成为我国率先进入世界500强行列的高科技制造业企业，并拥有IBM的"Think"品牌及相关专利、IBM深圳合资公司、位于日本和美国北卡罗来纳州的研发中心、遍及全球160个国家和地区的庞大分销系统和销售网络。

IBM在并购后的股价上涨了2%，并且在新联想中获得了

18.9%的股权，成为仅次于联想控股的第二大股东。与此同时，IBM当时的副总裁兼个人系统部总经理史蒂芬·沃德还登上了新联想CEO的宝座，联想的前任CEO杨元庆则当上了新联想董事长。并购后的IBM终于摆脱了沉重包袱，将经营方向转为利润更为丰富的PC游戏操纵杆的微处理器的制造。对于企业来说，联想收购IBM个人电脑事业部的行为是一种双赢，而长达13个月的并购谈判更是双方相互妥协的结果。从并购金额的最终确定到新联想总部的选址问题，无一不是双方相互妥协的结果，但最后均落在了双方的利益平衡点上。

每一个人，都应该努力拼搏，争取一些对自己有用的东西，但是，努力争取并不代表蛮横抢夺，也不代表咬住不放，而是一种灵活掌握、进退自如的境界，因此，我们要善于妥协。对于生活在缤纷社会中的我们来说，学会适时妥协不仅不会影响到我们的既得利益，很多时候还会让我们的人格魅力得到更好的彰显，从而使双方都得到更多的利益，这就是双赢。小到一个人、一个企业，大到一个民族、一个国家，都应该学会在适当的时候善于妥协，这样的人，才是有谋略的人；这样的企业，才是能够长久发展的企业；这样的民族，才是聪明的民族；这样的国家，才是伟大的国家！

学会妥协就是要告诉我们：发展经济搞企业，不一定什么事情都非要我吃掉你，你吃掉我，有时候适当给竞争对手留一条后路，适当做出一些让步也是一种战略，比如企业兼并、企业重组最终都是双赢的结局。商场上，今天是你的竞争对手，说不定今后会成为你的合作伙伴。不一定要把关系搞得那么僵，各自退一步，也许就能海阔天空，商场跟战场一样，不战而胜为上。在商场上不要把弦绷得太紧，人要留有余地，要站得高，看得远。在很多情况下，你说是“让利”，实际不是，而是共同取得更大的利益，是双赢。

单赢不是赢，只有双赢才是真正的赢。“互利互惠”才能双赢，这是与竞争对手寻求共同利益的最好办法。学会妥协，收获友谊，维护尊严，获得尊重。当与别人发生矛盾并相持不下时，你就应该学会妥协。这并不表示你失去了应有的尊严，相反，你在化解矛盾的同时在别人心中埋下了你宽容与大度的种子，别人不仅会欣然接受，还会对你产生敬佩与尊重之情。让别人过得好，自己也能过得快乐。学会妥协，世界会因你而美丽！

应该为公共利益做些什么

宇宙间的一切生命都相依相存，为了生存，所有人都在争取着自己的利益。但是，我们每个人似乎都更应该问一问自己：我为公共利益做过些什么呢？

有时候我们会在心中把一支优美的乐曲分割成一个个的音符，然后对着每一个声音自问：我是被它征服的吗？答案没有悬念，任何一个再美好的音符也很难刹那间触动人的心弦，而当所有音符跳跃的节奏与心灵合拍时，紧闭再久的心门也会霎时敞开，这就是音乐的神奇魔力。

人与人就像音符与音符一样，完美的融合才能带来完美的效果。若我们只顾着个人利益而忽视了整体的和谐，一串动听音乐中尖锐而突兀的声音又怎么能带来丝毫的美感？

曾经有一个戏剧爱好者，他不顾亲朋的反对，毅然选择一处并不热闹的地区，修建了一所超水准的剧院。

剧院开幕之后，非常受欢迎，并带动了周围的商机。附近的餐馆一家接一家地开设，百货商店和咖啡厅也纷纷跟进。

没有几年，剧院所在的地区便成为商业繁荣地带。

“看看我们的邻居，一小块地，盖栋楼就能出租那么多的钱，而你用这么大的地，却只有一点剧院收入，岂不是吃大亏了吗？”那人的妻子对丈夫抱怨，“我们何不将剧院改建为商业大厦，也做餐饮百货，分租出去，单单租金就比剧场的收入多几倍！”

那人也十分羡慕别人的收益，便贷得巨款，将自己的剧院改建商业大楼。

不料楼还没有竣工，邻近的餐饮百货店纷纷迁走，更可怕的是房价下跌，往日的繁华不见了。而当他与邻居相遇时，人们不但不像以前那样对他热情奉承，反而露出敌视的眼光。面对现实的境况，那人终于醒悟，是他的剧院为附近带来繁荣，也是繁荣改变他的价值观，更是由于他的改变，又使当地失去了繁荣。

世界上的事物都是互相联系、互为因果的，我们谁也不可能孤立存在，更不可能孤立干成一件事。人与人之间天生存在着一种合作关系，这本是最简单不过的道理，不过越是简单的道理，却越容易令人忽视，很多人就像故事中的剧场主人一样，为了自己一时的利益而忽视了整体的公共利益，最终反而会失去更多。所以，个人利益是在公共利益得到保障的前提下实现的。

成功的人大都具有合作精神，因为他们知道个人的力量是有限的。只有依靠大家的智慧和力量才能办成大事。合作可加速成功，合作可以帮人渡过困境。所以，凡事不要太计较，当你为大家的公共利益付出了自己的心血时，就一定会得到回馈。

了解你的合作伙伴

建立良好的合作关系，还需要了解他人、包容他人。每个人都有自己的优缺点，在与人合作的过程中，你不可能只与他人的优点合作，当与他人的缺点发生冲撞时，你唯一能做的就是包容。

有一天，沙漠与海洋谈判。

“我太干，干得连一条小溪都没有，而你却有那么多水，变成汪洋一片。”沙漠建议，“不如我们做个交换吧。”

“好啊，”海洋欣然同意，“我欢迎沙漠来填补海洋，但是我已经有沙滩了，所以只要土，不要沙。”

“我也欢迎海洋来滋润沙漠，”沙漠说，“可是盐太咸了，所以只要水，不要盐。”

我们想得到一些东西，必须容忍其他一些东西也跟过来。

某戏剧学院有两个学生，毕业后一起进入演艺圈，他们都很有才华，在学校的时候就显得与众不同，两人虽然彼此惺惺相惜，却也因好强而暗中较量。

虽然两人同时毕业于戏剧学院，但一位是导演系的，一位是表演系的，因此入行后，一位当导演，一位做演员。

经过一段时间的努力，两人在工作岗位上都表现得很出色。有一次，刚好有部电影可以让他俩合作，基于两人是要好的同学，而且心里对彼此的才能和需求都非常了解，所以他们爽快地答应一起合作。

导演对于演员一向要求比较严格，所以在拍戏的过程之中，虽然是自己的同学也毫不客气地加以指责。而已经是名演员的老同学

也有自己的见解和个性，所以片场的火药味总是很浓。

有一天，导演因为几个镜头一直拍不好，不禁怒火中烧，对着自己的老同学大发脾气，一句重话马上脱口而出："我从来没见过这么烂的演员！"

名演员一听，愣了许久。他走到休息室，不肯出来继续拍戏。

"一个篱笆三个桩，一个好汉三个帮。"一个人在社会生活中，不可能永远孤军打天下，总会有与别人携手合作的时候。事实上，我们几乎每天都会碰到许多必须与别人合作才能完成的事情。学会与别人愉快而有效地合作，无疑将会给你的生活和学习带来高效率和愉悦的心情。因此，可以说合作关系是人际关系的另一面镜子。

与别人合作关系差的人，其人际关系往往也很差。因此，从合作关系之中，我们可以建立良好的人际关系；从人际关系之中，我们可以巩固彼此的合作关系，这是互通的。

学会与别人合作有很多的技巧，不是说你仅有一颗真诚的心就可以了。要与人合作必须了解别人，只有了解别人，才谈得上合作，只有对别人有了充分的了解，才能扬其长、避其短，使其有信心与你共事。

其实，了解别人不仅仅是一种态度，也是一种能力。在很多情况下，我们都是感情用事，不够理智，不懂得换位思考，这为我们带来了许多麻烦。所以，我们每个人都应该以一颗包容的心，忍受别人不合理的行为，学会去欣赏并接受不同的生活方式、文化等。

请相信你的合作者

合作伙伴就得统一战线，齐心协力才能打败你的对手。轻易怀疑你的合作伙伴等于是自挖阵脚，不战自溃。

灰兔在山坡上玩，发现狼、豺、狐狸鬼鬼祟祟地向自己走来，便急忙钻到自己的洞穴中避难。灰兔的洞一共有3个不同方向的出口，为的是在情况危急时能从安全的洞口逃离。今天，狼、豺、狐狸联合起来对付灰兔，它们各自把守一个出口，把灰兔围困在洞穴中。

狼用它那沙哑的嗓子，对着洞中喊道："灰兔你听着，3个出口我们都把守着，你逃不了啦，还是自己走出来吧。不然我们就要用烟熏了，还要把水灌进去！"

灰兔想，这样一直困在洞里也不是个办法，如果它们真的用烟熏、用水灌，情况就更加不妙。忽然，灰兔灵机一动，想出了一个妙计。它来到狐狸把守的洞口，对着洞外拼命地尖叫，就像被抓住后发出的绝望惨叫声。

狼和豺听到灰兔的尖叫声，以为灰兔被狐狸抓住了。它们担心狐狸抓到灰兔后独自享用，不约而同地飞奔到狐狸那里，想向狐狸要回属于自己的那份。聚到一起后，狼、豺、狐狸忽然意识到灰兔可能是用声东击西之计时，急忙又回到各自把守的洞口继续把守。它们哪里知道，灰兔趁刚才狼到狐狸那里去的时候，早已飞奔出来，躲到了安全的地方。

灰兔把自己脱险的经过告诉了刺猬，刺猬说：“你真聪明，你是怎么想出这个妙计来的呢？”灰兔说：“因为我知道，狼、豺、狐狸虽然结伙前来对付我，但它们都有贪婪的本性，互不信任，各怀鬼胎，我正是利用了这一点。”

缺乏信任的团队，是无法形成强大的向心力和凝聚力的，在竞争中，他们总会被对手找到漏洞，各个击破，最后落得失败的下场。

如果你相信别人，别人也会相信你。你以什么样的态度或方式对待别人，别人也会以什么样的态度或方式来对待你。

信任是合作的基础，而相互合作的人就像战场上同一战壕的战友，你要相信你的“战友”。

没有信赖做基础，每个人都会试图保护自己眼前的利益，但是这么做会对长期的利益造成损害。信赖是一种开放的格局，是人与人之间最最重要的情谊，人们最值得骄傲的就是自己可以得到别人的信任，自己的所作所为能够无愧于心，并与人坦诚地沟通。去信任我们的“战友”，同时也让自己成为值得信任的人。

第七章

包容下属，柔性的管理力量

宽待下属，制造向心效应

宽容，应该是每一个领导者应具备的美德。没有一个下属愿意为斤斤计较、小肚鸡肠，对犯一点小错就抓住不放，甚至打击报复的领导卖力办事。

原谅下属的非原则过失，这是一种重要的笼络手段。对那些无关大局之事，不必同下属锱铢必较，当忍则忍，当让则让。要知道，对下属宽容大度，是制造向心效应的一种手段。

汉文帝时，袁盎曾经做过吴王刘濞的丞相，他有一个侍从与他的侍妾私通。袁盎知道后，并没有将此事泄露出去。有人却以此吓唬侍从，那个侍从就畏罪逃跑了。袁盎知道消息后亲自带人将他追回来，将侍妾赐给了他，对他仍像过去那样倚重。

汉景帝时，袁盎入朝担任太常，奉命出使吴国。吴王当时正在谋划反叛朝廷，想将袁盎杀掉。他派500人包围了袁盎的住所，袁盎对此事却毫无察觉。恰好那个侍从在围守袁盎的军队中担任校尉司马，就买来200坛好酒，请500个兵卒开怀畅饮。兵卒们一个个喝得酩酊大醉，瘫倒在地。当晚，侍从悄悄溜进了袁盎的卧室，将他唤醒，对他说："你赶快逃走吧，天一亮吴王就会将你斩首。"袁盎大惊，赶快逃离吴国，脱了险。

从这个故事中，我们不仅看到了袁盎的宽宏大度，远见卓识，也可以洞悉他驾驭部下的高超艺术。

公元199年，曹操与实力最为强大的北方军阀袁绍相抗于官渡，袁绍拥众10万，兵精粮足，而曹操兵力只及袁绍的1/10，又缺粮，明显处于劣势。当时很多人都以为曹操这一次必败无疑。曹操的部将以及留守在后方根据地许都的好多大臣，都纷纷暗中给袁绍写信，准备在曹操失败后归顺袁绍。

相拒半年多以后，曹操采纳了谋士许攸的奇计，袭击袁绍的粮仓，一举扭转了战局，打败了袁绍。曹操在清理从袁绍军营中收缴来的文书材料时，发现了自己部下的那些信件。他连看也不看，命令立即全部烧掉，并说："战事初起之时，袁绍兵精粮足，我自己都担心能不能自保，何况其他人！"

这么一来，那些动过二心的人便全都放心了，对稳定大局起了重要的作用。

这一招的确十分高明，它将已经开始离心的势力收拢回来。不过，没有一点气度的人是不会这么干的。原谅下属的过失，让下属知道你的胸怀大度，他会情愿为你做任何事。

有张有弛，驾驭人才的刚柔策略

曾国藩的手下，可算是能人辈出。可是，这些能人聚在一起，惹出的麻烦事也是难处理的。

在镇压太平军的过程中，曾国藩手下的部队是由他自己的湘军、李鸿章的淮军和一部分绿营兵组成的。淮军中有一个将领，叫做刘铭传，作战十分英勇，他率领的“吉字军”屡屡立下战功。但是由于他的部队配备精良，也常常引起别的将领的嫉妒。

这不，清军将领陈国瑞就趁着刘铭传离开营地的时候，带了百十个绿营兵，冲进了“吉字营”，不仅杀死了二三十个淮勇，还抢走了300多条新式洋枪。陈国瑞还趁机溜进了刘铭传的屋子里，偷偷拿走了他的长枪和古铜盘。

刘铭传回来以后，疯了似的带领500个淮勇，去找陈国瑞报仇。他们打死了四五十个绿营兵，夺回来被抢去的武器，但是那个古铜盘一直没能找到。

这件事很快就传到了曾国藩的耳朵里。他听说自己人打自己人，顿时气不打一处来。可是，刘铭传和陈国瑞都是难得的将才，特别是太平天国运动还没有平息，如果这个时候处理不好此事，无疑会影响整个战事。

想那陈国瑞，最初曾经参加太平军与清廷作对，后来投降了清军，成为蒙古王爷手下的一员大将。蒙古王爷死后，他跟了曾国藩。曾国藩哪里会不知道，陈国瑞是个烈性子，即使是蒙古王爷，也要敬他三分的。可是，这件事情毕竟是他不对在

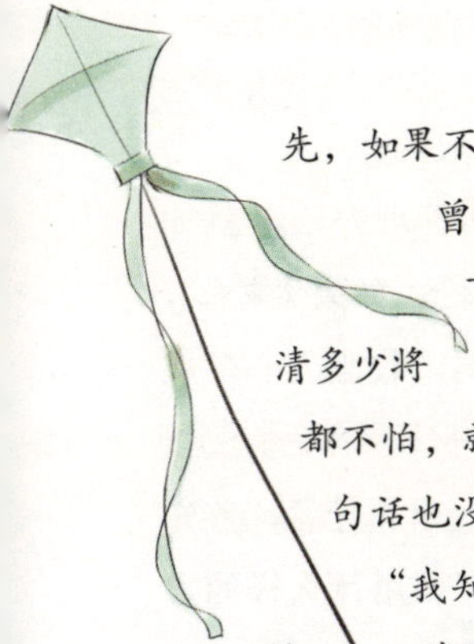

先，如果不给予严处，那么以后将不能服众。

曾国藩想了想，把陈国瑞叫来，先给了他一个下马威：“你以前是太平军的人，杀害了我大清多少将士，这笔账似乎还没算清楚吧？”陈国瑞什么都不怕，就怕别人提他这段“不光彩”的过去，所以一句话也没敢说。曾国藩见起了效果，就温和下来说：“我知道你作战勇敢，是一个很难得的人才。”陈国瑞见曾国藩缓和了下来，就放松了许多。曾国藩在闲谈之中，让他以后不许欺压百姓，不许再在营中械斗。陈国瑞马上答应了。

可是，对待陈国瑞这样的人，只有宽容是不行的。他跟曾国藩达成的协议，回到营里马上就忘了。曾国藩一见，立即奏请皇上撤了陈国瑞的官职，给了他很严厉的制裁，终于陈国瑞不敢再放肆了。刘铭传也在这件事情上受到了教训，他原以为曾国藩会拿他开刀，必定会严惩他，可是曾国藩只骂了几句，就没再说什么。他自然感觉到曾国藩对他的宽容，十分感激曾国藩。从此，再也不敢惹事了。

身为领导者，曾国藩深深明白，如果不能很好地管理下属，放任他们，那么迟早有一天会闯出大祸的。但是，并不是所有犯错的人都适合严惩，有时候过重的惩罚往往会刺激一个人的自尊心，激起他的反叛心理，反而会起

到相反的效果。但是，一味地宽容，也是不可取的。

凡成大事的人，都善于利用有张有弛的管理办法，就如同放风筝一样，觉得拉得太紧，就要学会放松，如果太松了，又要往回收线。只有张弛有度，才能把握全局，收服人心，成就大事。

对待不同的人，采用不同的管理策略。一个领导者，首先要了解自己的下属，知道他们是什么样的人，要用什么样的方法才能让他们发挥出最大的优势。在这一点上，我们不妨借鉴一下克劳利的方法：

在克劳利任段长期间，一次差点出了大事故。有两个工程师，他们都在铁路上服务了很长时间，但就是这样的两个人犯下了大错：由于他们的疏忽，两列火车差点迎头撞上。这么严重的失误是无可推诿的，上司命克劳利解雇这两名员工，但是克劳利持反对意见。“像这样的情况，应当给予相当的考虑，”他反对说，“确实，他们的这种行为是不可宽恕的，是理应受到严厉惩罚的。你可以对他们进行严厉的处罚和教育，但是不可剥夺他们的位置，夺去他们唯一可以为生的职业。总的看来，这些年，他们不知创造了多少好成绩，为铁路事业的发展立下了不少汗马功劳。仅仅由于他们这次的疏忽，就要全盘否定他们以前的功绩，未免太不公平了。你可以惩治他们，但是不可以开除他们。如果你一定要开除他们的话，那么，就连我也一并开除吧。”结果克劳利取得了胜利，两名工程师被留了下来，后来他们都成了忠诚而效率极高的员工。

很多人觉得，只要对下属严格，就一定能让他们信服自己。其实未必是这样。有的人性格比较叛逆，管得太严了，反而会产生相反的效果；有的人缺乏自觉性，如果不严加管理，就可能因为粗心大意而闯下大祸。所以，管理者要看自己的下属是怎样的人，然后再采取相应的管理策略。

广开言路，不可独断专行

独断专行，表面上看是领导者的强大，实际上是弱智无能的体现。平心而论，是哪些领导者喜欢独断专行，听不进别人的意见呢？恰恰不是办事干练、富有智慧的强者，而是头脑简单、经验不足、尚不成熟的弱者。

项羽之所以落得个乌江自刎的下场，其实与他的独断专行有很大关联。

当年项羽在鸿门摆下了鸿门宴，邀请刘邦赴宴，他就犯了一个独裁的老毛病，他没有在事前进行周密的部署，也没有与大家进行很好的商量，更没有在自己的高层领导干部里面统一思想，达成共识，以致项伯和自己的左右手、重要谋士范增做出了不同的反应。

尽管范增再三举起了自己的佩玉，暗示项羽要下定决心，机不可失，失不再来。但是，项羽始终犹豫不决。范增发现了项羽下不了决心，就私自找了项庄进入酒宴，以舞剑为名借机刺杀刘邦。这也是成语“项庄舞剑，意在沛公”的由来。然而，项伯也拔出了自己的佩剑与项庄一起对舞，以此来保护刘邦，最终使刘邦全身而退。项羽的独断专行使其失去了灭掉刘邦的最好机会。

通过这个事例，创业者可以明白一个道理——个人英雄主义是难成大事的。不管一个领导的个人能力多么强，要想保证自己集团的目标得以实现、保证自己集团的利益，就必须在重大的事件上面与自己的搭档和员工达成共识，广泛听取各个方面的意见，绝不能独断专行。

群体决策是避免决策误区、避免决策失败的预防针。顾名思义，群体决策机制就是决策过程的广泛参与性，强调的是民主，不是一言堂，不是一人说了算。比如在制定战略计划时，不仅是企业的高层全部参与，而且还要让那些与战略执行相关的人员参与进来，比如战略的实施人员、相关领域的专家、各个部门的主管和代表等。群体决策机制带来的好处是，任何决策在产生的过程中已赢得了广泛的情感支持，任何参与决策和执行的人不会把决定看作是上级的指示，而是看作是“我们”共同的意见。

但是，群体决策机制会带来三种风险：一是因为过于强调民主成分而使决策的形成过程成为平衡各家意见的过程，致使决策结果平庸化；二是因为过于鼓励发表不同观点而使决策会议上拉帮结派，使决策的讨论过程成为争权夺利的过程，降低了决策效率；三是决策过程越民主，决策的过程就越长，企业管理者很容易失去耐心，会轻而易举地出台决定，不仅使决策机制没有起到正向作用，反而出现了反作用。

虽然群体决策仍然存在缺点，但显然要比一个人独裁、单人负责拍板定案的方式稳妥得多。现代企业面临的是一个环境复杂而又变化多端的局面，要想在竞争激烈的商场中立于不败之地，就需要管理者提高决策的准确性和正确性。创业者要想最大限度地避免决策失误，就需要充分发挥集体智慧，建立科学的群体决策机制，以集体智慧来保证决策的成功。

群体决策有以下几点技巧：

(1)群体决策执行效果随着年龄和职务升高而减弱，从年轻、普通员工中可得到较好的群体决策效果；

(2) 5 ～ 11 人的中等规模群体最有效，2 ～ 5 人小规模群体较易取得一致意见；

(3) 凡是平等排列座位、不突出领导的群体，作出的决策执行质量较高，所需时间较短；

（4）使成员成为评论者，对任何意见坦率开展评论，支持和保护持异议者表达其见解；

（5）将事情交付群体决策讨论时，不要在开始时表达倾向性意见；

（6）在决策执行中可指定一位或轮流担任“唱反调”的角色，展开类似辩论赛中正方、反方的辩论。

尊重差异，有分歧才能有收获

一个事物往往存在着多个方面，要想全面、客观地了解一个事物，就必须兼听各方面的意见，只有集思广益，博采众长，才能了解一件事情的本来面目，才能采取最佳的处理方法。因此，一名高效能人士要以“兼听则明，偏听则暗”的箴言提醒着自己，多方地听取他人的意见，以确保自己能够做出正确的决定。

与人合作最重要的就是要重视不同个体的不同心理、情绪与智能，以及个人眼中所见到的不同世界。假如两人意见相同，其中一人必属多余。与所见略同的人沟通，毫无益处，要有分歧才有收获。

一个高效能的管理者应当能够接纳不同的意见，虚心听取不同的声音，这样才能确保自己作出正确的决策。

本田宗一郎是日本著名的本田车系的创始人。他为日本汽车和摩托车业的发展做出了巨大的贡献，曾获日本天皇颁发的

"一等瑞宝勋章"。在日本乃至整个世界的汽车制造业里，本田宗一郎可谓是一个很有影响力的重量级传奇人物。

1965年，在本田技术研究所内部，人们为汽车内燃机是采用"水冷"还是"气冷"的问题发生了激烈争论。本田是"气冷"的支持者，因为他是领导者，所以新开发出来的N360小轿车采用的都是"气冷"式内燃机。

1968年在法国举行的一级方程式冠军赛上，一名车手驾驶本田汽车公司的"气冷"式赛车参加比赛。在跑到第三圈时，由于速度过快导致赛车失去控制，赛车撞到围墙上。随后，油箱爆炸，车手被烧死在里面。此事引起巨大反响，也使得本田"气冷"式N360汽车的销量大减。因此，本田技术研究所的技术人员要求研究"水冷"内燃机，但仍被本田宗一郎拒绝。一气之下，几名主要的技术人员决定辞职。

本田公司的副社长藤泽感到了事情的严重性，就打电话给本田宗一郎："您觉得如果公司缺少了技术人员会变成什么样呢？"本田宗一郎无话可说。

藤泽毫不留情地说："虽然您原来并不支持水冷技术，但是现实情况已经发生了变化。请您给那些有志于为公司奉献自己的智慧和技术的同事一些尊重吧！请您同意他们去搞水冷引擎研究吧！"

本田宗一郎顿时省悟过来，毫不犹豫地说："好！"

于是，几个主要技术人员开始进行研究，不久便开发出适应市场的产品，公司的销售量也大大增加。这几个当初想辞职的技术人员均被本田宗一郎委以重任。

在美国著名领导学家柯维看来，统合综效的精髓就是判断和尊重差异，取长补短。而本田宗一郎也正是因为做到了尊重并采纳不同的意见，公司的发展才迈向了更高的平台。即使有些建议与我们的观念相冲突，也要尊重差异，采纳正确的建议，因为这能让每一个人都真正地实现自我，每个人的自我价值得到了实现，团队的总体效能自然也能得到提升。

所以，想要做到高效能，每一个人都不妨少一些自我封闭、针锋相对和自私自利，多一些坦诚相待和慷慨大方；少一些自我防御、随意判断和权术阴谋，多一些相互尊重和相互信赖。

做一个给下属台阶下的**领导**

人人都可能做错事情，生活中也随时可能碰到尴尬的场面。处于尴尬境地的人一定会觉得颜面尽失，在这个时候如果你能为他找一个台阶下，不但能立刻博取对方的好感，而且也会建立良好的个人形象。

如今，很多年轻人在职场中做得很不错，毕业不久就走上了领导的岗位，这是一件很值得高兴的事情。但是年轻的领导也会遇到很多的尴尬，面对公司的老员工，还有那些自以为是的“刺儿头”，不能尽职尽责。这时，作为领导为了顾全大局就有可能语重心长地教育他。实际上有时候直言直语相劝并不能达到目的。其实你可以发现他的错误，但不点明，并巧妙地给他一个台阶下，让他既能改正错误，又能保全面子。如此一来，下属认识到了错误，就会卖力地为你办事。

某外企为了争创名牌企业，提高知名度，非常重视环境卫生工作，曾明令禁止职工上班时间抽烟，厂区里树了许多“禁止吸烟”的牌子，并抽调人员不定期巡视。有一次，老总亲自巡视检查，发现有几位工人，站在禁烟牌前吞云吐雾。他们看见老总朝他们走过来，不但毫无收敛，反而抽得更起劲，大有“看你能把我们怎么样”的架势。

在这种情况下，如果换一个领导，一定会大发雷霆：“你们没有长眼睛吗？怎么站在禁烟牌前吸烟？”但这样一顿臭骂，事态势必一发不可收。那几位倔脾气的工人可不是省油的灯，否则也没有胆量这样做。可是，这位老总不但没有开骂，反而掏出一包更高级的香烟，给每位都递上一支，友好地对他们说：“兄弟，走，咱们出去抽个痛快！”那几位工人反倒觉得不好意思起来，过后，他们负荆请罪，向老总保证：以后再也不在厂区抽烟了。

有的人很容易意气用事，当遇到跟自己对着干的下属时，不易控制自己的情绪。这个时候，你一定要给自己3分钟的时间冷静思考。

良好的人际关系是一个人立足于社会的重要资本，更是一个人取得成功不可或缺的重要因素。而建立良好的人际关系需要尊重他人，包容他人，因为只有这样才能得到他人的理解与尊重。试想，如果连周围接触的人都适应不了，如何能够受人爱戴与尊重？如何能够获取别人的帮助与支持？又如何能够实现竞争与合作，并创造成功的人生呢？

善于推功揽过

《菜根谭》中提到过："完名美节，不宜独任，分些与人，可以远害全身；辱行污名，不宜全推，引些归己，可以韬光养德。"推功揽过是中国的传统智慧，人性的弱点要求人们要有"推功揽过"的意识，领导者尤其如此。哈佛大学肯尼迪政治学院的哈斯教授说，要在一个组织内做好，一定要做到三点：推功、揽过和成人之美。

子曰："孟之反不伐，奔而殿，将入门。策其马曰：'非敢后也，马不进也！'"孔子在这里为我们描绘了一个生动的战场细节。在战场上打了败仗，哪一个敢走在最后面？孟之反则不同，叫前方败下来的人先撤退，自己一人断后，快要进到自己城门时，才赶紧用鞭子抽在马屁股上，赶到队伍前面去，然后告诉大家说："不是我胆子大，敢在你们背后挡住敌人，实在是这匹马跑不动，真是要命啊！"

胜过周围的人时，不谦虚便容易招致嫉妒和怨恨。因此，孟之反善于立身自处，怕引起与将士们之间的摩擦，不但不自己表功，而且还自谦以免除将士们的嫉妒，以免损及国家。

推功揽过是一种上升为道德的策略，一个优秀的领导者应当像孟之反一样，时刻体察自己周围的人，不揽功，不诿过，这样才能赢得下属的追随。完全归功于自己，是领导者很容易犯的错。任何工作，绝不可能始终靠一个人去完成，即使是一些微不足道的协助，也是尤为重要的。作为领导，当下属有功劳时，绝不可抹杀下属的努力，这是绝对要牢记的。

一个让下属放心追随的领导者，面对功劳时，不会独占；面对过错时，也不会全部归到下属身上。在人们眼里，即使领导没有过错，但他的下属犯错了，也等于他犯了错，犯了监督不力或用人不当的错。作为上司，在下属闯祸之后，不要落井下石，更不要找替罪羊，而应勇敢地站出来，实事求是地为下属辩护，主动承担责任，这样才能得到下属的拥戴，下属才会把他当成真正的靠山。

魏扶南大将军司马炎，命征南将军王昶、征东将军胡遵、镇南将军毌丘俭讨伐东吴，与东吴大将军诸葛恪对阵。毌丘俭和王昶听说东征军兵败，便各自逃走了。

朝廷将惩罚诸将，司马炎说："我不听公休之言，以至于此，这是我的过错，诸将何罪之有？"雍州刺史陈泰请示与并州诸将合力征讨胡人，雁门和新兴两地的将士，听说要远离妻子打胡人，都纷纷造反。司马炎又引咎自责说："这是我的过错，非玄伯之责。"

老百姓听说大将军司马炎能勇于承担责任，敢于承认错误，莫不叹服，都想报效朝廷。司马炎引二败为己过，不但没有降低他的威望，反而提高了他的声望。

那种不分青红皂白，无论下属的过错是否与自己有关都大发雷霆，不时强调“我早就告诉你要如何如何”或“我哪里管得了那么多”之类的领导们，不仅使下属更不敢正视问题、不再感到丝毫内疚，而且避免不了下属大闹情绪，甚至永远不可能再拥戴他们。由此可知，领导者应该做的是勇于承担责任，并将这种“揽过”的精神渗入每个人的心中。

依靠强大影响力进行无为管理

老子把统治者划分为四个层次：最好的统治者，人民不知道有他的存在；其次一等，人民亲近并赞美他；再次一等，人民害怕他；最次一等，人民轻侮他。统治者如果诚信不足，那人民就不会信任他。统治者应该悠闲自如，不要随意发号施令。这样才能功业成功、事情顺遂。

领导的最高层次是“太上”，是老百姓不知道有这个统治者。这是领导艺术的最高境界，值得企业家借鉴。一位懂得“无为而治”的企业领导，不是要让自己拥有多么大的威权，前呼后拥不是企业家的做派。他不仅仅要实现利润的最大化，还要让所有员工都回归到人的本性上去，发自真心地感到快乐，让他自由发挥自己的聪明才能，为企业创造价值的同时实现自己的人生价值。沃尔玛的公仆式领导一直都很有名。

早在创业之初，沃尔玛公司创始人山姆·沃尔顿就为公司制定了三条座右铭：顾客是上帝、尊重每一个员工、每天追求卓越。沃尔玛是“倒金字塔”式的组织关系，这种组织结构使沃尔玛的领导处在整个系统的最基层，员工是中间的基石，顾客放在第一位。沃尔玛提倡“员工为顾客服务，领导为员工服务”。沃尔玛的这种理念极其符合现代商业规律。对于现今的企业来说，竞争其实就是人才的竞争，人才来源于企业的员工。作为企业管理者只有提供更好的平台，员工才会愿意为企业奉献更多的力量。上级很好地为下级服务，下级才能很好地对上级负责。员工好了，公司才能发展好。企业就是一个磁场，企业管理者与员工只有互相吸引才能凝聚出更大的能量。

但是，很多企业看不到这一点。不少企业管理者总是抱怨员工素质太低，或者抱怨员工缺乏职业精神，工作懈怠。但是，他们最需要反省的是，他们为员工付出了多少？作为领导，他们为员工服务了多少？正是因为他们对员工利益的漠视，才使很多员工感觉到企业不能帮助他们实现自己的理想和目标，于是跳槽离开。

这类企业的管理者应该向沃尔玛公司认真学习。沃尔玛公司在实施一些制度或者理念之前，首先要征询员工的意见：“这些政策或理念对你们的工作有没有帮助？有哪些帮助？”沃尔玛的领导者认为，公司的政策制定让员工参与进来，会轻易获得员工的认可。沃尔玛公司从来不会对员工的种种需求置之不理，更不会认为提出更多要求的员工是在无理取闹。相反，每当员工提出某些需求之后，公司都会组织各级管理层迅速对这些需求进行讨论，并且以最快的速度查清员工提出这些需求的具体原因，然后根据实际情况做出适度的妥协，给予员工一定程度的满足。

在沃尔玛领导者眼里，员工不是公司的螺丝钉，而是公司的合伙人，他们尊崇的理念是：员工是沃尔玛的合伙人，沃尔玛是所有员工的沃尔玛。在公司内部，任何一个员工的名牌上都只有名字，而没有标明职务，包括总裁，大家见面后无须称呼职务，而是直呼姓名。沃尔玛领导者制定这种制度的目的就是使员工和公司就像盟友一样结成合作伙伴的关系。沃尔玛的薪酬在同行业中不是最高的，但是员工却以在沃尔玛工作为乐，因为他们在沃尔玛是合伙人，沃尔玛是所有员工的沃尔玛。

在物质利益方面，沃尔玛很早就开始面向每位员工实施其“利润分红计划”，同时付诸实施的还有“购买股票计划”“员工折扣规定”“奖学金计划”等。除了以上这些，员工还享受一些基本待遇，包括带薪休假，节假日补助，医疗、人身及住房保险等。沃尔玛的每一项计划几乎都是遵循山姆·沃尔顿先生所说的“真正的伙伴关系”而制定的，这种坦诚的伙伴关系使包括员工、顾客和企业在内的每一个参与者都获得了最大程度

的利益。沃尔玛的员工真正地感受到自己是公司的主人。

讲到这里，所有人都会明白沃尔玛持续成功的根源。沃尔玛这一模式使很多企业深受启发。在国内，有一家餐饮企业把沃尔玛当作学习的榜样，“没有满意的员工，就没有满意的顾客。”饭店管理者把这句话当作是企业文化理念的精髓。饭店拥有员工近 400 人，除大部分为正式员工外，还有少部分为外聘人员，饭店领导首先为他们营造的是一个平等的工作环境与空间，一旦发现了人才，无论是正式员工还是外聘员工，都给予鼓励与培养。每年的春节，饭店高级管理人员都要为员工亲手包一顿饺子，并为员工做一天的“服务员”。每年，饭店还要对有特殊贡献的员工进行晋级奖励，目前得到晋级奖励的员工已占到全体员工总数的 10%。饭店还定期组织员工外出旅游，节假日举办联欢会。如同沃尔玛取得的辉煌业绩一样，一分爱一分收获，领导的良苦用心得到了回报。由于该饭店员工的素质一流，几乎所有的宾客都能享受到“满意 + 惊喜”的服务。他们对此赞不绝口，饭店生意红红火火。

企业进行无为管理最大的障碍是企业人员的素质。道家思想特别强调个人的修养所倡导的清静无为、致虚守静、柔弱如水、无私不争等，这些都是现代企业领导者修养的最佳参照。无为管理的特点是把管理的无形作为体现在有形作为之中。无为管理要取得实效，要求管理者具备强大的人格影响力。而人格影响力只能从管理者的自身修养中得来。

引导下属进行良性竞争

水可以洗涤污垢，带来洁净与清新，持正治身，无心无为，合乎道性，一切都在正确的自然法则之中。管理者应效法水德，循道遵理，秉规持范，知时达物，治理有方，使团队得到良性发展。

管理者如何做到“政善治”呢？“以正治国，以奇用兵。”人力资源管理相当于治国，而非对外用兵，因此要以“正”治。在人力资源管理中的“以正治国”就要遵循“万物负阴而抱阳，中气以为和”的规律，采用中和之道。“和”是通过互相调和而达到和谐的意思。对人力资源管理而言，做到“中和”，就意味着善于抓住企业员工的心理特征、个性差异，调节员工之间的矛盾，使其达到一种和谐、统一、极具凝聚力的态势，使蕴藏在人力资源中的潜能与优势最大限度地得到发掘，同时彻底消除那些耗散人力的内部因素。每个领导者都明白下属之间总会存在竞争。但竞争分为良性竞争和恶性竞争，良性竞争可以提高下属的工作热情，提升工作业绩；恶性竞争会破坏组织成员之间的合作，造成“内耗”，严重的甚至会导致优秀人才的流失。要更好地激励下属工作，领导者就要遏制下属之间的恶性竞争，积极引导下属的良性竞争。心理学家认为，每个人都有自尊心和自信心，其潜在心理都希望“站在比别人更优越的地位上”，或“自己被当成重要的人物”。从心理学角度来说，这种潜在心理就是自我优越的欲望。有了这种欲望之后，人类才会努力成长，也就是说这种欲望是构成人类干劲的基本元素。

这种自我优越的欲望，在有特定的竞争对象存在时，其意识会特别鲜明。

只要能利用这种心理，并设立一个竞争的对象，让对方知道竞争对象的存在，就一定能成功地激发起一个人的干劲。

被称为现代科学管理之父的弗雷德里克·泰勒在费城米德维尔钢铁厂当工程师时，管理自己的下属就是用了“竞争”的方法。有一次他对一个一向很努力的熟练工人说：“杰克，为什么我叫你做的一件工作这么慢才做出来呢？你为什么不能像汤姆那样快呢？”

他对汤姆却这样说：“汤姆，你为什么不以杰克为榜样，像他那样做事很快呢？”

过了不久，汤姆因为公事出外旅行刚回来，泰勒便留下一张纸条叫他做好一个铸件，马上送到铁道开关及信号制造厂去。这个条子是星期六写的，但是星期日早上汤姆便把这件事

办好了。星期日早晨，泰勒在制造厂里看见了汤姆便问："汤姆，你看见我留下的纸条了吗？"

"看见了。"

"你何时去铸呢？"

"已经铸了。"

"啊，什么时候可以铸好呢？"

"已经铸好了。"

"真的吗？现在在哪里呢？"

"已经送到制造厂里去了。"

泰勒听了十分高兴。他看到这种用竞争的方法激励工头赶快做事的效果如此之好，实在感到很惊奇。而对汤姆来说，他看见上司泰勒那种嘉许的态度，自己也感觉非常快乐。

有时，竞争对象是不容易找到的，这时，你可以"设立"一个"竞争对象"。对于没干劲的下属，只要告诉他："你和A先生两个人，成功是指日可待的。"就等于暗示了他竞争对手的存在。

日本有一家铸造厂的经营者经营了许多工厂，但其中有一个厂的效益始终徘徊不前，从业人员也很没干劲，不是缺席，就是迟到早退，交货总是延误。该厂产品质量低劣，使消费者抱怨不迭。虽然这个经营者指责过现场管理人员，也想尽办法，想激发从业人员的工作士气，但始终不见效果。

有一天，这个经营者发现，他交代给现场管理员办的事，一直没有解决，于是他就亲自出马了。这个工厂采用昼夜两班轮流制，他在夜班要下班的时候，在工厂门口拦住一个作业员，他问：“你们的铸造流程一天可做几次？”作业员答道：“6次。”这个经营者听完，一句话也不说，就用粉笔在地上写下“6”。紧接着早班作业员进入工厂上班，他们看了这个数字后，竟改变了“6”的标准，做了7次铸造流程，并在地面上重新写上“7”。到了晚上，夜班的作业员为了刷新纪录，就做了10次铸造流程，而且也在地面上写上“10”。过了一个月，这个工厂变成了他所经营的厂中成绩最高的。

这个经营者仅用一支粉笔，就提高了工厂的士气，而员工们突然产生的士气是从哪里来的呢？这是因为有了竞争的对手所致。作业员做事一向拖拖拉拉，毫不起劲，可在突然有了竞争的对象后，就激发了他们的士气。

让下属被动地去实施决策目标，带来的结果只能是低效，甚至无效、负效。只有想方设法激励他们主动地去干，才能充分发挥人的主动性、创造性，获得高效益。

由此可见，良性竞争对于组织是有益处的，它能促进员工之间形成你追我赶的学习、工作气氛，大家都在积极思考如何提高自己的能力、如何掌握新技能、如何取得更大的成绩……这样一来公司组织成员之间的凝聚力和工作热情就会大大提高。

不要过多干预下属的工作

一位在某超市工作了20年的总经理，在总结自己如何以高效率管理上千名员工时说：“什么是管理？管理就是借助别人的手去完成任务。管理者要想提高工作效率，就必须学会将日常的事务交给下属去完成。如果一个领导者总是对下属的能力持怀疑态度，迟迟不肯把任务交给他们，那么他们就永远也无法证明自己的工作能力。”

在现实生活中，我们经常看到许多忙忙碌碌的领导，就和热锅上的蚂蚁一样，每天忙得团团转，可是却不见成效。其实，他们已经陷入了一种不可自拔的旋涡：干得越多，就越是有更多的工作需要自己亲手去做。因为，他们总是担心自己的下属做不好工作，总是担心失去对下属的控制，总是认为只有自己才知道如何干，所以不得不一次又一次地去亲力亲为。相反，如果能给予下属足够的信任，把任务交给下属去完成，并且为下属提供自由发挥的空间，就可以使自己摆脱那些烦琐的日常事务。

《吕氏春秋》记载，孔子弟子子齐，奉鲁国君主之命去做地方官，但是，子齐担心鲁君听信小人谗言，从上面干预，使自己难以放开手脚工作，充分行使职权，发挥才干。于是，在临行前，主动要求鲁君派两个身边近臣随他一起去上任。

到任后，子齐命令那两个近臣写报告，他自己却在旁边不时去摇动二人的胳膊肘，捣他们的乱，使得字写得不工整。然后，子齐就对他们发火，二人又恼又怕，请求回去。二人回去之后，向鲁君报怨无法为子齐做事。鲁君问为什么，二人说：“他叫我们写字，又不停摇晃我们的胳膊。字写坏了，他却怪罪我们，大发雷霆。我们没法再干下去了，只好回来。”

鲁君听后长叹道:“这是子齐劝诫我不要扰乱他的正常工作,使他无法施展才干呀。”于是,鲁君就派他最信任的人对子齐传达他的旨意:“从今以后,凡是有利于国家的事,你就自决自为吧。五年以后,再向我报告。”

子齐郑重受命,从此得以正常行使职权,发挥才干,政绩突出。

这就是著名的“掣肘”的典故。

后来孔子听说此事,赞许道:“此鲁君之贤也。”

古今道理一样。领导者在用人时,要做到既然给了下属职务,就应该同时给予其职务相称的权力,放手让下属去干,不能大搞“扶上马,不撒缰”,处处干预,只给职位不给权力。

北欧航空公司董事长卡尔松大刀阔斧地改革北欧航空系统的陈规陋习,就是靠充分放权,给部下充分的信任和活动自由。开始时,他的目标是要把北欧航空公司变成欧洲最准时的航空公司。但他想不出该怎么下手。卡尔松到处寻找,看到底由哪些人来负责处理此事,最后他终于找到了合适的人选。于是他去拜访他:“我们怎样才能成为欧洲最准时的航空公司?你能不能替我找到答案?过几个星期来见我,看看我们能不能达到这个目标。”几个星期后,他们按约见面,卡尔松问他:“怎么样?可不可以做到?”他回答:“可以,不过大概要花6个月时间,还可能花掉你150万美元。”卡尔松插嘴说:“太好了,说下去。”因为他本来估计要花更多的钱。那人吓了一跳,继续说:“等一下,我带了人来,准备向你汇报,我们可以告诉你我们到底想怎么干。”

卡尔松说："没关系，不必汇报了，你们放手去做好了。"大约四个半月后，那人请卡尔松去，并给他看几个月来的成绩报告，当然已使北欧公司成为欧洲第一。但这还不是他请卡尔松来的唯一原因，更重要的是他还省下了 150 万美元经费中的 50 万美元，一共只花了 100 万美元。

卡尔松事后说："如果我只是对他说：'好，现在交给你一件任务，我要你使我们公司成为欧洲最准时的航空公司，现在我给你 200 万美元，你要这么这么做。'结果怎样，你们一定也可以预想到。他一定会在 6 个月以后回来对我说：'我们已经照你所说的做了，而且也有了一定进展，不过离目标还有一段距离，也许还需花 90 天左右才能做好，而且还要 100 万美元经费。'可是这一次这种拖拖拉拉的事却不曾发生。他要这个数目，我就照他要的给，他顺顺利利地就把工作做好了。"

无论是鲁君，还是北欧航空公司的卡尔松，他们的言行都印证了这样一个道理：领导者用人只给职不给权，事无巨细都由自己定调、拍板，实际上是对下属的不尊重、不信任。这样，不仅使下属失去独立负责的责任心，还会严重挫伤他们的积极性，难以使其尽职尽力。所以，放手让你的下属去施展才华，只有当他确实违背你的工作主旨之时，你再出手干预，将他引上正轨。只有这样才能充分调动下属的积极性，提升他们的工作业绩，而你最终也将赢得下属的真心拥护。

第八章

多点包容，爱情才会走得更深更远

早一点宽恕，会避免悲剧的发生

这是令人羡慕的一对情侣，他们的故事让人深思，让人反省，让人无限感慨。让我们来看看这个故事：

男人和女人相爱在校园，她下嫁他，这是现实版的七仙女下凡。女人的父亲是那所大学所在地的政府显要，母亲是一家研究所卓有成就的研究员。而男人呢，是一位农民的儿子。中国农民的儿子拥有什么，谁都知道。但是她却死心塌地地跟了他，放弃亲情和前途跟他回到了他的家乡。两个人在同一所乡村中学里教书。他们很满足，最重要的是她安于现在的生活状况，两相厮守，不慕浮华。

由于他的工作出色，又是名牌大学生，很快便脱颖而出。短短10年内，他从教导主任、副校长、教育局副局长、局长直到县长，一帆风顺。当县长那年，他才39岁。对于丈夫的升迁，她感到宽慰，觉得自己当年没有看错人；而他也感谢妻子在他最需要爱情的时候给了他最需要的。但身在官场的他却常常身不由己，每天都有对付不完的应酬，好在她对此毫无怨言。

一次酒醉后，一位崇拜他已久的靓丽而年轻的女人主动向他献身。事发后，他诚惶诚恐，觉得对不起自己的妻子。但当这一切都神不知鬼不觉的时候，男人的血性便又被那个靓丽的姑娘点燃。在妻子出差的那段日子里，他默许了那个近乎疯狂地爱他的姑娘上门同床共枕。终于，他们偷情的场面赤裸裸地暴露在了提前回家的妻子面前。妻子没有大吵大闹，而是微笑着放那个姑娘走，并且关照她不必太紧张，说着还帮那个吓得脸色铁青的姑娘理好零乱的衣裙。偷情的姑娘走了，她却沉默了，从此不再单独和他说一句话。只有当他的下属来时，或是儿子在家时，她才会和他说话，而且显出十分恩爱的样子。别人一走，她就又变成了“哑巴”。其实他挺后悔的，他知道自己之所以能有今天，妻子的爱是最重要的条件之一。他是爱她的，他为自己的行为感到羞耻，他跪在她的面前，苦行僧式地向她忏悔，请求她饶恕。他这样努力地坚持了12年。12年中，他憔悴不堪。但是无论如何，妻子就是不说话。

12年后的一天，妻子第一次主动开口和他说话，她说：“我患了乳腺癌，医生说现在部分细胞已经扩散，我时日不长了。”他听完，泪如雨下，他抱住她一遍遍地问：“为什么不告诉我，咱们可以找最好的医院去治呀！”他把妻子送到了医院，但一切都已为时太晚。妻子弥留之际，对他说：“现在，我

承认我错了，这些年，我不应该这样对你。我死以后，你就再找一个合适的女人，一起过吧。”男人号啕大哭。女人死后3个月，男人也去世了。他患的是胃癌，是在一年前的一次体检中发现的，但他也没有告诉她。他临死前对儿子说了一句让儿子莫名其妙的话：“你妈妈原谅我了，我死而无憾。”后来，他们的一位医学专家朋友对他们的儿子说：“你爸爸和你妈妈的病，都是因心情长期抑郁造成的。假如你妈妈早一点儿表现出她的宽容，事情也许完全是另一种结果……”

故事中的妻子惩罚了丈夫，却以失去自己的幸福和生命为代价。从妻子 12 年的沉默中，我们能感觉到她滴血的胸膛，她受的伤害的确是深重的，她要让丈夫也承受同样的伤痛。而当她醒悟时，生命已不再等待。

人非圣贤，孰能无过？惩罚从来就不能解决问题。婚姻是两个人共同经营的事业，如果出现了漏洞应当及时修补。否则，洞就会越来越大，最后让婚姻的大厦轰然倒塌。

有句俗话说：“婚姻如饮水，冷暖自知。”当你原谅了对方时，困在你心里的囚犯便获得了自由。

如果你只是不断地怨恨，那么真正受折磨的人其实是你自己。因为怨恨是一种具有侵袭性的东西，使我们失去欢笑，损害我们的健康。怨恨，更多的是伤害怨恨者自己，而不是被仇恨的人。

“幸福的家庭是相似的，不幸的家庭各有各的不幸。”幸福的家庭中不能缺少包容，正因为包容，才让你爱的人感觉到了你的温情；正因为包容，家里才充满了温馨的气氛；正因为包容，你们的爱情才会走得更深更远。

换位思考，走入对方心灵的栖息之地

每天柴米油盐酱醋茶，天天面对，夫妻之间少了激情，少了浪漫，少了先前相互之间的体贴。这种平淡让你错以为自己不再爱对方，于是燃烧起爱上他人的火焰，可是到头来才觉醒“蓦然回首，那人却在灯火阑珊处”。

女人有了外遇，要和丈夫离婚。丈夫不同意，女人便整天吵吵闹闹。没有办法，丈夫只好答应妻子的要求。不过，离婚前，他想见见妻子的男朋友。妻子满口答应。第二天一大早，女人便把一个高大英俊的中年男人带回家来。

女人本以为丈夫一见到自己的男朋友必定气势汹汹地讨伐。可丈夫没有，他很有风度地和男人握了握手。然后，他说他很想和她男朋友谈一谈，希望妻子回避一下。女人只得听从丈夫的建议。站在门外，女人心里七上八下，生怕两个男人在屋内打起来。然而结果证明，她的担心完全是多余的。几分钟后，两个男人相安无事地走了出来。

送男友回家的路上，女人忍不住问：“我丈夫和你谈了些什么？是不是说我的坏话？”男人一听，停下了脚步，他惋惜地摇摇头说：“你太不了解你丈夫了，就像我不了解你一样！”女人听完，连忙申辩道：“我怎么不了解他，他木讷，缺少情趣，家庭保姆似的，简直不像个男人。”“你既然这么了解他，就应该知道他跟我说了些什么。”“说了些什么？”女人非常想知道丈夫说的话。“他说你心脏不好，但易暴易怒，结婚后，叫我凡事顺着你；他说你胃不好，但又喜欢吃辣椒，叮嘱我今后劝你少吃一点辣椒。”“就这些？”女人有点吃惊。“就这些，没别的。”听完，女人慢慢低下了头。男人走上前，抚摸着女人的头发，语重心长地说：“你丈夫是个好男人，他比我心胸开阔。回去吧，他才是真正值得你依恋的人，他比我和其他男人更懂得怎样爱你。”说完，男人转过身，毅然离去。

自从这次风波过后，女人再也没提过离婚二字，因为她已经明白，她拥有的这份爱，就是世界上最好的那份。

每个人都期盼能和生命中的另一半演绎一场轰轰烈烈的爱情，然后在漫长的生活中成为能读懂自己的知己。但是，生活久了，你会发现，想找个心心相印的异性非常不容易，找个一辈子相依相守的伴侣更是难上加难。

有时候，我们不该总是对别人寄托太多的期望，总是要求别人去为你做事，体贴你，照顾你，这样，时间久了，自然会给对方带来很大的心理压力，同时也可能会产生逆反心理。试着从对方的角度出发，站在对方的角度考虑问题，你就会发现，原来很多时候的争吵，都是不值得的。你的心里多了一分理解，你的生活也就多了一分甜蜜。

猜疑、嫉妒是咬噬爱情之树的蛀虫

诗人纪伯伦曾说：“恋爱和疑忌是永不交谈的。”

拿破仑三世，即拿破仑一世的侄子，曾爱上了全世界最美丽的女人——特巴女伯爵玛利亚·尤金妮娅，并且和她结了婚。

他们俩拥有财富、健康、权力、名声、爱情、尊敬，他们俩的结合是一个十全十美的浪漫史。他的爱情从未像这一次燃烧得这么旺盛、狂热。

不过，这样的圣火很快就变得摇曳不定，热度也冷却了，只剩下了余烬。拿破仑三世可以使尤金妮娅成为一位皇后，但不论是他爱的力量也好，帝王的权力也好，都无法阻止这位法西兰女人的猜疑和嫉妒。

由于她具有强烈的嫉妒心理，竟然藐视他的命令，甚至不给他一点私人的时间。当他处理国家大事的时候，她竟然冲入他的办公室里；当他讨论最重要的事务时，她却干扰不休。她不让他单独一个人坐在办公室里，总是担心他会跟其他的女人亲热。

她常常跑到她姐姐那里，数

落她丈夫的不好。她会不顾一切地冲进他的书房，不停地大声辱骂他。拿破仑三世虽然身为法国皇帝，拥有十几处华丽的皇宫，却找不到一个安静的地方。

尤金妮娅这么做，能够得到些什么？莱因哈特的巨著《拿破仑三世与尤金妮娅：一个帝国的悲喜剧》中这样写道：

“于是，拿破仑三世常常在夜间，从一处小侧门溜出去，头上的软帽盖着眼睛，在他的一位亲信的陪同之下，真的去找一位等待着他的美丽女人，再不然就出去看看巴黎这个古城，放松一下自己压抑的心情。”

的确，尤金妮娅是坐在法国皇后的宝座上，也是世界上最美丽的女人。但在猜疑和嫉妒的毒害之下，她的尊贵和美丽并不能保持住她那甜蜜的爱情。

人们常说，恋爱中的人们，智商趋近于零，特别是热恋中的人。

恋人中最为常见的两种表现是嫉妒和猜忌，这两种心态，不仅影响爱情的顺利发展，同时也涉及个人形象问题，它直接损害一个人的自我形象，从而有损于爱情生活。因此，每一个恋爱中的人，都要警惕这两只咬噬爱情之树的蛀虫。

重新接纳悔过的爱人

什么是爱？爱就是无限的宽容。如果你还爱着他，为什么不能原谅他曾经的过错，接纳悔过的爱人呢？

人们常用“好马不吃回头草”来形容失去爱情后的立场。说这种话的人其实是不懂得爱情真谛的人。他们考虑的可能是面子问题、志气问题，即使对方回心转意了，你虽然也还爱着他，却由于死要面子不肯再接受他，结果落得个劳燕分飞，这就是死要面子的结果。

枫和丽在大学就是恋人。丽不仅长得漂亮，而且风雅别致，富于幻想。枫是班长，文采极佳。他们经过了一段浪漫的交往之后，毕业时双双南下，各自找到了适于自己施展才能的单位。一年后，他们通过分期付款的形式买了一套住房。也就是在这时，家庭的小舟不知是哪儿出现了毛病，竟不再向前行驶。他们冷战，然后离婚。当两人打车去办理处的时候，心里都很难受，但事情已经闹到这个地步了，两人还是签了字。

离婚后，枫没结婚，丽也没有找朋友，尽管他们都还很年轻。有一次丽的妈妈发现女儿躲在房间里哭，就叹了一口气：“真是冤家呀！你还挂念着他吧！干脆，我牺牲自己的老脸，去帮你说说？”没想到丽却说什么也不肯：“哪有女方主动的呀！”枫的日子也不好过，他总会想起丽来，一个人躲在家里喝闷酒。一个朋友打趣说：“枫！你不是打算和丽复合吧？好马可是不吃回头草的呀！”被说中了心事的枫微怒起来：“谁说我要回头的？下辈子也别想！”这句话不知怎么就传到了丽的耳朵里。半年后，丽结婚了，那一天，枫跑到海边大哭了一场。

“好马不吃回头草！”这句话不知使多少人丧失了找回真爱的机会。太多的人在面临感情的反复时，往往意气用事，明知心中还喜欢对方，却硬要强撑“骨气”，不肯低头，不肯回头。其实，在面临回不回头的关卡时，你要考虑的不是面子问题和志气问题，而是现实问题。如果你还爱他，如果你还留恋那段美好的感情，为什么不“回头”去试试呢？

如果你还爱着他，何苦要为所谓的“面子”所累，去理会别人的议论和想法呢？幸福是自己的，只要那棵“草”的确适合自己，真正的“好马”是不会在意“回头”与否的，因为不“回头”才是真正的遗憾！

在爱情的天平上，**迁就等同于包容**

婚姻是人生最重要的结盟。它是心、身与经济的联系。家庭就是最佳的智囊团，当一对夫妇心灵肉体一致、目标一致时，这个无价的结合可以令他们飞向无限的高峰。

香港“金王”胡汉辉正是这样一位成功而幸运的男人。

胡汉辉与太太杨铭榴在抗日救亡运动中相识后，俩人感情日益深厚。每每讲起自己的太太，胡汉辉就立即变得眉飞色舞。

“我老婆好迁就我。我中意游泳，她不会，就猛学。暑期日日去金银贸易场泳棚苦练。”“我家里，除了我再没人吃辣子，但是我就中意川菜，于是她又去学，专煮川菜，同咖喱一起给我吃。她完全适应着我的嗜好。”

那时，胡太太从“汉文师范”毕业以后，一直在学校教书，后来又做香港的职业学校的女校长，对教育事业很有感情。但胡汉辉的业务日益庞大，便向太太求助，要她先别教书来帮帮忙。“这样她连退休金都不要，辞了职就来帮我。”

除了这些为了丈夫事业的“牺牲”外，她对胡汉辉事业也有过不小帮助。

胡汉辉是在广州读的书，起初英文知识很有限，而杨铭榴是香港的高才生，所以起初胡汉辉与外商谈判时，身边总少不了太太“保驾”，久而久之，她便成了“金王”得力的外交大臣。胡汉辉大发后，她与以前一样，一点没有阔太太的架子，不但持家朴素，上班也依旧坐公交车，也很少披金挂银。

胡汉辉就在事业如日中天时因病去世，可以令他含笑九泉的是，他的太太继承了他的事业，并把他的事业推上了一个更高的台阶。

在婚姻中，互相迁就是维系婚姻关系的一项重要原则。迁就对方其实也是对对方的一种尊重与欣赏，是相互之间的体谅。这样的婚姻能令双方都有愉悦的心情工作与生活。

中国自古崇尚夫妻间的相敬如

宾、举案齐眉，讲的就是夫妻间能够做到相互体谅，互相尊重。很多男人都希望自己的妻子能够有助于自己的发展，即使不能给自己带来多大的事业推动，至少也不能拖自己的后腿。作为女人，最能体现她的气度与智慧的就是对丈夫的迁就。迁就丈夫，为他创造良好的家庭环境，让他在回到家中时能完全放松身心，对他的事业是一项重要的助力。

话虽如此，女人在迁就男人的同时，还是应该保持一定的自我原则，不可事无对错都一味忍让。盲目服从的爱情并不能称其为伟大的爱情，真正的爱情是相爱双方有原则的妥协与体谅，单方面的牺牲，只能体现单方面的爱。

在婚姻里，很多事情分不清对错，但还是要多为对方想一想，不要因为自己的任性而破坏家庭的幸福。婚姻是爱情的归宿，我们都要学会经营，从心底学会善待对方。女人嫁给一个爱自己的人是幸福的。在他面前撒娇、扮痴的同时，请不要忘记为他建设一个心灵的栖息地，让他能够感受到有你的快乐。

爱情需要善意的谎言

爱人之间理应真诚相待，来不得虚伪和欺骗，但如果每件事都得实言相告，每一句话都不得掺半点假，则不仅不能为爱情增添欢乐，反而还会使原本和睦温馨的关系出现裂痕。

有些不太聪明的男人，在遇到某些与前女友扯上关系的事情时，会情不自禁想起她的坏，同时还直言不讳地讲给现任女友听，这无疑会给现任女友造成心理阴影。

如果他说旧恋人的好，则现任女友的心理反应是：“为什么你又爱我？”同时，在这心理发展之下，此男人将会碰到许多的麻烦，日后也不会安宁。

过去的恋情不应该告诉你的恋人，属于过去恋情的痕迹也不应该出现于恋人的眼前。该隐瞒的时候就要隐瞒。

不管对于恋人的信任达到什么程度，有好些事情，如果没有说的必要，最好让它永远成为秘密，这当然是为了彼此能好好经营这份感情的缘故。

必要的时候，我们不仅要隐瞒，更要为爱情编织谎言，这往往能收到很好的效果。恋爱中的男女之间，谎言的作用更是好比润滑剂一般。

“每次和你约会时，总是在衣柜里翻半天，老觉得每件衣服都不好看，真觉得自己有点发神经了……”这种谎言，是一种俏皮、可爱的

谎言，更深远的意思，已经在无言中流露出来了，对方必定会为你所动。

有的女性会为自己的男友着想，担心对方的经济能力不够，因此，在约会的时候说：“不知道怎么回事，我对出租车有畏惧感。”或:“每次坐在高级餐厅或咖啡厅时，我总觉得浑身不自在，似乎那种地方太过于庄严，不适合我这个土包子。说起来，我还是喜欢坐在阳台上欣赏夜色，吃自己煮的面，这样比较没有拘束感。”若对方真的没有充裕的经济能力，听到这些话，一定会为女方的温存体贴而感动。

和恋人在一起谈话时，为了留给对方好印象，应想办法修饰自己。例如，在讨论学术方面，谈到了某先生的书，事实上你只读过他写的 2 本书，可是知道这位先生出了 5 本书，这时，你不妨说：“我曾看过他写的 5 本书，每本都写得很精彩。”那你在对方心目中的地位，无形中就提高了。不过，要注意的一点是，在你讲过这句话之后，应尽快利用时间，到书店将其他 3 本书买回去，仔细阅读。如此，才不会露出马脚，同时也可以增加知识。

因此，在不涉及大局，无关“宏旨”的一些琐事上，有时不妨以“谎言”来营造一种温情脉脉的氛围。

偏见会折断丘比特的翅膀

二十几岁是女人一生最幸福的时候，在这个时候我们大多会遇到适合自己的他，然后与他携手一起步入婚姻的殿堂。俗若说“家和万事兴”，家庭和睦了，你才会有精力专心于你的事业。但是，当感情发展到要谈婚论嫁的时候，一定要谨慎地做出自己最后的决定，不要信奉什么择偶标准之类的话，要去除常见的选择偏见。

女人的认识往往受到过去经验、社会传闻以及在此基础上形成的社会心理结构的影响和干扰。选择恋爱对象也是一样，社会评价、他人的选择标准、从传闻中获取的爱情知识和对方信息都会严重影响女人的眼光。在不能正确对待并且不能排除干扰的情况下，许多女人就会有一些选择偏见。

1. 社会刻板印象

在选择对象时，有很多女人凭刻板印象办事。有人曾给一位女孩介绍对象，她一听到对方是位中学教师，就表示不同意。她说，教师的生活单调、清苦，办事没有优越感。这纯粹是陈旧的社会刻板印象。随着社会爱科学、学科学、用科学和尊重知识、尊重人才的风气的形成和发展，教师的角色内容发生了根本变化。那位被介绍的中学教师，恰恰是一位兴趣广泛、才华横溢、颇受学生尊敬的现代青年，并不是人们所想象的“夫子”。女孩死抱陈腐的刻板印象不放，错过了好姻缘。

2. 第一印象

有些女人可能会根据同别人见面时，第一眼看到对方的形象和风度，或第一次与对方谈话留下的印象的好坏来判断男人，而对男人的评价又决定着择偶的方向。如果对方给自己的第一印象不错，比如长相好、有气派、有风度等，那这个男人很可能成为“候选人”；相反，如果第一印象很差，那就会马上刹车。可是，如果仅凭第一印象就给对方下定义，很可能会错过一段很好的姻缘。

3. 先入为主的印象

女人在选择对象时，往往受先入为主的印象的影响，尤其是通过“红娘”牵线的恋人。因为“红娘”会在两人见面之前吹嘘一番，促使两人相会。这样，两人各自都有了关于对方的先入为主的印象。有的女人因为对某男有了不好的先入印象，就不想同对方见面，或见面之后，只注意到其弱点而失去兴趣；相反，有的女人则因为事先有比较好的先入印象，在两人的接触和交往中，戴着有色眼镜看人，只注意对方的优点和长处，而忽略其弱点和缺陷。因此，先入印象的好坏直接影响女人对男人认知、交往的可能与效果。没有主见的女人容易受先入印象的影响，因为她们容易相信社会舆论，容易受他人左右。

有一个女人听到朋友们经常议论一位男青年。人们对他的赞赏使她对这个男子产生了爱慕之情，就贸然去求爱，并闪电式地结婚了。可是婚后她发现自己的丈夫只有在姑娘面前才表现好，在其他场合则不然，而且他懒惰、粗暴和武断。此时，她才觉得自己看走眼了。

因此，女人在选择对象时，一定要睁大眼睛，仔细观察和了解。特别是要在与对方的直接交往中认识对方，而不能偏信人言，人云亦云。要把自己的实地考察和直接交往的体会与别人的意见相结合。

“男才女貌”是封建社会中“门当户对”的婚姻标准的一个辅助条件。在当今社会，二十几岁的女人应该选择志同道合、情意相投的男人为自己的终身伴侣，千万不要让“偏见”左右你的视线。

没有堤坝的河流，迟早会干涸

小丽和丈夫结婚 10 年了，俗话说“七年之痒”，他们的婚姻却依旧平平淡淡的。丈夫是个懒散而不浪漫的人，他不懂得在情人节买玫瑰给小丽，也不懂得在生日时买礼物给她，更不会说甜言蜜语逗她开心，但是他懂得家是什么，懂得婚姻沉甸甸的责任。

一位作家说：“如果说婚姻是河流的话，那么责任便是这条河流的堤坝，没有责任的婚姻，必然如没有堤坝的河流一样，迟早会干涸。”

在婚礼上，当新郎给新娘戴上结婚戒指的时候，牧师都会按照惯例问道：“无论生病或健康、富有或贫穷，你都愿意爱她、关心她、照顾她，直到离开这个世界为止吗？”这句话告诉人们，责任与爱是婚姻的基础，如果没有责任，爱就会枯萎。

婚姻的责任就是投入到对方的怀抱里，两颗心贴在一起变成一颗心；家庭的责任是要为对方做出奉献，使对方感受到自己的努力使他获得了幸福、健康和安宁。

得失与共，荣辱同当。每当他失意的时候也正是你落魄的时候，每当你露出微笑的时候也正是他开心的时候，这才是真情。

爱情和婚姻不是某个人付出，某个人享受，而是两个人的事情。当遭受不幸时，我们都能够在风雨中继续前行，这是因为有爱，有了爱的滋润我们才能够坚持到最后。不要总是抱怨对方给予得太少，因为既然相约一起走，不论是苦是累，还是幸福和甜蜜，我们都要一起承担一起分享。

爱一个人并不是简单的喜欢，而是有着为他着想的心，既然选择了，就要努力和他一起承担。

爱情与婚姻是家庭的纽带，家庭是爱情与婚姻的摇篮，责任是家庭的支柱，是爱情与婚姻经久不衰、摧打不折的力量与源泉。

长相守才能长相知，长相知才能不相疑。不论何时，夫妻都该如此，共同承担家庭的责任。

有人说：“情如鱼水是夫妻双方最高的追求，但是我们都容易犯一个错误，即总认为自己是水，而对方是鱼。”自私者是无法获得和谐家庭的。只有共同承担了，才可能在收获硕果的时候，一起欣慰地笑。

要“示弱”，不要“示威”

在婚姻生活中，夫妻双方很容易出现争吵，它将会减少共同解决问题的可能，阻碍亲密关系的恢复和发展。年轻夫妻往往任性、好胜、以自我为中心，小两口闹意见、生闷气、谁也不理谁的情况很普遍。他们当中，又多是性格内向的一方首先进入无言的状态。当夫妻间的争吵转为“斗闷气”后，情况并不比相互争吵时的情况好。“冷战”时，双方都想向对方示威，你不理我，我就不理你，闹到无止无休。

冷战斗气中的夫妻，如果一个是“室内型”的人，一个是“室外型”的人，那情况还好些，一个在外面游荡，一个在家中干自己的事；如果两人都是“室外型”性格，那这个小家庭就有了危险；如果两人都属“室内型”的那类，那么日子过得无疑是十分别扭。就大多数夫妻而言，双方都不愿在冷战中打持久战，关键的问题是双方谁先示弱打破冷战的僵局。

示弱是一种境界，也是让爱情保鲜的好方法。不论是男人还是女人，在爱情面前都不要过分争强好胜。而应该慢慢修炼自己，让自己达到可以随时“示弱”的最高境界，实现夫妻“邦交”正常化。下面这几招示弱的小技巧对你应该能起到帮助作用。

1. 留有余地

当感情中的“冰点”降临时，被动的一方似可“好话一句待回音”。小两口吵架是常有的事，在争执的过程中，任何一方都有可能因失去理智，说出“快滚吧，永远不要回来”之类的伤人话，甚至动不动就以“离婚”为由而损伤夫妻感情。比如当丈夫的觉得妻子要回娘家已成定局时，还可采取补救之计，如追妻至大门外：“你走了我怎么活！”“等一等。我去给你叫辆出租！”“就当今天是星期天吧，明天就回来！”，等等，话说到点子上，常能打动对方的心，即使她还是走了，但感觉总是不一样的，为她的回归留下了余地。

2. 电话沟通

夫妻生活在一起，家务事总是有的。上班时，你可打一个电话给对方，以有事相告相商来引发对话，如：“下班后我买菜，今天我外出办事，回去得早，怕你买重了东西。”“今天下班我回父母家看看，你有什么事吗？”“早上忘了说，今天晚上我的老同学要到家串门，晚饭做些什么好

啊？”此种方法应考虑对方乐意接受的内容来讲，且又给对方发表意见的机会。电话交际，总比当面更从容些。

3. 来个意外惊喜

每天下班回来夫妻相见时，是个突破的好机会。你可制造一些“新闻”来表现出兴奋或热情，显得你被一些“大事或好事”影响得已经忘了结下的矛盾。如一进门就说：“太棒了，今天又发了200元奖金！”“老公，我大哥从海外来信了，不久就要回国了！”“今天上映的片子是超前独家放映的！”听到以上种种报喜，相信对方总是有所反应的。一次打不动对方，第二天再换个话题，一旦启开了配偶的“尊口”，冷战也就有了重大的转折。

4. 创造一个公众场合

冷战中的夫妻，想改变窘态的一方要创造一个多人在场的社交场合。倒如，请自己或配偶的朋友来家做客，这时碍于脸面，夫妻间的冷战矛盾总要有所掩饰，和好欲较强的一方便可趁机与配偶套上近乎，搭上话，有意无意中引对方走出沉默的误区。再如，买两张电影票，谎称是别人送的，约配偶去看场电影或参加个什么活动，在谈论其他事情中恢复夫妻“邦交”正常化。

5. 示弱求助

早晨起床时，已经几天没与妻子说上一句话的丈夫问妻子：“你给我说好的那件红衬衣放到哪里啦？”早已想和丈夫恢复正常的妻子见有了台阶，忙着应声：“你这人呀，总像客人似的，衣服放在哪里都不清楚，我去给你拿来，噢，对了，前天还给你买了件新的，只是忘了告诉你。”“是吗，快拿来看，还是老婆心里有我，斗气也没忘了冷暖。”这一去一来话就多了。

在化解沉默中，女方还可以采用“示弱”这一小招，如早晨或晚上表现出不舒服、不想动、吃几片小药什么的，都能引出丈夫的话题。因为男人在关心妻子时开口，这绝不是屈从的表现，不会有损于他大丈夫的形象。

聪明的夫妇会去找方法令紧张局面和缓下来，以免火上浇油而失控。诚如一般人所说：“退一步海阔天空。”夫妻间的情感差别是很大的，各人的性格爱好千差万别，要学会相处，学会让步，学会宽容，学会正视现实，这样，夫妻就可以共同创造出幸福的婚姻。

多给对方一些谅解

心理学大师卡耐基认为，谅解在中和酸性的狂暴感情上，有很大的价值。你所遇见的人中，有 3/4 都渴望得到谅解，那么给他们谅解吧，他们将会爱你。

你想不想拥有一个神奇的句子，可以阻止争执，除去不良的感觉，创造良好的氛围，并能使他人注意倾听？那么，就以这样开始：“我一点也不怪你有这种感觉。如果我是你，毫无疑问，我的想法也会跟你的一样。”

像这样的一段话，会使脾气最坏的老顽固软化下来，而且你说这话时，可以有百分之百的诚意，因为如果你真的是那个人，当然你的感觉就会完全和他一样。

你目前的一切，原因并不全在你。记住，那个令你觉得厌烦、心胸狭窄、不可理喻的人，他那副样子，原因并不全在于他。为那个可怜的家伙难过吧，可怜他、同情他，但是也要谅解他。你自己不妨默诵约翰·戈福看见一个喝醉的乞丐蹒跚地走在街道上时所说的这句话："若非上帝的恩典，我自己也会是那样子。"

佳衣·满古是俄克拉荷马州吐萨市一家电梯公司的业务代表。这家公司同吐萨市一家最好的旅馆签有合约，负责维修这家旅馆的电梯。旅馆经理不愿给旅客带来太多的不便，每次维修的时候，顶多只准许电梯停开2个小时。但是电梯修理至少要8个小时，而且在旅馆方便停下电梯的时候，他的公司却不一定能够派出技工。

在满古先生能够为修理工作安排一位最好的技工的时候，他打电话给这家旅馆的经理。

他不去和这位经理争辩，他只说："瑞克，我知道你们旅馆的客人很多，你要尽量减少电梯停开的时间。我了解你很重视这一点，我们要尽量配合你的要求。不过，我们检查你们的电梯之后，显示如果我们现在不把电梯修理好，电梯损坏的情形可能会更加严重，到时候停开时间可能会更长。我知道你不愿意给客人带来好几天的不方便。"

经理不得不同意电梯停开8个小时总比停开几天要好。由于满古表示谅解这位经理要使客人愉快的愿望，他很容易地说服了经理。

可见，在与人交往中，对别人多一点谅解，更容易引起与他人的共鸣。

很多时候，我们会对自己不能理解的事情表示愤怒，可是，当我们开始尝试站在对方的角度着想，或者开始对对方表示谅解的时候，我们就会发现，那些曾经让我们为之愤怒的事情，也变得可以理解和接受了。

谁是谁非不重要

人生就像在考试，在不断地做题。学生常做的题是选择题、是非题和填空题。

选择题胜在可以选择，即使不知道答案，也可以胡乱选一个碰碰运气。是非题随便答是或非，也有一半的概率答对。填空题最难，根本无法蒙混过关。其实，是非题也不容易，分清是非对错，并不代表你我成功了一半。

在这个世界上是非对错到底有什么评判标准呢？是与非的对比或是划分，应该怎么看呢？很多小时候觉得对的问题长大后却让人十分怀疑。现在的社会好像也和小时候不一样了，小的时候看待问题，对就是对，错就是错，很容易分辨，现在却不明白了。

很多时候，一件事情本身的是是非非其实并不重要，重要的是我们所要达到的目的。顾客和售货员为谁应负责任争得脸红脖子粗，走了冤枉路的乘客和司机为谁没说清楚而大动干戈，事情越闹越大，该退的货没退成，该节约的时间没节约，双方都憋了一肚子的气，何苦呢？有人说：“我就要争这个理！”是，争了一个理，的确有一种胜利的感觉，但你想没想到过争这个理的代价呢？

很多时候，我们就为了跟别人争这个理，常常要吵个半天。如果是脾气暴躁的人，还有可能跟人大打出手，甚至伤了人。所以，面对这样的事情，最好是不争辩，能忍就忍了，放弃无谓的辩解，有时却能带给你意想不到的结果。下面这个故事便是个很好的例子。

“您好，”小李对老总说，“昨天我交给您的文件签了吗？”老总想了想，然后翻箱倒柜地在办公室里折腾了一番，最后他耸了耸肩，摊开两手无奈地说：“对不起，我从未见过你的文件。”如果是刚从学校毕业时的小李，他会义正词严地说：“我看到您的秘书将文件摆在桌子上，您可能将它卷进废纸篓了！”可他现在不会这样说，他要的是老总的签字。于是他平静地说：“那好吧，我回去找找那份文件。”于是，小李下楼回到自己办公室，把电脑中的文件重新调出再次打印，当他再把文件放到老总面前时，

老总连看都没看就签了字。这就是小李在与上司发生冲突时的解决方式。

聪明的人会装傻，谁是谁非不重要。好汉不吃眼前亏，针尖对麦芒在某些场合是一种耿直与正义的表现，可是生活本身就是很复杂的，谁是谁非并不容易辨认。

有时候在路上遇到两个人争吵，你凑上前去看热闹，可是听来听去，也听不出个头绪来，各说各的理，你也弄不清楚哪个是真哪个是假。所以，不去判断对错是非，糊涂一下，忍耐一下，往往是我们处世的一剂良方。

爱情要有激情，**更要有理性**

爱情是一种激情，而婚姻则是一种理性，缺少爱情就没有完美的婚姻。爱情只产生快乐，婚姻则影响人生，快乐消失了，婚姻依旧存在。真正成熟而稳定的婚姻，必须考虑到两性结合后的感情发展，而在现实生活中却出现了这样一幅匪夷所思的景象：

两秒钟可以冲好一杯速溶咖啡；两分钟可以把牙刷完；两小时可以看完一场精彩的足球比赛……在有限的时间内，想知道有人在做什么吗？闪婚一族说：“两秒钟可以爱上一个人；两分钟可以谈一场恋爱；两小时可以确定终身伴侣。”在如今这个一切都讲求速度的年代，原本给人以温馨、甜蜜、幸福的婚姻，就这样搭上了特快列车。闪婚，这一新的婚姻模式已在现代都市中悄然流行，而这些“闪婚族”们由于没有经过婚前的磨合期，缺乏免疫力，就很容易被残酷的现实所击倒。

与传统社会相比，现在是一个资讯非常发达的时代，广泛的人际交往使情感火花碰撞的空间变得无限，但外在诱惑对情感的威胁也加大了。闪婚一族多为年轻人，他们追求的大多是瞬间爆发的激情，即所谓的一见钟情。但瞬间的激情往往掩盖了双方的某些缺点。婚姻是现实的，当尘埃落定后这些缺点就会暴露无遗。在外在和内在的双重压力下，磨合不好的结果就是婚姻走向解体。

对于个人来说，情感投入是一生中最重要的投入，一个婚姻关系的缔结，不仅仅代表两个个体的结合，更连接了两个家庭及各种社会关系。婚姻所带来的影响是非常大的，即使婚姻关系解除仍有许多问题存在。闪婚不可取，闪婚不可能做到来无影去无踪，选一个人过一段时间与过一辈子是不一样的，投入的精力也是不一样的，所以结婚时一定要慎重。

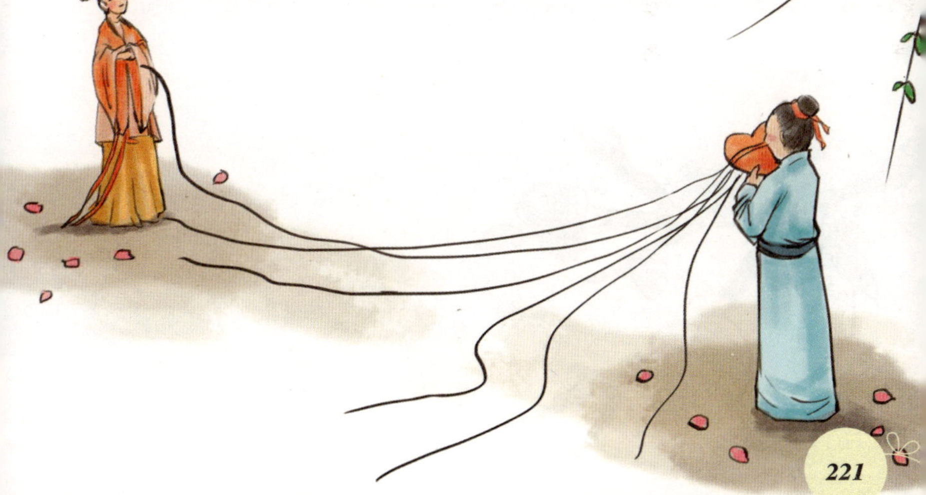

现今社会快节奏的生活，给人带来的压力大了，让人的心灵变脆弱了，很多时候会盲目地寻求感情的慰藉，像吃快餐一样，饱了就行，营养的事就顾不得了。而婚姻恰恰是需要营养的，这个营养不是一蹴而就的，而是日积月累磨合出来的，这个磨合不仅在婚后，也有婚前的磨合，那就是相互了解。婚姻不是男女之间的游戏，不是一般意义上的普通朋友关系，两人一旦缔结婚姻就要承担生育、相互扶持、相互照顾等责任。基于此，不要轻易尝试闪婚。

据专家统计，一见钟情的婚姻成功率仅10%。同时，闪婚也不符合婚姻的基本规律。爱是婚姻的基石，爱需要双方深入了解。目前，随着社会的快速发展，快餐式的爱情和婚姻会将婚姻家庭卷入缺乏理性的旋涡。婚姻的成功和稳定，需要感性、理性双轨发展，爱情列车才能行驶得稳定持久。不能只凭激情和感觉开单轨的磁悬浮，否则你的婚姻列车势必会脱轨。

第九章

婚姻、家庭，包容的心才是人生的港湾

完美婚姻可“欲”而不可求

如果你只看到太阳的黑子，那你的生活将缺少温暖；如果你只看到月亮的阴影，那么你的生命历程将难以找到光明；如果你总是发现朋友的缺点，那么你的人生旅程将难以找到知音。只看我所有的，不看我所没有的，就能活在阳光里，找到生命的真谛。

有人曾把婚姻分为四种类型：可恶的婚姻、可忍的婚姻、可过的婚姻和可意的婚姻。第一种因为其质量的低劣让人忍无可忍，肯定是要解散的；而最后一种则是理想的婚姻，我们常用一个词来形容：神仙眷侣。但是这种婚姻就像一见钟情的爱情，可遇而不可求。我们的婚姻，大多是可忍或可过的。它是不完美的，有缺陷的，是让人心酸而无奈的，继续下去不甘心，放弃又有太多的牵绊。它是我们心头的一根刺，隐隐地痛着，又拔不去。

放弃可恶的婚姻能轻易为自己找到足够的理由，并因此获得勇气。但放弃可过、可忍的婚姻，则需要一点破釜沉舟的果断。当然，还要有一些冒险精神，谁知道，这是给自己一个机会，还是把自己逼向更危险的悬崖。许多离了数次婚又结了数次婚的人，还是没有找到他们理想的生活伴侣，这样的局面让他们沮丧，甚至没有再试一次的勇气。

现在，离婚一般不需要什么理由了，如果非得给自己找理由，那就是："我们在一起，没有感觉。"也许，在我们看来，他们的婚姻至少是风平浪静的，是可以心平气和过下去的，但当事人却觉得快窒息了，要逃离出来。他们是一群完美主义者，他们在寻找一种理想的婚姻状态，他们采取的是一种置之死地而后生的做法——先断掉自己所有的退路之后，再去找一条通向幸福的捷径。

选择婚姻就像是射箭，无论你感觉自己瞄得有多准，在箭射出去之后，它能否正中靶心，谁也不敢肯定。如果当时起了一阵微风，或者箭本身有些小故障，总之，发生一些不可预知的小意外，常常令结果扑朔迷离。

其实，婚姻是一种有缺陷的生活，那些所谓的完美无缺的婚姻只存在于恋爱时的遐想里。如果你总希望自己完美无缺，假设你的这一愿望真的能如愿以偿，那么你最大的缺点就是没有缺点。

当然，那些婚姻屡败者也许还固守着这个残破的理想。上帝总有些苛刻，或者说公平，他不会把所有的幸运和幸福降临在一个人身上，有爱情的不一定有金钱，有金钱的不一定有快乐，有快乐的不一定有健康，有健康的不一定有激情。向往和追求美满精致的婚姻，就像希望花园里的所有玫瑰在一个清晨全部怒放。

放弃或破坏婚姻，不如建设婚姻。许多被大家看好的婚姻因为当事人的漫不经心、吹毛求疵、急不可耐可能很快就破碎了；而那些在众人眼里并不被看好的婚姻，因为两个人用心、细致、锲而不舍地经营，就如一棵纤弱的树，后来居然能枝繁叶茂、郁郁葱葱。可忍或可过的婚姻大抵也是如此，当事人稍一怠慢，它可能很快就会枯萎、凋零。而双方如果用一种积极的心态去修补、保养、维护，也许奇迹就会发生。

有人说，静物是凝固的美，动景是流动的美；直线是流畅的美，曲线是婉转的美；喧闹的城市是繁华的美，宁静的村庄是淡雅的美。生活中处处都有美，只要你有一双发现美的眼睛，有一颗感悟美的心灵。也许离婚对于某些人来说是一种解脱，但是离婚也并非是一种最佳的选择。因为，它并不意味着离理想的婚姻更近一步。美满的家庭生活需要悉心经营，我们不仅要爱家人，还要讲究爱的方式和技巧。

婚姻是一座花园，是需要用心呵护和耕耘的，如果随意对待，花园内就会杂草丛生，一片荒芜。要想花园内四季风景怡人，花草鲜美，你就要成为一个辛勤的园丁，精心地培育这块芳草地。

包容与理解是美满婚姻的保障

婚姻是一种承诺，一种责任，夫妻之间应该互相关爱、互相信任、互相了解、互相包容，要像光一样照耀对方，像火一般温暖另一半。婚姻需要的是一点点忍让，带有一点点相依和相知，这样才能长久。

曾有人说："不管你是才华横溢，还是富甲一方，就像船只总要靠岸一样，我们每个人都需要一个为自己遮风挡雨的港湾，那便是家。当你快乐时，家是乐园；当你痛苦时，家是心灵的诊所，家的温暖会抚平你那受伤的心。"除了看破红尘的和尚以外，每一个人都有自己的家庭。我们从家庭得到无尽的真情和关爱，家庭修正着我们的劣性，治疗着我们的创伤，没有家庭，我们便感受不到生命的温馨。然而，是不是每一个家庭都充满温馨呢？恐怕不尽然。

家庭的形成，先是由夫妻双方进行结合而开始。没有夫妻就没有子女，也就很难称得上是一个家。所以，婚姻的美满是家庭幸福的伊始和关键。一段美好的婚姻能够成全男女双方，因为他们在感情上美满，情绪自然高昂，做起事来也就顺畅，即便遇到困难，在爱人的鼓励下，也会变得再次充满干劲。而一段失败的婚姻，往往会毁了两个人，甚至整个家庭。

俄国大文豪托尔斯泰和他的夫人都出身名门望族，原本家庭的优越应是每个人都感到自豪的事情，这却恰恰成了托尔斯泰与夫人之间产生难以逾越的鸿沟的罪魁祸首。托尔斯泰是历史上著名的小说家之一，他的《战争与和平》和《安娜·卡列尼娜》两部小说，在文坛享誉盛名。

托尔斯泰备受人们爱戴，他的赞赏者甚至于终日追随在他身边，将他所说的每一句话都快速地记了下来。即使他说了一句"我想我该去睡了！"这样平淡无奇的话，也都给记录了下来。除了美好的声誉外，托尔斯泰和他的夫人有财产、有地位、有孩子。他们的结合，似乎是太美满、太热烈，所以他们跪在地上，祷告上帝，希望能够继续赐给他们这样的快乐。然而托尔斯泰渐渐地改变了。他变成了另外一个人，他对自己过去的作品竟然感到羞愧。就从那时候开始，他把剩余的生命贡献于写宣传和平、消弭战争和解除贫困的小册子。他曾经替自己忏悔，自己在年轻时候，犯过各种不可想象的罪恶和过错。他要真实地遵从耶稣基督的教训。他把所有的田地给了别人，自己过着贫苦的生活。他去田间工作、伐木、堆草，自己做鞋、自己扫屋，用木碗盛饭，而且尝试尽量去爱他的仇敌。

托尔斯泰的一生是一幕悲剧，而拉开这幕悲剧的便是他不幸的婚姻。他的妻子喜爱奢侈、虚荣，可是他却轻视、鄙弃这些。她渴望着显赫、名誉和社会上的赞美，可是托尔斯泰对这些却不屑一顾。她希望有金钱和财产，而他却认为财富和私产是一种罪恶。妻子时常吵闹、谩骂、哭叫，因为托尔斯泰坚持放弃他所有作品的出版权，不收任何的稿费、版税。可是，她却希望得到它们带来的财富。当托尔斯泰反对她时，她就会像疯了似的大喊大叫，倒在地板上打滚。她手里拿了一瓶鸦片烟膏，要吞服自杀，同时还恫吓丈夫，说要跳井。本来托尔斯泰的家庭是非常美满的，然而从妻子开始吵闹的那一刻起，他的心灵从没一刻获得安静。经过48年的婚姻生活后，他已无法忍受再看自己妻子一眼。这个年老伤心的妻子渴望着爱情。在某一天的晚上，她跪在丈夫膝前，央求他朗诵50年前他为她所写的最美丽的爱情诗章。当他读到那些描述以往美丽、甜蜜日子的语句，想到现在一切已成了逝去的回忆时，他们都激动地痛哭起来。在托尔斯泰82岁的时候，他再也忍受不住家庭折磨的痛苦，在1910年10月的一个大雪纷飞的夜晚，离开他的妻子走出了家门，走向酷寒、黑暗，不知去向。11天后，托尔斯泰患上了肺炎，病倒在一个车站里。他临死前的请求是，不允许他的妻子来看他。

托尔斯泰的妻子这时才对当初自己的行为感到深深地悔恨。在她临死前，她向她女儿忏悔说："你父亲的去世，是我的过错。"她的女儿们没有回答，而是失声痛哭起来。她们知道母亲说的是实在话。她们的父亲是在母亲不断的抱怨、长久的批评下去世的。

有人曾这样看待家庭中的争吵，笑称它是家庭中"激烈的沟通方式"。其实这种看法不无道理。在每一个家庭中，摩擦不可避免，若是将对彼此的不满都埋在心头，日积月累，便如沉寂的火山在积淀岩流，很有可能在某一天于一个小小的裂缝中迸出，然后一发不可收拾。然而，这种"激烈的沟通方式"也要选择形式，若是无理取闹，任何人都无法忍受。

夫妻双方偶尔的摩擦实属寻常，毕竟生活是在磨合中度过的。不过，婚姻最需要的就是温馨。相互恩爱，相互诚恳，相互理解，相互容忍，付出真情，不杂私心，这才是真正的爱情，才是真正在一纸契约下的婚姻。有了这样的婚姻生活，人们还何愁生活不美满，日子不快乐呢？

婚前睁两只眼，婚后闭一只眼

很多女人都会感慨，结婚以前和结婚以后生活会发生很大的变化，心理上也会跟着发生调整。比如，结婚以前，因为担心自己的未来，总是格外地挑剔自己的另一半。可是结婚以后，就开始专心经营自己的这份感情，慢慢地变得宽容和温柔了。其实，这样做是对的。女人就应该在婚前睁两只眼，婚后闭一只眼，对丈夫宽容，给予他足够的心理空间，这样的婚姻才能幸福。

男人在外打拼，劳累、委屈他都可以不在乎，但他不能失去男人的尊严。许多女孩在谈恋爱时，她们的男朋友可能会用玩笑般的口气告诉她们，在人后我听你的，在人前你可得给我留点面子。确实，男人就是这样好面子的“动物”。女孩只要不违背原则，暂时委屈一下，给男人一点面子又何妨呢？常言说：“量大福大。”大度的女人也更令男人加倍地尊重她。

但是，在现实生活中，有些妻子并不理解男人的这种心理，有时候，不自觉地把在家里的威风也带到家外，当众显示自己对丈夫的管束，自以为很舒服。这样做便会出现两种结果：一是，如果丈夫当众听命于夫人，丈夫就会感到很狼狈，威信扫地，使他们成为交际场合中被人戏弄的对象，这自然有损于他们的交际形象。二是，如果丈夫不满她们的指使，表示反抗，又难免产生矛盾，甚至成为家庭矛盾的导火索。总之，不管哪一种情况，结果都是不好的。产生上述后果都与妻子在公众场合下不注意给丈夫面子有关。

聪明的女人是绝不会这样做的。聪明的女人懂得在什么场合、在什么时候应该给丈夫一点面子。把握这种分寸也是有技巧的，大家不妨把以下几条作为参考。

1. 适当时候不妨示弱

有一位先生在北京开了一家餐馆，生意兴隆。一日餐厅打烊又遇妻子河东狮吼。该先生情急之中逃至桌下，恰好客人返回来寻找丢失的东西，正好撞上，进退两难甚感尴尬。这时八面玲珑的妻子急中生智拍了拍桌子："我说抬，你要扛，正好来帮手了，下次再用你的神力吧！"该先生顺坡下驴直夸夫人想得周到，一场面子危机轻松得到化解。

2. 待他不妨谦和些

对于男人，不要以为你告诉了他，他就会按照你的要求去做，当我们希望得到既定的结果时，一定要为对方的接受程度考虑。比如，他在刷过牙后总忘记把牙膏盖盖上，你就多说几句"请记得盖上"，而不要向他频频甩出"不要""不准"之类的话语，只有这样，他才会欣然接受，而不会恼羞成怒。

3. 聪明的女人家里家外有所区别

不管你在家里把老公当作电饭煲还是当作吸尘器，一旦涉及他的面子时，一定要小心谨慎，给他足够的面子，才能获得"高额回报"。

4. 不妨陪他一起流泪

其实男人很累，睁开眼便是各种责任和义务，他们不敢承认自己也有非常脆弱、需要关怀的时候。在他志得意满时，请给予他足够的欣赏；当他遭遇了不公和挫折时，不妨陪他一起流泪，然后尽快忘却，旧事不提。

5. 聪明的女人多练心

记住，不是操心是练心。如果你想给足男人面子，要多多练心。你的修养、你的谈吐、你的风韵、你的容颜、你的智慧、你的笑容，都是帮衬男人面子的重要组成部分。要不然只有玉树临风，没有佳人相伴，那面子最外层的金边该怎么贴呢？

总之，妻子给丈夫一点面子，这样做不论对于丈夫的交际形象、他的工作，还是对于家庭的和睦，都是有益的。

婚姻如鞋子，只有经过磨合才能合脚

当结束一段感情的时候，我们常常会在好友聚会中抱怨自己为何总是遇人不淑，可是，却没有太多的人会从自己身上寻找原因。

在许多童话故事中经常可以看到这样的情节：公主和王子相恋了，然后结了婚，接下来是“从此以后，就过着幸福快乐的生活”了。然而，现实生活并非如此，在现实生活中我们的家庭是需要“经营”的，而且需要用心的经营，否则便没有幸福可言。

江天和方惠是通过自由恋爱认识的，后来“有情人终成眷属”。但是却没有像童话故事那般，从此过上了快乐和幸福的生活。结婚多年，方惠对家庭中那“一地鸡毛，诲人不倦”可真是深有感触。结了婚，不知怎么会有那么多的事情要做，有那么多的琐碎要打理，而江天身上更是突然间冒出了许多毛病，让她应接不暇。方惠本是满腔热情，心怀憧憬地投入到小家庭建设当中的，可是丈夫经常出现的一些“小打小闹”却似给她当头泼了一盆凉水，浇熄了她的热情，浇灭了她的憧憬。

丈夫在外面时堪称帅哥白领，西服笔挺，干净利落。可回到家里，却原形毕露，穿着短裤，光着膀子，甚至一天都不梳头不洗脸。他会把烟灰弹得到处都是，衣物随地乱放。他会小便完不冲水就立即奔到电视机前观看球赛或上网冲浪。他每次看书写文章时，总是把书和纸摊得满屋都是，把原本整洁的房间弄得乱七八糟，让她看到就心烦。好心为他收拾以后，反而引起他的不满，不是哪页纸丢了就是哪本书不见了，总要和她争得面红耳赤。他睡觉时梦话连篇，有时还会“夜半歌声”。有一回睡到半夜，江天不知道梦见了什么暴力事件，突然提起腿踹了方惠一脚，差点把她踹到床下。这件件桩桩，真是和他有数不完的气要生。

那天，方惠买了一捆葱回家，本来是想留作葱花用的。可是江天倒好，还没等晚饭出锅，那一捆葱已经被他报销得差不多了，早就蘸着大酱吃了起来，嘴里的那个味道别提有多重。晚上两个人躺在床上时，他竟还笑嘻嘻地凑过来，非要搂着她亲热，气得她一把将他推开，跑到客厅里睡去了。

而江天对妻子也是有一肚子的不满，特别是对妻子每次出门时都拖拖拉拉、磨磨蹭蹭的做法很有意见。虽然嘴上没说，心中却老大不舒服，总想找机会刺刺妻子，消消积怨。

有一天晚上，江天买好了妻子最喜欢的音乐会门票，兴冲冲地赶到家里。这时方惠正在做晚饭。江天一进门就嚷："快，快，晚饭快别做了，快换好衣服上路。这是你最喜欢的，速度快一点，否则来不及。"方惠听到丈夫把"你最喜欢的"说得特别响，把"快"强调得非常突出，感到很不自然，没吭一声，继续做饭。

"嗨，你怎么啦，想不想去啊！？"江天看到她不为所动，不由得有点急了。"不想。"方惠冷冷地、轻轻地回答。

这下可惹怒了江天，他满心不平。为了她，他刚下班就急急忙忙赶到音乐厅买票，人很多，自己费了九牛二虎之力才买到两张；又怕误时，打了出租车赶回来，到门口时一着急还差点儿摔了一个跟头，结果落了个吃力不讨好！江天一怒之下，当着妻子的面把门票撕毁，丢进了垃圾桶，独自回房看书了。

在这之后，类似的矛盾不断发生，而江天和方惠都没有及时想办法解决，最终导致他们婚姻解体。

夫妻关系是一个家庭的基础关系，也可以称得上是家庭关系中最微妙也最难处理的一种关系。两个原本陌生、没有任何渊源的人，只因情投意合，便共同构筑了一个家庭的城堡，心甘情愿地将自己禁锢在了围城之内。可是，两个人毕竟来自不同的环境，拥有不同的背景，要长期地共同生活在一起，自然会产生许多摩擦与碰撞，引起各种矛盾与冲突。所以，夫妻间有一段不合拍的过程是正常的，为生活琐事拌几句嘴、小打小闹是不可避免的。这时应该学会忍耐，不要互相埋怨、数落对方的不是。当双方发生冲突和摩擦时，要设身处地地为对方着想，避免自己在情绪恶劣的状态下做出伤害对方的事情来。

其实，现实生活中我们很容易给爱人套上自己想象的帽子，单方面地认为他或她应该怎么样、不应该怎么样。然而我们内心的标准常常只是无端的猜测而已。所以，你应该爱你看上他的那一点，对于不喜欢的方面，要多给予宽容和理解。夫妻在家庭中的地位是平等的，无论是在经济上还是在心理情感方面，都应如此，没有谁理所当然地高出对方一头。

相爱的夫妻，不论哪一方都不应盛气凌人地指责对方，而是应该在心理上互相接纳，在生活习性上彼此宽容。即使双方性格迥然，情趣相异，但只要相爱，彼此就会有相当大的相容性。婚姻就像一双鞋子，只有经过一段时间的磨合才能合脚。所以，夫妻双方不要怨恨自己找错对象，要明白真正的金婚银婚，多是走过了一段漫长的磨合之路。

欣赏你的爱人

婚姻中夫妻双方要相互欣赏，欣赏会使夫妻间的爱越来越醇厚。

有一位画家以其作品富有生命气息而闻名，同时代的画家无人能比。他运用色彩的技巧非同一般。人们看了他的画，都说他画得活灵活现、栩栩如生。

的确，他绘画技艺娴熟。他画的水果似乎在诱你取食，而他画布上开满春花的田野让你感觉身临其境，仿佛自己正徜徉在田野中，清风拂面，花香扑鼻。他画笔下的人，简直就是一个有血有肉、能呼吸、有生命的人。

一天，这位技艺出众的画家遇见了一位美丽的女士，心中顿生爱慕之情。他细细打量她，和她攀谈，越来越产生好感。他对她一片赞扬，殷勤关怀，无微不至。终于，女士答应嫁给他。

可是婚后不久，这位漂亮的女士就发现丈夫对她感兴趣原来是从艺术出发而非来自爱情，他投入地欣赏她身上的古典美时，好像不是站在他矢志终身相爱的爱人面前，而是站在一件艺术品前。不久，他就表示非常渴望把她的稀世之美展现在画布上。

于是，画家年轻美丽的妻子在画室里耐心地坐着，常常一坐就是几个小时，毫无怨言。日复一日，她顺从地坐着，脸上带着微笑，因为她爱他，希望他能从她的笑容和顺从中感受到她的爱。

有时她真想大声地对他说："爱我这个人，要我这个女人吧，别再把我当成一件物品来爱了！"但是她却没有这样说，只说了些他爱听的话，因为她知道他画这幅画时是多么快乐。画家是一位充满激情，既狂热又郁郁寡欢的人。他完全沉浸在绘画中的时候便只能看见他想看见的东西。他一点都没有发现，也不可能发现，尽管她微笑着，但她的身体却在衰弱下去，内心正在经受着折磨。他没有发现，画布上的人日益鲜润美好，而他可爱模特脸上的血色却在逐渐消退。

这幅画终于接近尾声了，画家的工作热情更为高涨。他的目光只是偶尔从画布移到仍然耐心地坐着的妻子身上。然而，只要他多看她几眼，看得仔细些，就会注意到妻子脸颊上的红晕消失了，嘴边的笑容也不见了，这些全部被他精心地转移到画布上去了。

又过了几周，画家审视自己的作品，准备作最后的润色——嘴巴还需用画笔轻轻抹一下，眼睛还需仔细地加点色彩。

女士知道丈夫几乎已经完成了他的作品，精神抖擞了一阵子。当画家画完最后一笔时，他倒退了几步，看着自己巧手匠心在画布上展示的一切，欣喜若狂！

他站在那儿凝视着自己创作的艺术珍品，不禁高声喊道："这才是真正的生命！"说完他转向自己的爱人，却发现她已经死了。

画家的悲剧在于，他不会欣赏妻子的温情与美丽。婚姻不是工作，画家忘记了在婚姻中他是丈夫，却在用职业的眼光欣赏妻子，而那不是她需要的欣赏，她需要的是对方的爱。

欣赏她想让你欣赏的那部分，这就是学会欣赏的诀窍。她对你展现出柔情妩媚、风情万种，你就欣赏并赞美她的柔情；她对你表示出关心关爱，你就赞美和欣赏她的细心体贴；她对你宽容放纵，就不失时机地夸奖她的雍容大度……

生活中的小事，往往能让我们理解何为欣赏的真谛。

一个小孩拿着一袋糖给父亲，调皮地说："爸爸，你从来没吃过这么甜的糖。"父亲剥了一块放在嘴里，哇，好酸呐！父亲赶紧把糖吐了出来。小孩的母亲不相信，也来试试，在丈夫和儿子的鼓励下，坚持了20秒，也终于忍受不了而宣告失败。儿子朝他们撇撇嘴。妻子和丈夫忍不住又偷着试了试，强忍着酸涩，忍耐了50秒钟后，竟然品出一种香香甜甜的味道。

其实这就像婚姻，平庸和酸涩下常有甜蜜和温情，只需要你在必要的时候坚持一下、耐心一点。想起夫妻之间的争吵，其实大多数情况下并没有本质的矛盾，只是一些鸡毛蒜皮的小事。那糖袋上印着一段很有趣的文字——这里能体会你人生多少的勇气和毅力？10 秒不要灰心哦！20 秒够劲吧！继续坚持！30 秒我们了解你的感受。40 秒渐渐你会发现它的奥妙。50 秒胜利属于你！

夫妻之间的欣赏何尝不是这样，在众多琐事的背后，多想想对方对你的关心，往往也是苦尽甘来。

善待自己的妻子

有人在对待妻子的方式上给出了聪明的建议："第一，理解妻子；第二，要有耐心。在外面，你自己的事情可能遇到了很大的麻烦和困难，但是，你不要把一张愁容满面或眉头紧皱的脸带回家，要知道你的妻子可能有更多不顺心的事，尽管都是一些琐碎的小事，但也可能到了令她难以忍受的程度。在这个时候，一句可亲的安慰话、一个温柔的眼神、一次真诚的拥抱，都会令她心头的阴霾散尽，重新焕发容光。"

要细心留意你的妻子为了你的舒适而做的一切。不要把它们看成是理所当然的事情，同时，不要刻意去寻找那些你认为她应该做而没有做的事情，不要在这些漏洞上斤斤计较。

不要以冷漠来对待妻子真挚而热切的情感，更重要的是，不要认为服从于她的愿望便有损于作为"男人"的尊严。你曾这样想过吗？如果没有，那么当你在"妥协让步"面前感到为难时，仔细地想一想。这样，当你看到你的妻子倾尽全力把你的愿望当成自己的愿望时，你便会有更多的理解和宽容。

不要和你的妻子争执，因为这样会使她认为你不再爱她。她很容易误会你那习惯性的、心不在焉的态度和行为。你应当更有男子气概一些，这样她就会尊敬你、信赖你，为自己把终身托付于你而感到安全。

弗朗西斯·威德说：“毫无疑问，婚姻也为破坏另一个人的生活提供了更大的可能。没有任何一个人会像她的丈夫那样如此致命地贬低、侵扰和毁坏一个女人，也没有任何一个人会像他的妻子那样毁灭一个男人的抱负和雄心，销蚀他的活力。只有一个男人娶了一个恶女人，才会使他永久地丧失信心和希望；同样，也没有比一个女人遇人不淑，嫁给一个坏男人更糟糕的事情了。”正如乔治·艾略特所说的，对于两个人，还有什么事情能比在生活中互相扶持、合二为一更好的呢？工作时，他们可以相互鼓劲；悲伤时，他们可以互相安慰；伤痛时，他们可以相互缓解；寂寞时，他们可以聊天抚慰；即使分别时，也可以留下难以言表的美好回忆。每个人都可能是很好的另一半，但单独的个人不可能是一个完整的整体。只有在两个互不适合、彼此抵触的个体组合成一个整体时，这种组合才是令人痛苦沮丧的。

唠叨是婚姻的致命伤

使人服气的不是命令，而是你的人格魅力。即使是对方有所不满，我们最好也要尝试与之沟通，而绝非任意责骂与强制命令。

罗斯福深得其子女的爱戴，这是众所周知的。有一次，罗

斯福的一位老友垂头丧气地来找罗斯福，诉说他的小儿子居然离家出走，到姑母家去住了。这男孩本来就桀骜不驯，这位父亲把儿子说得一无是处，又指责他跟每个人都相处不好。

罗斯福回答说：“胡说，我一点儿都不认为你儿子有什么不对。不过，一个人如果在家里得不到合理的对待，他总会想办法由其他方面得到的。”

几天后，罗斯福无意中碰到那个男孩，就对他说：“我听说你离家出走，是怎么回事？”男孩回答：“是这样的，上校，每次我有事找爸爸，他都会发火。他从不给我机会讲完我的事，反正我从来没有对过，我永远都是错的。”

罗斯福说：“孩子，你现在也许不会相信，不过，你父亲才真正是你最好的朋友。对他来说，你是这世上最重要的人。”

“也许吧！上校，不过我真的希望他能用另一种方式来表达。”接着罗斯福去告诉那位老友，发现几乎令其惊讶的事实，他果然正如其儿子所形容的那样暴跳如雷。于是，罗斯福说：“你看！如果你跟你儿子说话就像刚才那样，我不奇怪他要离家出走，我还觉得奇怪他怎么现在才出走呢？你真是应该跟他好好谈一谈，多跟他沟通才是。”

凡事不要总是发牢骚。喋喋不休的抱怨会将对方推出婚姻的围墙。得理不饶人，是人类最大的弱点。放人一马，前路更宽。一个人在喋喋不休的时候，可能面目可憎，可能情绪失控，这个时候，他身上平时所有的优点都会显得黯淡无光。唠叨像毒蛇的毒液侵蚀着人们的生命一样，侵蚀着幸福的天堂。没有人愿意同一个唠叨的人过一辈子。

如是你总是唠唠叨叨，抓着人家的辫子不放，那么对方会因你的这种行为而产生更加抵触的情绪。久而久之，哪怕你的道理再正确，他也无法听进去，于是你们之间便会失去有效的沟通渠道，而婚姻也就因为沟通的减少而出现裂痕。

唠叨有时也让人觉得你对他并不尊重，故事中的父亲正是由于只知道对儿子发脾气、抱怨，才使得他的儿子觉得自己在家里得不到合理的对待。在婚姻中，尊重是另一个重要的话题，而你无时不在的牢骚，只会让对方觉得你是个蛮横无理的人，他没有得到你应有的尊重，那么你们的婚姻还有什么幸福可言呢？

因此，不要一上来就开始你的唠叨，如果有什么不满的地方，尽量先创造一个尽可能和谐的气氛，让对方也有说话的空间，这样不但你的意见能够得到表达，而且你们的问题也能够得到有效地解决。

第十章

原谅生活，才能更好地生活

不要抱怨生活的不公平

在现实生活中，我们难免要遭遇挫折与不公正的待遇，每当这时，有些人往往会产生不满，不满通常会引起牢骚，希望以此引起更多人的同情，吸引别人的注意力。从心理学角度来讲，这是一种正常的心理自卫行为。但这种自卫行为同时也是许多人心中的痛，牢骚、抱怨会削弱责任心，降低工作积极性，这几乎是所有人为之担心的问题。

通往成功的征途不可能一帆风顺，遭遇困难是常有的事。事业的低谷、种种的不如意让你仿佛置身于荒无人烟的沙漠，没有食物也没有水。这种漫长的、连绵不断的挫折往往比那些虽巨大但却可以速战速决的困难更难战胜。在面对这些挫折时，许多人不是积极地去找方法化险为夷，绝处逢生，而是一味地急躁，抱怨命运的不公平，抱怨生活给予的太少，抱怨时运的不佳。

奎尔是一家汽车修理厂的修理工，从进厂的第一天起，他就开始喋喋不休地抱怨，“修理这活太脏了，瞧瞧我身上弄的”“真累呀，我简直讨厌死这份工作了”……每天，奎尔都是在抱怨和不满的情绪中度过。他认为自己在受煎熬，在像奴隶一样卖苦力。因此，奎尔每时每刻都窥视着师傅的眼神与行动，稍有空隙，他便偷懒耍滑，应付手中的工作。

转眼几年过去了，当时与奎尔一同进厂的3个工友，各自凭着精湛的手艺，或另谋高就，或被公司送进大学进修，独有奎尔，仍旧在抱怨中做他讨厌的修理工。

抱怨的最大受害者是自己。生活中你会遇到许多才华横溢的失业者，当你和这些失业者交流时，你会发现，这些人对原有工作充满了抱怨、不满和谴责。要么怪环境条件不够好，要么怪老板有眼无珠，不识才……总之，牢骚一大堆，积怨满天飞。殊不知这就是问题的关键所在——吹毛求疵的恶习使他们丢失了责任感和使命感，只对寻找不利因素兴趣十足，从而使自己发展的道路越走越窄。他们与公司格格不入，变得不再有用，只好被迫离开。如果不相信，你可以立刻去询问你所遇到的任何 10 个失业者，问他们为什么没能在所从事的行业中继续发展下去，10 个人当中至少有 9 个人会抱怨旧上级或同事的不是，绝少有人能够认识到自己之所以失业的真正原因。

提及抱怨与责任，有位企业领导者一针见血地指出 ：“抱怨是失败的一个借口，是逃避责任的理由。爱抱怨的人没有胸怀，很难担当大任。”仔细观察任何一个管理健全的机构，你会发现，没有人会因为喋喋不休的抱怨而获得奖励和提升。这是再自然不过的事了。想象一下，船上水手如果总不停地抱怨：这艘船怎么这么破，船上的环境太差了，食物简直难以下咽，以及有一个多么愚蠢的船长……这时，你认为，这名水手的责任心会有多大？对工作会尽职尽责吗？假如你是船长，你是否敢让他做重要的工作？

如果你受雇于某个公司，就发誓对工作竭尽全力、主动负责吧！只要你依然还是整体中的一员，就不要谴责它，不要伤害它，否则你只会诋毁你的公司，同时也断送了自己的前程。如果你对公司、对工作有满腹的牢骚无从宣泄时，做个选择吧。一是选择离开，到公司的门外去宣泄；二是选择留下。当你选择留在这里的时候，就应该做到在其位谋其政，全身心地投入到工作上来，为更好地完成工作而努力。记住，这是你的责任。

一个人的发展往往会受到很多因素的影响，这些因素有很多是自己无法把握的，工作不被认同、才能不被发现、职业发展受挫、上司待人不公、别人总用有色眼镜看自己……这时，能够拯救自己走出泥潭的只有忍耐。比尔·盖茨曾告诫初入社会的年轻人：“社会是不公平的，这种不公平遍布于个人发展的每一个阶段。”在这一现实面前，任何急躁、抱怨都没有益处，只有坦然地接受现实并战胜眼前的痛苦，才能使自己的事业有进一步发展的可能。

生命本身并没有残缺

每个人的生命都是完整的。你的身体可能有缺陷或者残缺，但你仍然可以拥有一个完整的人生和幸福的生活。这才是对待生命的正确态度。

1967年的夏天，对于美国跳水运动员乔妮来说是一段伤心的日子，她在一次跳水事故中身负重伤，全身瘫痪，只剩下脖子以上可以活动。

乔妮哭了，她躺在病床上彻夜难眠。她怎么也摆脱不了那场噩梦，跳板为什么会滑？为什么她会恰好在那时跳下？不论家人怎样劝慰，她总认为命运对她实在不公。出院后，她叫家人把她推到跳水池旁，注视着那蓝莹莹的水面，仰望那高高的跳台。她再也不能站立在光洁的跳板上了，那温柔的水再也不会溅起朵朵美丽的水花拥抱她了，她又掩面哭了起来。从此，她被迫结束了自己的跳水生涯，离开了那条通向跳水冠军领奖台的路。

她曾经绝望过，但现在，她拒绝了死神的召唤，开始冷静思索人生的意义和生命的价值。她借来许多介绍前人如何成才的书籍，一本一本认真地读了起来。她虽然双目健全，但读书也是很艰难的，只能靠嘴衔根小竹片去翻书，劳累、伤痛常常迫使她停下来。休息片刻后，她又坚持读下去。通过大量的阅读，她终于领悟到：我是残疾了，但许多人残疾了之后，却在另外一条道路上获得了成功，他们有的成了作家，有的创造出美妙的音乐，我为什么不能？于是，她想到了自己中学时代喜欢画画。为什么不能在画画上有所成就呢？这位纤弱的姑娘变得坚强、自信起来了。她捡起了中学时代曾经用过的画笔，用嘴衔着，开始了练习。

这是一个常人难以想象的艰辛过程。家人担心她累坏了，于是纷纷劝阻她："乔妮，别那么死心眼了，哪有用嘴画画的，我们会养活你的。"可是，他们的话反而激起了她学画的决心，"我怎么能让家人一辈子养活我呢？"她更加刻苦了，常常累得头晕目眩，甚至有时委屈的泪水把画纸也弄湿了。为了积累素材，她还常常乘车外出，拜访艺术大师。好些年头过去了，她的辛勤劳动没有白费，她的一幅风景油画在一次画展上展出后，得到了美术界的好评。

后来，乔妮决心涉足文学。她的家人及朋友们又劝她了："乔妮，你绘画已经很不错了，还搞什么文学，那会更苦了你自己的。"她没有说话，想起一家刊物曾向她约稿，要谈谈自己学绘画的经过和感受，她用了很大力气，可稿子还是没有完成，这件事对她刺激太大了，她深感自己写作水平差，必须一步一个脚印地去学习。

这是一条通向光荣和梦想的荆棘路，虽然艰辛，但乔妮仿佛看到艺术的桂冠在前面熠熠闪光，等待她去摘取。

是的，这是一个很美的梦，乔妮要圆这个梦。终于，又经过许多艰辛的岁月，这个美丽的梦终于成了现实。1976年，她的自传《乔妮》出版并轰动了文坛，她收到了数以万计的热情洋溢的信。又两年过去了，她的《再前进一步》一书又问世了，该书以作者的亲身经历，告诉所有的残疾人，应该怎样战胜病痛，立志成才。后来，这本书被搬上了银幕，影片的主角就是由她自己扮演，她成了青年们的偶像，成了千千万万个青年自强不息、奋进不止的榜样。

乔妮是好样的，她用自己的行动向我们说明了这样一个道理：你的生命没有残缺，无论你的命运面临怎样的困厄，它们也丝毫阻止不了你实现自己的人生价值，相反，它们会成为你人生道路中一笔宝贵的精神财富。

在贫穷面前抬起头来

在贫穷面前，我们不必抬不起头，金钱给予我们的只是我们所需要的一小部分，我们还有很多值得追求的东西，物质上的贫穷并不代表人生的贫乏。而且贫困往往只是眼下的，因为你永远有选择现在就动手改变的机会。贫穷与暂时的负债对懦弱的人会产生一股强大的摧毁力，而意志坚定的人却认为是对自己的磨炼。

拿破仑是科西嘉人，他的父亲虽很高傲，但是手头非常拮据。幼时，他父亲令他进入布里埃纳军校。校中的同学大都恃富而骄，讥讽家境清寒的同学，所以拿破仑常受同学们的欺侮。他起初逆来顺受，竭力抑制自己的愤怒，但同学们的恶作剧愈演愈甚，他终于忍无可忍，于是函请父亲准他转学，希望脱离这可怕的环境。可是他的父亲来信回复他说：“你仍须留在校中读书。”不得已，他只能忍受，饱尝了5年的痛苦。他每次遇到同学们的侮辱性的嘲弄，不但没有意志消沉，反而增强了他的决心，准备将来战胜这些卑鄙的纨绔子弟。

拿破仑16岁任少尉的那年，父亲不幸去世，在他微薄的薪俸中，尚需节省一部分钱来赡养他的母亲。那时，他又接受差遣，长途跋涉，到凡朗斯的军营服役。到了部队，眼见伙伴们大都把闲余的光阴虚掷在狂嫖滥赌上，拿破仑知道自己绝不能和他们一样。他想要甩掉这顶贫穷的帽子，改变自己的命运。好在他尚不具有翩翩的风度，无从追求女人；囊中羞涩，更不能使他有一掷千金的豪兴。他把他闲余的光阴，全放在读书上。他早有了理想的目标，他在艰苦的环境中埋首研习，数年的工夫，积下来的笔记后来整理出来，竟有4大箱子。

他绘制了科西嘉岛的地图，并将设防计划罗列图上，根据数学的原理，精确计算。于是，他崭露头角，为长官所赏识，派他担任重要的工作，从此青云直上。其他的人对他的态度大大改观，从前嘲笑他的人，反而接受他指挥，奉承唯恐不及；轻视他的人，也以受他稍一顾盼为荣；揶揄他是一个迂儒书呆、毫无出息的人，也对他虔诚崇拜。

拿破仑的成功，固然是因为他的天分和学识修养，但最重要的还是他坚强的意志。他的意志，是在艰苦环境中磨砺出来的，不经历风雨，他也就可能不会成为世界上人人皆知的军事天才拿破仑。

困苦的环境，固然可以磨砺你的志气，但也可能消沉你的志气。你如果不战胜环境，环境便击败你。你因为受了冷酷无情的打击，便妄自菲薄，以为前途绝无希望，听任命运的摆布，那么你的结局可想而知。而拿破仑绝不是这样，他认为世界上没有不可改造的环境，尽力战胜先天的缺憾，不退却，不放纵。

与其把大好的时间和精力放在为“钱”的忧虑上，还不如打点行装、振作精神去为赚钱而做好准备，用良好的心态开创光明的前程。

吃亏有时是种福

做事有长远计划的人，不会只计较自己的获得，而是懂得在适当的时候舍弃。因为他们知道，有时候“吃亏”并不是一种灾难，只有在经历了一番舍弃以后，才能获得更多的意外收获。

英国哈利斯食品加工工业公司总经理亨利，有一次突然从化验室的报告单上发现，他们生产食品的配方中，起保鲜作用的添加剂有毒，虽然毒性不大，但长期服用对身体有害。如果不用添加剂，则又会影响食品的新鲜度。

亨利考虑了一下，他认为应以诚对待顾客，于是他毅然把这一有损销量的事情告诉了每位顾客，随之又向社会宣布，防腐剂有毒，对身体有害。

做出这样的举措之后，他承受了很大的压力。食品销路锐减不说，所有从事食品加工的老板都联合起来，用一切手段向他反扑，指责他别有用心，打击别人，抬高自己，他们一起抵制亨利公司的产品，亨利公司一下子跌到了濒临倒闭的边缘。苦苦挣扎了4年之后，亨利的食品加工公司已经无以为继，但他的名声却家喻户晓。

这时候，政府站出来支持亨利了。哈利斯公司的产品又成了人们放心满意的热门货。哈利斯公司在很短时间内便恢复了元气，规模扩大了两倍。哈利斯食品加工公司一举成了英国食品加工业的“龙头公司”。

很多人认为吃亏是一种损失，自己想要的东西没有得到，或者本来应该拥有的没有获得，心里总会有一种失落的感觉。可是，如果你不舍弃自己的利益而成全别人，就不会得到别人的关注和支持。

深圳有一个农村来的妇女，起初给人当保姆，后来在街头摆小摊儿，卖一个胶卷赚1角钱。她认死理，一个胶卷永远只赚1角。现在她开了一家摄影器材店，门面越做越大，还是一个胶卷赚1角。市场上一个柯达胶卷卖23元，她卖16元1角，批发量大得惊人，深圳搞摄影的没有不知道她的。外地人的钱包丢在她那儿了，她花了很多长途电话费才找到失主；有时候算错账多收了人家的钱，她心急火燎找到人家还钱。听起来像傻子，可赚的钱不得了，在深圳，再牛气的摄影商，也都心甘情愿地去她那儿拿货。

在很多人眼里，这个深圳妇女总是做着吃亏的傻事，可是正是因为她的勇于吃亏，正是她对于别人的利益的成全，她才能吸引更多的顾客，才能让自己的生意做得越来越红火。所以说，吃亏并不如我们想象中那么可怕，有时候吃亏反而是一种福气。

吃亏是福，需要的是一种潇洒的生活态度，也需要一种做事的魄力。虽然有时候我们需要舍弃的东西并不多，可是能够将自己的东西和利益拱手相让的，还是需要一份勇气、一种风度、一种气量。

关键的时候敢于吃亏，这不仅体现我们大度的胸怀，同时也是做大事业的必要素质。赢到最后的人，才是真正的赢家。

人生随时都可以**重新开始**

这个世界上不会有人一生都毫无转机，穷人可能会腾达为富人，富人也可能沦落为穷人，很多事情都是发生在一瞬间。富有或贫穷，胜利或失败，光荣或耻辱，所有的改变都会在一瞬间发生。

比如，一个人要戒烟，如果他总认为戒烟是一个渐进的、缓慢的过程，要逐渐地戒，那他永远也戒不了烟。他只有在某天突然醒悟，才会痛下决断，马上坚决采取戒烟措施，才有可能戒掉烟。

CNN的老板特德·特纳，年轻时是一个典型的花花公子，从不安分守己，他的父亲也拿他没办法。他曾两次被布朗大学除名。不久，他的父亲因企业债务问题而自杀，他因此受到了很大的触动。他想到父亲含辛茹苦地为家庭打拼，他却在胡作非为，不仅不能帮助父亲，反而为父亲添了无数麻烦。他决定改变自己的行为，要把父亲留给自己的公司打理好。从此他像变了一个人，成了一个工作狂，而且不断寻找机会，壮大父亲留下的企业，最终创建了世界级的大公司。

其实，人的改变就在一瞬间，只要我们思想上有了一种强烈的改变意识，并下定决心，变化就会出现。一瞬间的改变可以成就一个人的一生，也可以毁灭一个人的一生。所以，我们不能忽视一瞬间的力量。

起初，鲁迅认为中国落后是因为中国人的体格不行，被称作“东亚病夫”，于是他去日本学习医学。但一次在课间看电影的时候，他看到日本军人挥刀砍杀中国人，而围观的中国人却一脸的麻木，当时其他的日本同学大声地议论："只要看中国人的样子，就可以断定中国必然灭亡。"鲁迅思想上顿时发生了改变，他说："由此我觉得医学并非一件紧要事，凡是愚弱的国民，即使体格如何健全，如何茁壮，也只能做毫无意义的示众的材料和看客，病死多少是不必以为不幸的，所以我的第一要素是在改变他们的精神，而善于改变精神的是，我那时以为当然要推文艺，于是想提倡文艺运动了。"从此，鲁迅决定弃医从文，以笔为枪，去唤醒沉睡中的中国，中国也多了一位伟大的思想家和文学家。

禅宗讲求顿悟，认为人的得道在于顿悟，在于一刹那的开悟。其实人生也是这样，人思想的改变就在一瞬间。当我们顿悟后，我们就能洞察生命的本性，从被奴役的生活走向自由的道路，将蕴藏在内心的仁慈和潜能都充分发挥出来。

一个人想要达到成功的巅峰，也需要顿悟，从你的内心深处升起的那份卓越的渴望，将会在瞬间改变你的一生。

把心重新放到起点上

归零的心态就是一切从头再来，就像大海一样把自己放在最低点，吸纳百川。归零的心态就是空灵、谦虚的心态，它并不是一味地否定过去，而是要怀着否定或者说放下过去的一种态度，去接纳新事物，追求更多的收获。有句话说：谦虚是人类最大的成就。谦虚让你得到尊重。越饱满的麦穗越弯腰，不要自以为是。虚心使人进步，骄傲使人落后。

有一个故事，讲的是知了学飞。知了看见大雁在空中自由自在地飞翔，十分羡慕，就请大雁教它飞翔，大雁高兴地答应了。

但学习是一件很辛苦的事。

大雁给它讲怎样飞，它听了几句，就不耐烦地说："知了！知了！"大雁让它多试着飞一飞，它只飞了几次，就自满地嚷道："知了！知了！"秋天到了，大雁要到南方去了，知了虽然很想和大雁一起远行，可是，它扑腾着翅膀，怎么也飞不高。

望着大雁在云霄之上高飞，知了十分懊悔自己当初太自满，没有努力练习。可为时已晚，它只好叹息道："迟了！迟了！"

在现实生活中，有多少人像知了一样自以为是，结果在最后只有感叹"迟了"。自满者总是认为自己能力很高，不能虚下心弯下腰，这样的故步自封，只会让自己走向退步。

很多人都这样认为：自己学过的东西是不会消失的，只要保有它们，就不愁吃不到饭。但在进步的社会中，不刷新你的知识，是很容易贬值的。人们常说"谦虚

使人进步”，谦就是一种礼貌，一种礼节上的心态，虚就是一种空杯心态，把自己归零去学习。

人的生存环境不同，立场角度各异，同样的事例故事，讲述的角度不同，对他来说可能是有道理的，对你却显得荒谬。如此，在我们没有明晰一种观点所体现的立场、生存环境、角度、寓意时，请先行接纳，然后理性反思剔除。自以为是的害处只能导致盲目自大，尔后自欺，然后欺人。

一个已经装满了水的杯子难以再装下别的东西，人心也是如此。

人生来本站在同一起跑线上，可为什么所达到的高度不同？有的功成名就，有的却一事无成？主要在于，前者总是“留一些空杯子”虚心接纳，而后者却自我满足，自以为是，最终自己淘汰了自己。

人生的旅途，就是汲取各种养分、滋养生命的过程。如果我们带着太多的自满上路，就像那个装满水的杯子，再也容不得半点水进入，这将是人生最大的悲哀。在人生的旅途中，每一个即将上路或已在路上的年轻人，一定要牢记，不论什么时候，都要让自己做“空杯子”，虚心求教。学无止境，心有空余，才能装物。

太阳每天都是新的

人的一生中会遇到各种各样的困难和挫折，逃避和消沉是解决不了问题的，唯有以乐观的阳光心态去迎接生活的挑战，才有机会成功。阳光的人每天都拥有一个全新的太阳，积极向上，并能从生活中不断汲取前进的动力。

“不论担子有多重，每个人都能支持到夜晚的来临，”19世纪的浪漫主义代表、小说《金银岛》的作者罗伯特·史蒂文生写道，“不论工作有多苦，每个人都能做他那一天的工作，每一个人都能很甜美、很有耐心、很可爱、很纯洁地活到太阳下山，而这就是生命的真谛。”不错，生命对我们所要求的也就是这些。可是住在密歇根州萨基诺城的薛尔德太太，在学到“要生活到上床为止”这一点之前，却感到极度的颓丧，甚至于几乎想自杀。

1937年薛尔德太太的丈夫死了，她觉得非常颓丧，而且几乎一文不名。她写信给她以前的老板李奥罗区先生，请他允许她回去做她以前的老工作。她以前靠推销世界百科全书过活。两年前她丈夫生病的时候，她把汽车卖了，如今她勉强凑足钱，分期付款才买了一部旧车，又开始出去卖书。

她原想，再回去做事或许可以帮她解脱她的颓丧。可是要一个人驾车，一个人吃饭，几乎令她无法忍受。有些区域简直就做不出什么成绩来，虽然分期付款买车的数目不大，却很难付清。

1938年的春天，她在密苏里州的维沙里市，见那儿的学校都很穷，路很坏，很难找到客户。她一个人又孤独又沮丧，有一次甚至想要自杀。她觉得成功是不可能的，活着也没有什么希望。每天早上她都很怕起床面对生活。她什么都怕，怕付不出分期付款的车钱，怕付不出房租，怕没有足够的东西吃，怕她的健康情况变坏而没有钱看医生。让她没有自杀的唯一理由是，她担心她的姐姐会因此而觉得很难过，而且她姐姐也没有足够的钱来支付自己的丧葬费用。

然而有一天，她读到一篇文章，使她从消沉中振作了起来，使她有勇气继续活下去。她永远感激那篇文章里那一句令人振奋的话："对一个聪明人来说，太阳每天都是新的。"她用打字机把这句话打下来，贴在她的车子里，这样，在她开车的时候，每一分钟都能看见这句话。她发现每次只活一天并不困难，她学会了忘记过去，不想未来，每天早上都对自己说："今天又是一个新的生命。"

她成功地克服了对孤寂和对需要的恐惧。她现在很快活，也还算成功，并对生命充满了热忱和爱。她也知道，不论在生活上碰到什么事情，都不要害怕；她也知道，不必怕未来，每次只要活一天，因为"对一个聪明人来说，太阳每天都是新的"。

在日常生活中，可能会碰到令人兴奋的事情，也同样会碰到令人消极的、悲观的坏事，这本来应属正常，但如果我们的思维总是围着那些不如意的事情转动的话，也就相当于往下看，那么，终究会摔下去的。因此，我们应尽量做到脑海想的、眼睛看的，以及口中说的都应该是光明的、乐观的、积极的，相信每天的太阳都是新的，每一天都是一个新的开始。

相信下一次会更好

人生其实就是一个失去与得到的过程，也是一个选择的过程。在人的一生中，最害怕的不是失去什么，而是在失去之后，丧失了对未来的希望。所以，对于我们来说，在失去之后，要相信：下一个人会更好，下一次机会会更好。

如果要问一个电影演员，他觉得自己拍的哪一部戏最好，很多人会觉得没有最好的，因为很多人会将希望寄托于将来，相信自己将来会超越现在的自己，所以很多回答就是：“下一部戏是最好的。”

原是中国队女子体操队队员的桑兰，用她的微笑和自信征服了所有人，无论是中国人还是外国人。

曾经拿过多项国内外奖项的桑兰，在1998年参加的第四届美国友好运动会试跳上，由于不慎，从空中跌落，导致第六根和第七根脊梁骨错位，胸部以下失去知觉。

桑兰在遭受如此重大的变故后却表现出难得的坚毅，她的主治医生说：“桑兰表现得非常勇敢，她从未抱怨什么，她很好地诠释了‘勇气’这个词。”就算是知道自己再也站不起来之后，她也绝不后悔练体操，她说：“我对自己有信心，我永远不会放弃希望。”

之后，桑兰加盟了星空卫视，成为《桑兰2008》节目的主持人，并且在众多媒体上开设了她的体育评述专栏。

虽然已经无法在赛场上奋斗，但是，桑兰说：“我会在主持人的岗位上，继续为我喜爱的运动事业做贡献。虽然我没有经验，还有身体的原因，但是我一定能面对的。我正在充实自己，学习文化。我可以做得很好。”

虽然不能再回到赛场上，但是桑兰的生活也一样精彩，美国前总统卡特、里根和克林顿都曾给桑兰写过信，赞扬她的勇气。桑兰与曾成功演绎“超人”角色的著名影星克里斯托弗·里夫会面的经过在美国ABC电视台播出，这家电视台50年来只采访过两个中国人，一个是邓小平，另一个是桑兰。

桑兰相信未来，相信自己，相信在下一次的尝试中自己会做得更好，她赢得了许多人的尊敬。

我们绝大多数人的身体条件都比桑兰好，但是却很难拥有和桑兰一样的心境，面对困境和磨难，依旧相信美好，相信今后会更好。每个人的一生都不是一帆风顺的，如果没有满怀希望，那又怎么坚持好好地活着呢？悲伤、痛苦不该是生活的主旋律，是选择快乐地活着，满怀信心和希望地活着，还是绝望地活着，完全在于每一个人自己。

快乐不快乐，完全取决于你

想改变整个世界，很难；而改变自己的思维，则较为容易。换个角度，人生海阔天空。快乐也是如此，完全取决你的态度。

很久很久以前，人类还赤着双脚走路。

有一位国王到某个乡村巡视，路面的碎石头刺得他的脚又痛又麻。

于是，他下了一道命令，要将国内的所有道路都铺上一层牛皮。他认为这样能让所有人走路时不再痛苦。

但即使杀尽国内所有的牛，也根本做不到。

一位聪明的仆人向国王建议："陛下啊！为什么您要杀那么多头牛，花那么多钱呢？您何不只用两小片牛皮包住您的脚呢？"

国王听了，茅塞顿开，于是立刻收回成命，改用这个建议。

据说，这就是皮鞋的由来。

尽管是一国之王，但想改变整个世界，很难；而改变自己的思维，则较为容易。换个角度，人生海阔天空。

有两个旅游观光团到日本伊豆半岛旅游，路面很糟糕，到处坑坑洼洼，都是洞。

其中一位导游连声抱歉，说路面简直像麻子一样。

而另一个导游却诗意盎然地对游客说："各位，我们现在走的这条道路，正是赫赫有名的伊豆迷人酒窝大道。"

游客们不由得发出善意会心的微笑。

虽是同样的情况，然而不同的意念，就会产生不同的态度。思想是何等奇妙的事，如何去想，决定权在你。

在现实生活中，我们往往习惯于以自己既定的思维方式推出结论。其实，很多事情，换个角度，也许结果就会不同。只有敢于冲破传统行为的束缚，我们才可以创造新的生活，带来新的视野。

不小心将手提包丢了，损失了一个月的工资。不要埋怨自己，你应该想，幸好没把买房子的钱放在提包里面。

你回到家，家里乱七八糟的，你不应该责怪家人。你一边收拾东西一边想，整天坐办公室，难得有这样锻炼身体的机会啊！家人看到收拾好的房屋后，是不是也对你赞赏有加，家庭也变得和美融洽了？

如果你换个角度去看生活，是不是生活也变得非常快乐了呢？

摆脱内心的羁绊

一个猎手非常喜欢在冬天打猎。这天，天气异常寒冷，猎手取出他的猎枪，穿戴得严严实实，准备到几十里外的乡下去打猎。

如果足够幸运，能够猎捕到一只鹿的话，那么这个冬天就不用发愁了。在他到达乡间野地不久，他就惊喜地发现了鹿留下的痕迹。

猎手压抑不住内心强烈的追捕欲望，未做片刻停留，立即跟踪着痕迹，向鹿逃离的方向追去。

不久，在鹿痕的引导下，猎手来到了一条结冰的河流跟前。

这是一条相当宽阔的河流，河面完全被冻冰所覆盖。

猎手无法判定冻冰能否承受得住他的体重，虽然冰面上明显地留下了鹿走过的踪迹，但猎手不知道这只鹿是大鹿还是小鹿。尽管冰面能够承受得住一只鹿，但能否承受得了一个人，猎手并没有一点儿把握。最终，捕鹿的强烈愿望使猎手决定，涉险跨过河流。

猎手伏下他的双手和膝盖，开始小心翼翼地在冰面上爬行起来。当他爬行到将近一半的时候，他的想象力开始空前活跃起来。

他似乎听到了冰面裂开的声音，他觉得随时都有可能跌落下去。在这个寒风凛冽的冰封日子，在这人迹罕至的荒郊野外，一旦跌入冰下，除了死亡，不会有第二种可能。

巨大的恐惧向猎手袭来，鹿已经勾不起他的兴趣，现在，他只想返回去，回到安全的岸边。但他已经爬行得太远了，无论是爬到对岸还是返回去，都危险重重。他的心在惊恐紧张中怦怦地跳动个不停，猎手趴在冰面上瑟瑟发抖，进退两难。

就在此时，猎手听到了一阵可怕的嘈杂声。当他心惊肉跳地向上望过去，他看到，一个农夫驾着一辆满载货物的马车，正悠然地驶过冰面。

当农夫看到匍匐在冰面上、满脸惊恐不安的猎手时，农夫一脸的莫明其妙，以为遇见了一个受到惊吓的疯子。

要知道，他每天都要从这冰面上往返数次，一直都没出过问题。

很多时候，我们踌躇不前，并非因为外界的阻挡，而是受到了内心的羁绊。在我们的成长过程中，来自内心的羁绊往往比现实的困难更能阻碍我们成长。

一根小小的柱子，一截细细的链子，拴得住一头千斤重的大象，这不荒谬吗？

那些驯象人，在大象还是小象的时候，就用一条铁链将它绑在水泥柱或钢柱上，无论小象怎么挣扎都无法挣脱。

小象渐渐地习惯了不挣扎，认为自己无法挣脱铁链。即使小象长成了大象，可以轻而易举地挣脱链子时，它还是从来也不挣扎。因为在它的内心里，它认为自己是永远无法挣脱铁链的。

小象是被链子绑住，而大象却是被它的心拴住了。

在大象成长的过程中，人类聪明地利用一条铁链限制了它，虽然那样的铁链根本拴不住有力的大象。在我们成长的环境中，是否也有许多肉眼看不见的链条束缚了我们？

于是，我们独特的创意被自己抹杀，认为自己无法成功致富；告诉自己难以成为配偶心目中理想的另一半，无法成为孩子心目中理想的父母、父母心目中理想的孩子。然后，开始向环境低头，甚至于开始认命、怨天尤人。

这一切都是我们心中那条束缚自我的铁链在作祟罢了。很多时候都是这样，烦恼和失败往往来自自己内心的羁绊。

时刻保持乐观的心境

有一样东西可以让你获得你想要的一切：和谐的人缘、美满的家庭、满意的工作。这就是快乐。

有个人非常乐观，远近闻名。一天，他担着两筐鸡蛋去集市出售。

在经过一个山坡时，几十个鸡蛋从筐里掉出来摔个粉碎，蛋黄蛋清流了一地，但他头也不回地只管往前走。

有人提醒他说："你的鸡蛋摔碎了不少，你怎么也不看看。"

他依然乐呵呵地回答："我知道。既然摔碎了，看又有什么用呢？不如早点赶到集市上卖个好价钱。"

这个人可算是一个深谙快乐之道的智者。人生不如意事常八九，痛苦与不顺远比快乐多。为什么要让已经过去的不快，影响自己享受快乐呢？其实，快乐与否，全在于你的心态。看开了，也没什么大不了。只要调整了心态，你就能抛开阴影，开创一片新天地。

文森特是一个很快乐的人，于是切克去拜访他。文森特笑呵呵地听她提问。

切克问：“假如你连一个朋友都没有，你还会高兴吗？”

“当然，我会高兴地想，幸好我还有自己。”

“如果你被人莫名其妙地打了一顿，你还会开心吗？”

“是呀，我会想，还好没被他们杀害。”

“假如医生拔错了牙齿，你还会高兴吗？”切克问道。

“当然，我会高兴地想，幸好拔错的只是一颗牙，而不是我的内脏。”

“假如你的妻子背叛了你呢？你还高兴得起来？”

“我会想，幸好她背叛的只是我，而不是国家。”文森特回答。

“假如你失去了生命，你还能高兴吗？”切克问道。

“当然，我会想，我开心地度过了我的一生，就让我跟着死神，高兴地参加另外一个宴会去吧。”

切克彻底服了文森特：“这么说，生活中没有什么是令你痛苦的，生活永远是一串快乐的音符吗？”

“是啊，只要你愿意，你就会在生活中发现和找到快乐——痛苦不请自来，而快乐却需要我们自己去发现。”文森特快乐地说道。

看来，文森特永远拥有一颗快乐的心，这是一种积极向上的生活态度，一种任何艰难困苦都无法摧毁的生活态度。

快乐的人，往往是那些乐观且充满希望的人。他们无论遇到什么情况，脸上总是带着微笑，心平气和地接受人生的变故和挫折。这就是乐观的生活态度。乐观对人就像太阳对植物一样重要，乐观就是人们心中的太阳。

英国《太阳报》曾以“什么样的人最快乐”为题，举办了一次有奖征答活动。编辑们从应征的八万多封来信中评出四个最佳答案：

（1）作品刚刚完成，吹着口哨欣赏自己作品的艺术家。

（2）正在用沙子筑城堡的儿童。

（3）为婴儿洗澡的母亲。

（4）千辛万苦开刀后，终于挽救了危重病人的外科医生。

从第一个答案中，我们知道必须工作，有工作，就会使人快乐。有人曾给患忧郁症的病人开过一个处方，让他每天想着法子工作，想着法子如何使他人欢喜，结果病人在14天内就痊愈了。

第二个答案告诉我们，要学会快乐，就必须充满想象，对未来充满希望，始终保持童心，并懂得自得其乐。

第三个答案告诉我们，要学会快乐，一定要心中有爱——那种无私的、不计报酬的爱。

第四个答案告诉我们，要学会快乐，一定要有能力，要有助人为乐的技能。只有这样的人，世人才会给他最美妙的报酬，正所谓“予人快乐，予己快乐”。

乐观是一种习惯。每天利用几分钟的时间，想象明天、下个星期或是明年，将会发生许多愉快的事情。不要对未来烦恼或忧虑。多想想美好的事情，你会在不知不觉中实现它们。如此一来，你就养成了乐观的习惯。

第十一章

乐观豁达，包容人生的成与败

点一盏信念之灯

15世纪时，哥伦布从海地岛海域向西班牙胜利返航。船队刚离开海地岛不久，天气就骤然变得恶劣起来。天空布满乌云，远方电闪雷鸣，巨大的风暴从远方的海上向船队扑来。这是哥伦布航海经历中遭遇的最大一次风暴，有几艘船已经被风浪打翻了，船长悲壮地告诉哥伦布说：“我们将永远不能踏上陆地了！”哥伦布叹了口气对船长说：“我们可以消失，但我们的资料却一定要留给人类。”哥伦布在疯狂颠簸的船舱里，飞快地把最为珍贵的资料写在几页纸上，卷好，塞进一个玻璃瓶里并密封后，将玻璃瓶抛进了茫茫大海。

“相信有一天，这些资料一定会漂到西班牙的海滩上！”哥伦布自信而肯定地说。“绝不可能！”船长说，“它可能置身鱼腹，也可能被海浪击碎，或许被深埋海

底。”哥伦布坚定地说：“或许一两年，也许几个世纪，但它一定会漂到西班牙去，这是我的信念。上帝可以辜负生命，却绝不会辜负生命坚持的信念。”幸运的是，大部分船只在这次空前的海上风暴里死里逃生。回到西班牙后，哥伦布和船长都不停地派人在海滩上寻找那个漂流瓶，但直到哥伦布离开这个世界时，漂流瓶也没有找到。

1856年，也就是哥伦布遭遇那场海上风暴3个多世纪后，大海终于把那个漂流瓶冲到了西班牙的比斯开湾。

由此可见，信念是人生奇迹的萌发点，有了它，一切都有可能。

信念，是所有成功人士心中屹立不倒的旗帜，有了它，一切奇迹都会出现。信念在人的精神世界里是挑大梁的支柱，没有它，一个人的精神大厦就极有可能坍塌下来。

信念是力量的源泉，是胜利的基石。

劣势有时能成为优势

有一个少年，在一次车祸中失去了右臂，但是他很想学柔道。

后来，少年拜一位柔道大师做了师傅，开始学习柔道。他学得不错，可是练了3个月，师傅只教了他一招，少年有点弄不懂了。

一天，他忍不住问师傅：“我是不是应该再学学其他招术？”

师傅回答说：“不错，你的确只会一招，但你只需要会这一招就够了。”

少年并不是很明白，但他很相信师傅，于是就继续照着练了下去。

几个月后，师傅第一次带少年去参加比赛。少年自己都没有想到居然轻轻松松地赢了前两轮。第三轮稍稍有点艰难，但对手还是很快就变得有些急躁，连连进攻，少年敏捷地施展出自己的那一招，又赢了。就这样，少年迷迷糊糊地进入了决赛。

决赛的对手比少年高大、强壮许多，也似乎更有经验。有一度少年显得有点招架不住，裁判担心少年会受伤，就叫了暂停，还打算就此终止比赛，然而师傅坚持说："继续比赛！"

比赛重新开始后，对手放松了戒备，少年立刻使出他的那招，制服了对手，由此赢了比赛，得了冠军。

回家的路上，少年和师傅一起回顾每场比赛的每一个细节，少年鼓起勇气道出了心里的疑问："师傅，我怎么就凭一招就赢得了冠军？"

师傅笑着说："有两个原因：第一，你几乎完全掌握了柔道中最难的一招；第二，就我所知，对付这一招唯一的办法是对手抓住你的右臂。"

有时候，我们会处于劣势之中，但一味地怨天尤人并不能改变什么。只有敢于挑战，敢于用心，"不利"才可能转化成"有利"。

佛罗里达州有一个农夫，当他买下一片农场的时候，他非常沮丧。那块地坏得使他既不能种水果，也不能养猪，能生长的只有白杨树及响尾蛇。然而，他想到了一个好主意——利用那些响尾蛇。他的做法使每一个人都很吃惊，因为他开始做响尾蛇肉罐头。而且，每年来参观他的响尾蛇农场的游客差不多有2000人，他的生意越做越大。

由他养的响尾蛇体内所取出的蛇毒，运送到各大药厂去做防蛇毒的血清；响尾蛇皮以很高的价钱卖出去做女士的鞋子和皮包；装着响尾蛇肉的罐头送到全世界各地的顾客手里。这个村子现在已改名为佛罗里达州响尾蛇村。

天生我材必有用。要勇于直面不完美的境地，要相信自己总有能做得很好的事情。

聪明的人能够实事求是地看自己，能从自身条件不足和所处不利环境的局限中解脱出来，去做自己能做的事。

把人生最弱的部分转化成强项，对任何人都很重要。

牢记四个字：**坚持到底**

丘吉尔下台后，有一回应邀在牛津大学的毕业典礼致辞。那天他坐在首席，打扮一如平常，还是一顶高帽，手持雪茄。

经过一长串的介绍辞之后，丘吉尔走上讲台，注视观众，沉默片刻，他开口说："永远，永远，永远不要放弃！"接着又是长长的沉默，他又一次强调："永远，永远，永远不要放弃！"他又注视观众片刻，然后回座。

无疑，这是历史上最短的一次演讲，也是丘吉尔最脍炙人口的一次演讲。

多年以前，美国曾有一家报纸刊登了一则园艺所重金征求纯白金盏花的启事，在当地一时引起轰动，高额的奖金让许多人趋之若鹜。但在千姿百态的自然界中，金盏花除了金色的就是棕色的，还没有人能够有幸见过白色的金盏花，这根本不是一件易事。所以许多人一阵热血沸腾之后，就把那则启事抛到九霄云外去了。

一晃就是20年。一天，那家园艺所意外地收到了一封热情洋溢的应征信和一粒纯白金盏花的种子。当天，这件事就不胫而走，引起轩然大波。

寄种子的原来是一个年近古稀的老人。老人是一个地地道道的爱花人，当她20年前偶然看到那则启事后，便怦然心动。她不顾8个儿女的一致反对，义无反顾地干了下去。她撒下了一些最普通的种子，精心侍弄。一年之后，金盏花开了，她从那些金色的、棕色的花中挑选了一朵颜色最淡的，任其自然枯萎，以取得最好的种子。次年，她又把它种下去，然后，再从这些花中挑选出颜色最淡的花的种子栽种……日复一日，年复一年。终于，在20年后的一天，她在那片花园中看到一朵金盏花，它不是近乎白色，也并非类似白色，而是如银如雪的白。于是，一个连专家都解决不了的问题，在这位不懂遗传学的

老人长期的坚持下，最终迎刃而解。这不是奇迹吗？

俗话说：滚石不生苔。坚持不懈的乌龟能快过贪玩偷懒的野兔。如果能每天学习1小时，并坚持12年，所学到的东西，一定远比坐在教室里接受4年高等教育所学到的多。正如布尔沃所说："恒心与忍耐力是征服者的灵魂，它是人类反抗命运、个人反抗世界、灵魂反抗物质的最有力支持。从社会的角度看，考虑到它对种族问题和社会制度的影响，其重要性无论怎样强调也不为过。"

一个人之所以成功，不是上天赐给的，而是日积月累自我塑造得来的。幸运、成功永远只会属于辛劳的人、有恒心不轻言放弃的人、能坚持到底的人。

来一次**破釜沉舟**

我们都熟悉项羽破釜沉舟大破秦军的故事。无独有偶，西方也有类似的故事。

恺撒大帝在尚未掌权之前，是一位智勇双全的军事将领。有一次，他奉命率领舰队前去征服英伦诸岛。

在他检阅舰队准备出发前，才发现随船远征的军队人数少得可怜，而且武装配备也残破不堪。以这样的军力想征服骁勇善战的英伦军队，无异于以卵击石。

但恺撒当下还是决定启程，驶向英伦诸岛。舰队到达目的地之后，恺撒等所有兵士全数下船后，立即命令亲信部属一把火将所有战舰烧毁。同时他召集全体战士训话，告诉他们战船已经烧毁，所以大家只有两种选择：一是勉强应战，如果打不过勇猛的敌人，后退无路，那只能被赶入海中喂鱼。另一条路是不管军力、武器、补给如何的不足，奋勇向前，攻下该岛，则人人都有活命的机会。

置之死地而后生。士兵们人人抱定必胜的决心，奋不顾身地冲锋陷阵，终于攻克强敌。而恺撒也因为这次辉煌的战绩，为日后独掌罗马帝国最高权力奠下坚实的基础。

当人们要进入艰难的环境时，有些人先小心地探测，以做万全的准备；许多人因为知道困难重重，而再三延迟行程，甚至取消原来的计划；也有些人，先一脚踏入那个环境，但仍留许多后路，看着情况不妙，就抽身而返；当然还有少部分人，心存破釜沉舟之念，打定主意，便全身投入，由于急着应付眼前重重的险阻，反倒忘记了许多痛苦。

一切都会**好起来的**

一切都会好起来的。这句话很简单，却很有道理。即使你的眼前有许多的不顺利，但一定要坚强，因为一切都会慢慢好起来的。

确实，人生并非处处顺利平坦、尽是莺歌燕舞，总是伴随着几多不幸、几多烦恼。一旦遭遇不顺和困难，你必须学会坚强，因为一切都会慢慢好起来的。

现在说起梅西，估计没有几个人不认识他。

20 岁的梅西身高 1.69 米，体重 68 千克，当时人们就认为他是又一个马拉多纳。马拉多纳对这位小老乡的评价是：“梅西是一位天才球员，前途不可限量。”

梅西 12 岁时来到巴塞罗那，在青年队中锤炼 5 年后进入一线队，他在 2004 年的南美青年锦标赛上打进 7 球而成为最佳射手。他进入一线队不久，就和小罗成为巴塞罗那队边路最活跃的棋子。某些时候，梅西的光芒甚至盖过了当时的世界足球先生小罗。

但是你绝对不知道，梅西也曾经有过一段痛苦的往事。作为一个天才球员，他差点儿因为身体条件的原因而被埋没了。

1987年6月24日，在阿根廷圣塔菲尔省的罗萨里奥中央市，继两个哥哥之后，梅西降生了。这个穷人家的孩子，身体孱弱，妈妈无暇照顾弱小的梅西，把他寄养在辛迪亚家，两人从幼儿园到小学一直在一起，辛迪亚见证了梅西童年所有的艰辛和欢乐，而梅西也把辛迪亚当成这个世界上唯一可以倾诉的人。

作为梅西最痴心的球迷，辛迪亚珍藏着梅西代表各个俱乐部效力时穿过的各种款式的球衣，这是梅西把自己多出来的一套送给了小女孩。辛迪亚总是坐在高高的看台上，看着她的英雄演出，她比任何人都更早而且更坚定地相信着梅西的足球天赋。那是一段多么幸福的时光。可惜美好的光阴总是容易逝去，11岁的梅西被查出患有荷尔蒙生长素分泌不足，这将影响他骨骼的健康发育，也就是说，他将在1.4米的高度停滞不前。纽维尔斯老男孩俱乐部不想再为还未成名的梅西掏出每月800美元的治疗费用，梅西只能和父亲远赴他乡，去西班牙求助。那是在最后一场比赛后绝望的辞行，13岁的梅西抱着辛迪亚号啕大哭，而辛迪亚抱着他说："不哭不哭，坚强点儿小不点儿，坚强点儿小不点儿，一切会好起来的。"

情况真的好了起来，他通过治疗长到了近1.7米，并在巴塞罗那如鱼得水，天赋尽显，无论是里杰卡尔德的肯定，还是其他教练的赞誉，甚至马拉多纳也亲自给他打电话进行鼓励，这都在向全世界发布一个信息：梅西已经与从前大不相同。小罗说："只有梅西才能骑在我的背上，我们是好兄弟。"

现在的梅西，因为足球集万千宠爱于一身，媒体、教练、队友、球迷把他当明星、兄弟、偶像般看待。但是，在他内心里，他永远都忘不了辛迪亚在他耳边说"坚强点儿小不点儿，一切会好起来的"。

不要因失败而退缩

有个年轻人去微软公司应聘，但微软并没有刊登过招聘广告。见总经理疑惑不解，年轻人用不太娴熟的英语解释说，自己是碰巧路过这里，就进来了。总经理感觉很新鲜，破例让他一试。面试的结果出人意料，年轻人表现糟糕。他对总经理的解释是事先没有准备，总经理以为他不过是找个托词下台阶，就随口应道："等你准备好了再来试吧。"

一周后，年轻人再次走进微软公司的大门，这次他依然没有成功。但比起第一次，他的表现要好得多。而总经理给他的回答仍然同上次一样："等你准备好了再来试。"就这样，这个青年先后5次踏进微软公司的大门，最终被公司录用，成为公司的重点培养对象。

再试一次，你就有可能达到成功的彼岸。

事业取得成功的过程，实际上就是不断战胜失败的过程。因为任何一项大小事业要取得成就，都会遇到困难，难免要犯错误，遭受挫折和失败。例如，在工作上想搞改革，越革新矛盾越突出；学识上想有所创新，越深入难度越大；技术上想有所突破，越攀登险阻越多。著名科学家法拉第说："世人何尝知道：那些经由科学研究工作者头脑里的思想和理论当中，有多少被他自己严格地批判、非难地考察，而默默地、隐蔽地扼杀了。就是最有成就的科学家，他们得以实现的建议、希望、愿望以及初步的结论，也达不到1/10。"这就是说，世界上一些有突出贡献的科学家，他们成功与失败的比率是1:9。至于一般人，与这个比率比当然要低得多。因此，在迈向成功的道路上，能不能经受住错误和失败的严峻考验，是一个非常关键的问题。

闻名于世的大作曲家贝多芬说："卓越的人

的一大优点是：在不利于己的遭遇里百折不挠。”从事任何一项事情，先要决定志向，志向决定以后，就要全力以赴毫不犹豫地去实行。

法国作家凡尔纳年轻时写的第一本著作，是名为《气球上的五星期》的科学幻想小说。当他兴高采烈地将自己的处女作送给一家出版社时，总编辑翻了书稿后，感到书中说的尽是不切实际的幻想，而且写作手法也离经叛道，便婉言拒绝出版。在一连被15家出版社拒之门外之后，凡尔纳开始灰心丧气。他坐在火炉旁撕开手稿，一张一张地往火炉里扔。幸亏他的妻子发现，才阻止了他的焚书行动，并劝他再试一次。凡尔纳第二天又将书稿整理好送到第16家出版社。出乎意料，这家出版社独具慧眼，不仅立即给予出版，而且与凡尔纳签订了为期20年的合同，要凡尔纳把今后写的全部科幻小说交给他们出版。《气球上的五星期》出版后，立即轰动文坛，凡尔纳一举成名。

成功往往就在于——面对失败不退缩。试想，凡尔纳如果不跑这第 16 家出版社，还会有这部不朽的传世名作吗？还会有大作家凡尔纳吗？所以，遇到挫折，千万不能退缩，不能轻易放弃。只有努力尝试，才能成功。

任何成功都包含着失败，每一次失败是通向成功不可跨越的台阶。爱因斯坦指出：“正确的结果，是从大量错误中得出来的，没有大量错误做台阶，也就登不上最后正确结果的高峰。”有志气有作为的人，并不是因他们掌握了什么走向成功的秘诀，而恰恰在于他们在失败面前不唉声叹气、不悲观失望。

大发明家爱迪生经过几千次的失败，最终发明了电灯，给世界人民带来了黑夜中的光明。他在总结这段经历时说："我对电灯问题，钻研最久，试验最苦，但是从未灰心，更不信它试验不成！失败和成功对我一样有价值。"

著名药物学家欧立希发明一种名叫砷矾纳明的新药，这种药能够治疗梅毒病和昏睡病。他在试制过程中，遭受过605次失败，这使他痛苦万分，但他并未就此止步，而是继续坚持试验，终于在第606次实验中取得了成功。因此，欧立希把这种新药命名为"606"。一盏电灯要试验几千次，一种新药要试验几百次，这中间经历了多少艰辛！

往往，最后的成功正是孕育在千百次的失败之中。其实，成功与失败并没有绝对不可跨越的界限，成功是失败的尽头，失败是成功的黎明。失败的次数愈多，成功的机会亦愈近。成功与失败的差距只在完全做对一件事情和几乎做对一件事情。如果你能在挫折面前不退缩，那么，你一定能走向成功。

有了希望**就能战胜苦难**

公元前334年，亚历山大大帝在出发远征波斯之前，把自己所有的财产全部分给了臣下。

一名随从非常惊讶地问："陛下，那你带什么启程呢？"

亚历山大自信地回答说："我只带一种财富，那就是'希望'！"

希望，是一个人一生中最为珍贵的财富，它远胜于世上任何有形的宝藏。

在大学里，章霄最不喜欢上经济学的课，因为他很讨厌经济学教授老范，甚至和有些狂傲的老范在课堂上言辞激烈地争吵过。

大学最后一年，在求职过程中接连遭受打击的章霄又和女友分了手。整个世界似乎塌了下来，章霄患上了抑郁症。从此，上医院就成了他生活中的一部分。夏末的一个黄昏，章霄意外地在医院里遇见了老范，他正微笑着哄着身边的一个和他年纪相仿的女人。他没有注意到章霄的存在。于是，章霄冷笑着走进了病房。

当章霄再次走出病房的时候，却吃惊地发现老范正独自一人哭倒在洗手间里……

那天，他们聊了很多，老范告诉章霄——他和妻子为了在这个城市里站住脚吃了很多苦，而现在他们的女儿很有可能永远看不到任何东西了——他还要强作欢颜安慰妻子。

“每个人都是一滴水银，即使摔得支离破碎，也要迅速凝聚起来，只要坚信希望，任何困难都能挺过去。”分手的时候，老范擦干眼泪对章霄说。

从那之后，章霄常常去听老范的课，不为别的，只为他那种坚强乐观的水银精神。是的，只要不放弃希望，没有过不去的坎，没有克服不了的困难。

1992 年 3 月的《读者文摘》，刊载了一篇发人深省的作品。

文中讨论的 4 部影片是:《山水喜相逢》《洛基》《火战车》《甘

地传》。该文作者分析这 4 部影片叫好又叫座的一些共同原因时，说：“它们反映人性本善、宣扬种种受人尊敬的情操：勤奋、苦干、自重；表现出对家庭、朋友、社会的爱心；显示了一个人能对他自己的一生和别人的一生造成多大的改变；最重要的，它们给了我们希望。”

在这一段话里，最能引起人共鸣的，是最后一句：“它们给了我们希望。”有时候，创造奇迹的不是巨人，也许只是心中埋藏的希望。一句鼓励的话语，就能给对方一个免费却珍贵的礼物——希望。希望，在我们的生命里，微不足道，却往往重如千钧。

一个俄国的心理学家做过一个试验：将两只大白鼠丢入一个装了水的器皿中，它们拼命地挣扎求生，结果只维持了8分钟左右。然后，在同样的器皿中放入另外两只大白鼠，在它们挣扎了5分钟左右的时候，放入一个可以让它们爬出器皿外的跳板，这两只大白鼠得以活下来。若干天以后，再将这对大难不死的大白鼠放入器皿中，结果真的有些令人吃惊：两只大白鼠竟然可以坚持24分钟，

是一般情况下能够坚持时间的3倍。

这位俄国的心理学家总结说，前面两只大白鼠，没有任何逃生经验，只能凭自己本来的体力挣扎求生；而有过逃生经验的大白鼠却多了一种精神的力量，它们相信在某一个时候，一个跳板会救它们出去，这使得它们能够坚持更长的时间。这种精神力量，就是希望。

那个试验还没有讲完。有人想着那两只大白鼠，总觉得不是滋味，就略带反感地对那位心理学家说："有希望又怎么样，那两只大白鼠最后还不是死了。"心理学家出人意料地回答说："没有死，在第24分钟时，我看它们实在不行了，就把它们捞上来了。有积极心态的大白鼠更有价值，更值得活下去；我们人类应该尊重一切希望，哪怕是两只大白鼠内心的希望。"

这个实验虽然残酷了一点，但给人很大的教益。实际上，我们不必做那样的试验就可以知道，在艰难困苦之中，心中有希望和心中没有希望，对我们的行为会有完全不同的影响，结果当然也就完全不一样了。大白鼠的希望，是人给它们的；而我们人类自己，在任何时候、任何地点、任何困难的情况下，都能够自己给自己希望。

希望是一种伟大的力量。在很多情况下，希望的力量比知识的力量更强大。因为只有在有希望的前提下，知识才能被更好地利用。第二次世界大战期间，德国法西斯虽然拥有很先进的武器和强大的军队，但内心的绝望导致了他们的迅速溃败。

所以，一个人，即使他一无所有，只要他有希望，他就可能拥有一切；而一个人即使拥有一切，却不拥有希望，那就可能丧失他已经拥有的一切。

把握现在更有意义

从前有个年轻英俊的国王，他既有权势，又很富有，但却为两个问题所困扰：

（1）我一生中最重要的时光是什么时候呢？

（2）我一生中最重要的人是谁？

他对全世界的哲学家宣布，凡是能圆满地回答出这两个问题的人，将分享他的财富。哲学家们从世界各个角落赶来了，但他们的答案没有一个能让国王满意。

这时有人告诉国王，在很远的山里住着一位非常智慧的老人。国王马上就出发了。

国王到达那个智慧老人居住的山脚下后，装扮成一个农民。

他来到智慧老人住的简陋的小屋前，发现老人盘腿坐在地上，正在挖着什么。“听说你是个智慧的人，能回答所有问题，”他说，“你能告诉我谁是我生命中最重要的人、何时是我一生中最重要的时刻吗？”

“帮我挖点土豆，”老人说，“把它们拿到河边洗干净。我烧些水，你可以和我一起喝一点汤。”

国王以为这是对他的考验，就照老人说的做了。他和老人一起待了几天，希望他的问题能得到解答，但老人却没有回答。

最后，国王对自己和这个人一起浪费了好几天的时间感到非常气愤。他拿出自己的国王印玺，表明了自己的身份，宣布老人是个骗子。

老人说：“我们第一天相遇时，我就回答了你的问题，但你没明白我的答案。”

“你的意思是什么呢？”国王问。

“你来的时候我向你表示欢迎，让你住在我家里。”老人接着说，“要知道过去的已经过去，将来的还未来临——你生命中最重要的时刻就是现在，你生命中最重要的人就是现在和你待在一起的人，因为正是他和你分享并体验着生活啊。”

只有活在“现在”，你才可以真正地体验生活，并享受生活的各种快乐。我们内心的平稳，有相当大程度取决于我们活在当下的多寡。不论昨天发生了什么，不管明天会不会发生什么，当下才是你所在的地方，也是你起步的地方。

一个人到夏威夷旅游，一天黄昏时他在海滩漫步，忽然看见远处有一个人像是在跳舞似的。走近些时，他看清楚原来这个本地人在不停地拾起由潮水冲到沙滩上的鱼，并一条条地用力地把它们抛回大海去。

他于是奇怪地问本地人：“晚安！朋友，你在干什么呢？”

那人说：“我在把这些鱼抛回海里。你看，现在正是退潮，海滩上这些鱼全是给潮水冲到岸上来的，很快这些鱼便会因缺氧而死了！”

“我明白。不过这海滩有数不尽的鱼，你有能力把它们全部送回大海吗？你可知道你所做的作用并不大啊！”

那位本地人微笑着，继续拾起另一条鱼，一边抛一边说：“但起码我改变了这条鱼的命运呀！”

于是他恍然大悟！的确，虽然有很多美好的事情我们不能去实现，但是如果把握现在，就能改变当下！

过去的已成历史，未来还遥不可及，我们能把握的只有现在。珍惜光阴，把握现在，这是我们必须明白的人生道理。

一位考古学家在古希腊的废墟里发现了一尊双面神像。由于从来没有见过这种神像，考古学家忍不住问它：“你是什么神？为什么会有两副面孔？”

神像回答说：“人们都叫我双面神，我一面回望过去，汲取教训；一面展望未来，充满憧憬。”

考古学家忍不住问：“那么现在呢？”

“现在！”神像愣住了，“我只看着过去和未来，我哪管得了现在啊！”

考古学家说道：“过去已经远去了，未来还没有到来。我们能把握的只有现在啊！你对过去总结得再好，对未来的构想无论多

么美好，如果不能把握现在，那又有什么意义呢？”

神像听了，恍然大悟：“你说得没错。我只关注过去和未来，而从来没想过现在，所以才被人们抛弃在废墟里啊！”

卡耐基曾经说过：“人要生活在今天的密封舱里，就是要人专心过好当下的生活。”因为过去的已经过去，仅仅回忆是没有什么意义的。同时，人也不能总担心未来的事情，因为未来总是不确定的，我们所担心的事情多半不会发生。过去的意义就在于它为我们现在的生活提供指导，它能让我们看得更清楚。未来的意义也是为我们的现在树立目标，现在的所有努力都是围绕将来的目标。总之，过去的已经过去，未来还遥不可及，我们唯一能把握的只有现在了。

豁达是心灵的解药

豁达，是荡涤红尘的一杯清茶，是摆脱烦恼的一副良方，是纯净心灵的解药。

我们一生中不可能永远都是风平浪静，人生遭际不是个人力量所能左右的，在诡谲多变的环境中，唯一能使我们不觉其痛苦的办法，就是使自己变得豁达。以豁达之心去面对以前痛苦的遭遇，不幸便将会远离我们。

豁达不仅能让自己的心灵得到拯救，同时也能拯救别人的心灵。对自己身上发生的一切，如果都能以一种大度、坦然的态度去对待，那么我们与他人的关系将会是融洽和愉快的。美

国第三任总统杰弗逊与第二任总统亚当斯从交恶到和好就是一个生动的例子。

杰弗逊在就任前夕，想去白宫告诉亚当斯，他希望针锋相对的竞选活动并没有破坏他们之间的友谊。但据说杰弗逊还来不及开口，亚当斯便咆哮起来：“是你把我赶走的！是你把我赶走的！”

一气之下，两人没有交谈达数年之久。直到后来，杰弗逊的几个邻居去探访亚当斯，这个坚强的老人仍在诉说那件难堪的事，但接着冲口说出：“我一直都喜欢杰弗逊，现在仍然喜欢他。”邻居把这话传给了杰弗逊，杰弗逊便请了一个彼此皆熟悉的朋友传话，让亚当斯也知道他的深重友情。后来，亚当斯回了一封信给他，两人从此开始了美国历史上最伟大的书信往来。

这个例子告诉我们，豁达是一种多么可贵的精神、高尚的人格。在卡耐基身上也曾发生过类似的事，卡耐基的豁达也为他赢得了尊重。

有一次，戴尔·卡耐基在电台上介绍《小妇人》的作者时一不小心说错了地理位置。其中一位女听众来信狠狠地骂他，把他骂

得体无完肤。卡耐基当时真想回信告诉她："我把地理位置说错了，但从来没有见过像她这么粗鲁无礼的女人。"但他控制了自己，没有向她回击，他鼓励自己将敌意化解为友谊。卡耐基自问："如果我是她的话，可能也会像她一样愤怒吗？"然后，他站在她的立场来思索这件事情。最后，他打了个电话给她，再三向她承认错误并表达歉意。这位太太终于接受了他的道歉，并表示了对他的敬佩，希望能与他进一步深交。

我们说豁达是心灵的解药，是因为它是一种人生境界，是一种超脱与淡定。豁达的人不会为他物所牵绊，所以心自然是沉着从容的。

第二次世界大战期间，一支美军部队在森林中与敌军相遇，激战后两名士兵与部队失去了联系。这两名士兵来自同一个小镇。两人在森林中艰难跋涉，他们互相安慰、互相鼓励。10多天过去了，他们仍未与部队联系上。有一天，他们打死了一只鹿，依靠鹿肉又艰难度过了几天。也许是战争使动物四散奔逃或被杀光，自这以后他们再也没看到过任何动物。他们仅剩下的一点鹿肉，背在其中一个年轻士兵的身上。有一天，他们在森林中又一次与敌人相遇，经过再一次激战，他们成功地避开敌人。就在他们自以为已经安全时，只听一声枪响，走在前面的年轻士兵中了一枪，幸亏伤在肩膀上！后面的士兵惶恐地跑了过来，他害怕得语无伦次，抱着战友的身体泪流不止，并赶快把自己的衬衣撕下包扎战友的伤口。

晚上，未受伤的士兵一直念叨着母亲的名字，两眼直勾勾的。他们都以为他们熬不过这一关，尽管饥饿难忍，可他们谁也没动身边的鹿肉。天知道他们是怎么过的那一夜。第二天，部队救出了他们。

事隔30年，那位叫科努格的受伤士兵说："我知道谁开的那一枪，他就是我的战友。当时在他抱住我时，我碰到他发热的枪管。我怎么也想不到，他会对我开枪。但当晚我就宽恕了他。我知道他想独吞我身上的鹿肉，我也知道他想为了他的母亲而活下来。此后30年，我假装根本不知道此事，也从不提及。战争太残酷了，他母亲还是没有等到他回来，我和他一起祭奠了老人家。那一天，他跪下来，请求我原谅他，我没让他说下去。我们又做了几十年的朋友，我宽恕了他。"

豁达是心灵的最佳解药，拥有一颗豁达的心，在工作和生活中我们将从根本上远离不幸。

知足者能享天人之福

知足是快乐的重要条件。托尔斯泰曾说："欲望越小，人生就越幸福。"知足者认识到了无止境的欲望只能带来痛苦，所以才能摒弃欲望，享天人之福。

在这个世界上，大多是那些懂得知足常乐的人们生活得更为幸福。这是因为，一个具有开朗热情性格的人，通常在生活中懂得知足常乐，能够笑看输赢得失、当放则放。

有了一颗知足的心，人才会有真正的宁静、真正的喜悦、真正的幸福。知足常乐，是一种与世无争而又安于平凡的心境，也是一种不经意间的幸福。人如果贪欲越多，就会陷入对名利的追逐，后来他们得到越多，就越去追逐，这就是所谓的“知足之人不知穷，不知足之人不知富”。

有一个失意的城里人对生活失去了信心，他走进一片原始森林，准备在那里了却残生。

失意人发现一只猴子正目不转睛地看着他，便招手让猴子过来。

“先生，有何吩咐？”猴子有礼貌地打着招呼。

“求求你，找块石头把我砸死吧！”失意人央求猴子。

“为什么？阁下难道不想活了？”猴子瞪着眼睛问。

“我真是太不幸了……”失意人话一出口，泪水便哗哗地流了出来。

“能跟我谈谈吗？我也是灵长类动物呀！”猴子善解人意地说。

失意人泪流满面地说：“跟你谈有什么用……当年我差了一分，没有考上牛津大学……呜……”

“你们人类不是还有别的大学吗？你是不是找不到爱人？”猴子觉得上什么大学无所谓，有没有爱人可是个原则性问题。

“呜……”失意人又哭了起来，“当年有十几个美女追求我，最后我只得到其中一个……”

“这确实有点不公平！”猴子说，“不过，您毕竟还捞上了一个。工作上有什么不顺心吗？”

“工作十来年，才评上一个副教授。你说说，这书还怎么教下去？”失意人转悲为愤，怒气冲冲地说。

“薪水够用吗？”这只猴子又问。

“够用什么！每个月除了吃、穿、用，只剩下800多块钱，什么事也干不了！”失意人满腹牢骚。

“那您真的不想活啦？”猴子紧紧盯着失意人的双眼，严肃地问。

“不想活了！你还等什么，快去找石头啊！”失意人不想再跟猴子啰嗦。猴子犹豫了一下，终于抓起来一块石头。就在它即将砸向失意人的脑袋时，突然问失意人：“阁下，在您死之前能把您的地址告诉我吗？让我去顶替您算了。”

这看似一个笑话，却反映出了我们身边的现实。其实，我们拥有的已太多，但我们总是不知足，不知道珍惜。如果我们不懂得珍惜已经拥有的东西，得到的再多又有什么意义？

知足是什么呢？知足就是：别人的钱比自己多，我不嫉妒，钱少可以俭朴点、量入为出；别人吃山珍海味，我不嘴馋，粗茶淡饭也照样吃得健康结实，并且同样香甜；别人穿名牌时装、住花园洋房，我不羡慕，房小可以安排得紧凑点，照样收拾得窗明几净，穿不起名牌衣服，青衣布衫也舒适……

什么又是常乐呢？常乐就是：有一份糊口的工作，虽然薪水不高，但能维持日常的生活，想想也欣慰；有一位爱自己的配偶，也许是一个最普通的人，没有权钱，容貌普通，但有一份真挚的爱情；还有一个活泼可爱的孩子，也许学习成绩平平，但身体健康……

以上这些难道不是欢乐和幸福吗？实际上，如果你仔细想想，就会发现身边的欢乐数也数不清。这就是我们普通人的天伦之福。

所以，真正的幸福不是每天都追求到了什么，而是每天都怀有一颗满足的心愉快地生活。满足的秘诀在于知道如何享受自己的所有，并能驱除自己能力之外的物欲。既然我们都是普通人，那么，那些超越我们能力的东西就显得无足轻重，而脚踏实地过平民百姓的生活，就能让知足者常乐！

人生不在**输赢**

人生没有永久的成功与失败，人生是由成功和失败串联而成的，所以人生的真正目的并不在于分出输赢。

有的人说："'赢'就是拥有许多美好的事物，'输'就是背负着一切不如意的事物，换句话说，'赢'就是成功，'输'就是失败。"

这个答案正确吗？如果真是这样的话，那么请问什么是美好的事物？什么又是不如意的事物？其实，它们的界限是很模糊的，每个人都有关于美好和如意的标准，所以我们不能轻易地判断一个人的人生是成功还是失败，所以并没有真正的输赢人生。

人生的价值不在输赢，而是在实现自我价值的过程中，自己是否尽了最大的努力。结果并不是最重要的，不要为了名利争个你死我活。为了名利争斗，谁都不会赢。

1991 年 7 月 1 日晚，在法国阿斯克新城举行的国际田径赛，吸引了两万多观众。这是美国的卡尔·刘易斯和加拿大的本·约翰逊，继汉城奥运会后首次在 100 米赛跑中较量。观众就是冲着这一较量来的。本·约翰逊在汉城奥运会上，因服用违禁药物，被取消了成绩，判罚停赛两年。今年复出，两人再次同赛角逐，格外引人注目。

但比赛结果出人预料，冠军被美国的另一名好手米切尔摘取了，卡尔·刘易斯获亚军，而本·约翰逊位列第 7 名。尽管如此，曾获 6 枚奥运会金牌的卡尔·刘易斯对能击败本·约翰逊而感到满意。他终于赢了约翰逊。

赛后，本·约翰逊想跟卡尔·刘易斯握手，但遭到拒绝，卡尔·刘易斯给了本·约翰逊个冷脸，使其大失面子。这是为什么呢？原来，在 1988 年汉城奥运会上，本·约翰逊以 9 秒 79 的惊人成绩，创下了纪录。当时，也是 100 米决赛的终点处，卡尔·刘易斯走上前来同他握手，表示祝贺，但他却有意视而不见，傲慢地一扭头擦肩而过。

本·约翰逊失败后，被卡尔·刘易斯还以颜色，可谓是“以其人之道，还治其人之身”。这次是刘易斯赢了，那么下次呢？两个人赢了一次，都不可一世，这符合真正的体育精神吗？体育竞赛的精神，不在于分出个强弱排名，而在于拼搏、奋斗！人生也是如此！

梁启超先生曾说："宇宙间的事，没有绝对的成功和失败。'成功'这个名词，是表示圆满的观念，'失败'这个名词，是缺陷的观念。圆满是宇宙进化的终点，到了终点，进化便休止，进化休止不消说是连生活都休止了，所以平常所说的成功与失败，不过是指人类活动休息的一小段落。"所以，硬是拼了性命去分出个输赢有什么意义呢？

其实，人生是由无数个失败和成功加起来的。人觉得自己是失败的，便会立即坠入痛苦的深渊。而有时候我们做出了许多自以为成功的事，事后却证明是失败之作。如果能看淡成功和失败的分界，不去计较输赢，反而轻松了许多。这样的人生态度，看似消极，其实是透彻。世间事很少祸福分明，成功中藏着失败，失败里也会蕴涵着成功。所以，放轻松一些，人生并不在输赢！

能拿得起也要能放得下

"拿得起"不仅仅是在踌躇满志时，"放得下"也绝不仅仅是在遭受挫折时。在人生的每时每刻，我们都应把它们看作一个整体。一个人在处世中，拿得起是一种勇气，放得下是一种肚量。

在热带丛林里，猎人经常制作一些笼子捕猎猴子，笼子里挂着果实，笼子上开一个小口，刚好够猴子的前爪伸进去，如果猴子抓住坚果就无法将爪抽出来了。而猴子有一种习性，就是不肯放弃已经到手的东西，所以它们最终就成了猎人的猎物。

猴子被捉的悲剧告诉我们，生活中必须学会“拿得起放得下”，学会适时松开手。人生的成败往往蕴含于取舍之间，“放得下”的关键在于你是否能够在人生道路上进行果敢的取舍。

拿得起，实为可贵；放得下，是人生处世之真谛。成大事者不会计较一时的得失。他们知道放下什么，如何放下。放得下，你就可以轻装前进；放得下，你就可以摆脱烦恼和纠缠，整个身心沉浸在轻松悠闲的宁静中。

放得下会使你赢得别人的信赖；放得下会改变你的形象，使你显得豁达豪爽；放得下还会使你变得更能干，更精明，更有力量。在这个世界上，为什么有的人活得轻松，而有的人活得沉重？前者是拿得起，放得下；后者是拿得起，却放不下，所以活得沉重。

放下心中所有难言的负荷，放下失恋的痛楚，放下费尽精力的争吵，放下屈辱留下的仇恨，放下对虚名的争夺，放下对权力的角逐……凡是次要的，枝节的，多余的，该放下的都要放下。只有放得下，才能将该拿起的东西更好地把握住。

由于科场中贿赂之风盛行，舞弊成风，蒲松龄4次考举人都落第了。最后，他放弃了“科考”这条可以使自己走上仕途的道路，选择了著书立说。他立志要写一部“孤愤之书”。他在压纸的铜尺上镌刻了一副著名的对联，上书：

有志者，事竟成，破釜沉舟，百二秦关终属楚；

苦心人，天不负，卧薪尝胆，三千越甲可吞吴。

蒲松龄以此自警自勉。后来，他终于写成了《聊斋志异》，流传百世。

蒲松龄虽然科举落第，与仕途无缘，但他找到了成就自己的另一个方向。在这条新开辟的道路上，他取得了成功，也为后人留下了宝贵的精神财富。

人生是一种相依相得的平衡，放不下就得不到，得不到就会很痛苦。拿得起放得下，反映的是一个人生命的品质和品位。这需要一种不断积蓄的能量。唯其拿得起放得下，才能厚积薄发，举重若轻，处事从容。一个明智的人，拿得起有分量的东西，同样也放得下它，只要是服从自己内心，就可以进行另一选择。

放下的，当然是应该放下的，过去了的、不应有的、强求而难以达到的。放得下，看似消极，实质却是一种积极的心态。对于自己的过去，大可不必耿耿于怀，是好是坏都已过去，生命并非只有一处灿烂辉煌。包容过去，才能融通未来，创造人生新的春天，人生才更加明媚迷人。

人生并非只有一处辉煌，别处风景也许更加迷人。站在特定的时点，审时度势，做出你的选择，找到你的真正的生活目标。因此，你有时须从新的角度看待自己，重新找回自信，你会发现自己有越来越多值得欣赏的地方。

拿得起与放得下是生命中最重要的修养之一，我们只有果断清醒地放下应该放下的，随和且随缘地看待人生旅途中遇到的利害得失、祸福变故，接纳和融合所遇到的一切，才能腾出生命的空间，享有所拥有的一切。

拿得起是可贵，放得下是超脱。鲜花、掌声能等闲视之，挫折、灾难能坦然承受。人生最大的敬佩是拿得起，生命最大的安慰是放得下。当迷雾消散尘埃落定的那一刻，你会发现这一切原本只是自己放不下。烦事人人有，放下自然无。

大丈夫能屈能伸

太刚强，遇事就会不顾后果，迎难而上，这样的人容易遭受挫折；太柔弱，遇事就会优柔寡断，坐失良机，这样的人很难成就大事。大丈夫要能屈能伸，能刚能柔。

古人云："大丈夫能屈能伸。"然则何谓"屈"？何谓"伸"？

屈，是一种难得的糊涂，一种"水往低处流"的谦恭；是困境中求存的"耐"，在负辱中抗争的"忍"，在名利纷争中的"恕"，在与世无争中的"和"。伸，是以退为进的谋略，以柔克刚的内功，以弱胜强的气概；是“无可无不可”的两便思维，是“有也不多，无也不少”的自如心态，是“不战而胜”的上善兵法。

“能屈能伸”是大丈夫立志成业的精髓要义，是博大精深、包罗万千的大哲理、大智慧。立大志，需以“屈”处世；成大业，要靠“伸”显才。古今中外，凡做出杰出成就或干出轰轰烈烈事业的人，往往是那些能屈能伸的人。

司马懿出仕时正好30岁。在这之前这么多年他在干什么呢？与诸葛亮躬耕于南阳不同，司马懿为名门之后，他没有做种田之类的事，他就在许昌城中，却一直对曹操避而不见，因为他从心底看不起出身低贱的曹操。

最终曹操访问了他三次，司马懿才答应出山，这与刘备三顾茅庐请诸葛亮出山多么相似呀！但与诸葛亮不同的是，当时的曹操不像刚开始创业的刘备，其“智囊团”已人才济济，初来乍到的司马懿在里面不会一下子有什么大作为。司马懿一开始只做一些抄抄写写工作，这对于在军事和政治上的天才司马懿来讲，可以说是“屈就”了。但司马懿并没有在乎这些，甚至，在曹操在世时，他一直都“屈就”着，虽然他后来官升到丞相府主簿，但始终没有什么带兵作战的机会。这么长时间内，他只是作为谋士提出过两次重要的计策，一是在取下汉中后劝曹操乘势进攻刘备立足未稳的西川，二是献计联合东吴共同对付得到汉中的刘备。这两个计策曹操只用了后者，但就是这一个计策使得不可一世的西蜀大将关羽命丧东吴。

司马懿当然知道自己真正的能力决不是一个普通的谋士，于是在孟达响应诸葛亮北伐时，身为荆州都督的司马懿有了第一次带兵作战的机会。他使出浑身解数，把这一仗打得十分漂亮，让自己在魏明帝曹睿心中的地位有了很大的提升。在都督曹真病逝后，司马懿继任成为都督，他终于有了和诸葛亮亲自交锋的机会。在与诸葛亮的交锋中，司马懿采取的战术很清楚，这就是坚守不战，因为这样他受到了诸葛亮的种种侮辱，但司马懿此时很好地发挥了他能屈的长处，终于熬死了诸葛亮。其后，他抓住机会施展自己的才能，带兵平定了魏乐浪公公孙渊的反叛，于是他在魏明帝心中的地位上升到了极点。

但魏明帝一死，执政的曹爽根本不给司马懿机会，于是司马懿又继续“屈就”下去。正所谓“君子报仇，十年不晚”，从魏明帝病逝到著名的“高平陵事件”，正好是十年，司马懿果断消灭了曹爽的势力，这也为后来的晋代魏拉开了序幕。

大丈夫能屈能伸，“屈”是暂时的，暂时的忍辱负重是为了长久的事业和理想。不能忍一时之屈，就不能使壮志得以实现，使抱负得以施展。“屈”是“伸”的准备和积蓄的阶段，就像运动员跳远一样，屈腿是为了积蓄力量，把全身的力量凝聚到发力点上，然后将身跃起，在空中舒展身体以达到最远的目标。

著名策士范雎刚开始时，由于他出身寒微，无人引荐，不得已只能先在魏国中大夫须贾的府中任事。

一次，须贾奉魏王之命出使齐国，范雎作为随从一同前往。齐襄王钦佩范雎的雄辩之才，便差人携金十斤及美酒赠与范雎。范雎对此深表谢意，却未敢接受齐襄王的赠礼，但仍招来了须贾的怀疑，认为他出卖了魏国的机密，于是回国之后，便将“范雎受金”的事上报给魏国的相国魏齐。魏齐不辨真假，也不作调查，便动大刑杖惩罚范雎。范雎在重刑之下，肋骨被打断，牙齿脱落。他蒙冤受屈，申辩不得，只好装死以求免祸。范雎已“死”，魏齐让人用一张破席卷起他的“尸体”，放在厕所之中，然后指使宴会上的宾客，相继便溺加以糟蹋，并说这是警告大家以后不得卖国求荣。

范雎平白无故地受了这么一场肌肤之苦和奇耻大辱，一腔效命魏国的热忱化作了灰烬。他决定离开魏国，另谋一处显身扬名的地方。范雎买通厕所的守者，将他放了出去。

范雎忍辱求全、隐身民间的时候，秦国一个叫王稽的使节来到魏国。秦国此时国力强盛，且虎视眈眈，有兼并六国的雄心。偶然的一次机会，范雎与王稽见面，其才情智慧已使王稽信服，王稽决定带范雎入秦。

王稽私下带着范雎归秦，路上见对面秦国相穰侯魏冉的一队车骑驱驰而来，范雎便对王稽说：“据我所知，穰侯长期把持秦国的大权，厌恶招纳其他诸侯国的客卿入秦。我与他见面，定会对我不利，所以我最好藏在车中。”于是范雎藏了起来。

魏冉的车骑到了之后，他果然询问王稽：“使君出使归秦，有没有带别国客人来啊？”王稽赶快答道：“不敢。”魏冉看了看王稽，然后走了。

听到魏冉一行离去的车马声，范雎这才从车中探出身来，但他心中沉思：“魏冉是一个聪明人，刚才他已经怀疑车中有人，只是决心下慢了，忘记搜索而已。”范雎一念及此，当即断然对王稽说：“魏冉此去，必然会后悔，必派人返回搜索使君的车辆不可。我还是下车走路避一下为好！”说完，范雎便跳下车，往道旁小径走去。

王稽于是按辔缓行，以待步行的范雎。方才走了10多里，魏冉果然遣回骑卒对王稽的车马一阵搜检，见车中确实没有外来的宾客，方才纵马而去。这样，范雎才最终脱险。

入秦后，范雎抓住机会，充分施展辩才游说秦昭王，最终取得信任。秦昭王采用范雎的谋略，对内加强了秦国的中央集权，对外使用远交近攻的霸业方略，使秦国对关东列强压力再度加强。秦昭王因此任命范雎为秦国相，封为应侯。

“大丈夫能屈能伸”，这是一条经千古锤炼而锻造出的古训，多少风云人物、英雄豪杰都因善屈善伸而叱咤风云，所向披靡。所以，在逆境中，当困难和压力逼迫身心时，我们应懂得一个“屈”字，委曲求全，保存实力，以等待转机的降临。而在顺境中，当机会和环境皆有利时，我们应懂得一个“伸”字，乘风万里，扶摇直上，顺势、应时更上一层楼。

第十二章

不抱怨的世界，

不抱怨的智慧

抱怨只会让事情更糟

生活中，经常会有这样一些人，他们总是抱怨自己的人生不如意，生不逢时，并由此产生了一系列的矛盾与烦恼。

抱怨是使自己觉得自己重要的一种方法。很多人以“别人对不起我”的感觉来达到异常的满足。从道德上来说，不公正的受害者和那些受到不公正待遇的人，似乎比那些造成不公正的人要高明。

心怀怨气的人，是想在人生的法庭上证明他的案子，如果他有不满之感就证明生活对他不公平，而有一些神奇的力量将会澄清那些使他产生不满的事情，使他得到补偿。从这个意义上来说，抱怨是对已发生之事的一种心理反抗或排斥。

抱怨的结果是塑造劣等的自我意象。就算抱怨的是真正的不公正与错误，它也不是解决问题的好方法，因为它很快就会转变成一种习惯情绪。一个人习惯于觉得自己是不公平的受害者时，就会定位于受害者的角色上，并可能随时寻找外在的借口，即使对最无心的话或在最不确定的情况中，他也能很轻易地看到不公平的证据。

抱怨会使自己的情绪恶化，看什么都不顺眼，使自己陷入一种自己制造出来的消极情境之中。经常抱怨也会变成一种习惯，遇到压力或不如意之事，便先抱怨一番，这是最可怕的事。

一位伟人曾说：“有所作为是生活中的最高境界。而抱怨则是无所作为，是逃避责任，是放弃义务，是自甘沉沦。”不论我们遭遇到的是什么境况，光是喋喋不休地抱怨不已，不仅不能解决问题，还会把事情弄得更糟。而这绝不是我们的初衷。

倘若我们的抱怨毫无理由，就应从根本上改变自己的心态，由消极变为积极，由推诿变为主动，由事不关己变为责任在我。即使我们的抱怨具备十足的理由，那也还是不要抱怨吧！在逆境中拼搏能够产生巨大的力量，这是人生永恒不变的法则。当你遇到某一个难题时，也许一个珍贵的机会正在悄悄地等待着你。抱怨并不能解决实际问题，尽快停止抱怨吧，只有去行动才有解决问题的可能。

因此，我们要记住，不要抱怨父母，不要抱怨环境；无法改变环境，就改变自己；改变不了过去，就努力改变未来。

认真完成下面的行动计划，就能帮你克服抱怨的弱点：

行动1：写下发生在你身上的5件事，并写下你的抱怨。

对照自己写的内容，想一想抱怨能真正帮你解决问题吗？显而易见，满腹抱怨不能解决任何事情，相反会阻碍我们成功。

行动2：找出一直困扰你的一件事，你要像看电影一样回忆其中每一个细节，然后把这个过程转化为滑稽的形式。

你可以坐在一把高高的椅子上，然后满脸堆笑，气定神闲地进行这一过程。例如，有个人对你说了什么坏话，你就像录像带倒带一样，让那个人说话的速度变快很多。如还不过瘾，你可以给那个人戴上米老鼠的耳朵和唐老鸭的嘴巴，再配上一些古怪的音乐。这样来来回回在脑海中播放10遍，再看这个困扰你的过程，你会发现变得非常滑稽了，你会觉得失去了抱怨的意义。

行动3：找一个值得信赖的真挚友人作为你倾诉的伙伴，把所有的抱怨、牢骚、不满都发泄出来。

行动4：在一张纸上尽快地写出你所有的感受，把你的每一个意见、思想和感受尽情发泄在纸上，当你全部发泄完之后，把纸撕掉，最好把纸撕得粉碎，再重复地写出来，再撕掉，直到你感觉不到激烈的情绪为止。

当你克服了抱怨的弱点后，你就真正成了一个阳光的人，一个时刻感受到快乐和幸福的人。

原谅生活是为了更好地生活

人生在世，我们不必总跟自己过不去，也别跟生活过不去，没理由不滋润、不快活，关键是我们选择什么样的角度看生活、看自己。生活中我们应当学会原谅。

宋代大文豪苏轼说：“人有悲欢离合，月有阴晴圆缺，此事古难全。”古人有古人的悲哀，可古人看得很开，他们把人世间的悲欢离合比作月的阴晴圆缺，一切全出于自然，其中有永恒不变的真理，它像一只无形的手在那里翻云覆雨，演绎着多姿多彩的世界；今人也有今人的苦恼，因为“此事古难全”。

有一位哲学家，当他还是单身汉的时候，和几个朋友一起住在一间小屋里。尽管生活非常不便，但是，他一天到晚总是乐呵呵的。

有人问他：“那么多人挤在一起，连转个身都困难，有什么可乐的？”

哲学家说：“朋友们在一块儿，随时都可以交换思想、交流感情，这难道不值得高兴吗？”

过了一段时间，朋友们一个个相继成家了，先后搬了出去。屋子里只剩下哲学家一个人，但是每天他仍然很快乐。

那人又问：“你一个人孤孤单单的，有什么好高兴的？”

“我有很多书啊！一本书就是一个老师，和这么多老师在一起，时时刻刻都可以向它们请教，这怎能不令人高兴呢？”

几年后，哲学家也成了家，搬进了一座大楼里。这座大楼有7层，他的家在最底层。底层在这座楼里环境是最差的，楼上的人老是往下面泼污水，丢死老鼠、破鞋子、臭袜子和杂七杂八的脏东西。那人见他还是一副自得其乐的样子，好奇地问：“你住这样的房子，也感到高兴吗？”

“是呀！你不知道住一楼有多少妙处啊！比如，进门就是家，不用爬很高的楼梯；搬东西方便，不必费很大的劲儿；朋友来访容易，用不着一层楼一层楼地去敲门询问……特别让我满意的是，可以在空地上养些花、种些菜。这些乐趣，数之不尽啊！”

后来，那人遇到哲学家的学生，问道：“你的老师总是那么快快乐乐，可我却感到，他每次所处的环境并不那么好呀。”

学生笑着说："决定一个人快乐与否，不在于环境，而在于心境。"

苦恼和悲哀常常引起人们对生活的抱怨，哀自己命运不好，怨生活的不公。其实生活仍然是生活，关键看你选取什么角度去看待。人生是什么？从某种意义上说，难道不像是一场赌局吗？用你的青春去赌事业，用你的痛苦去赌欢乐，用你的爱去赌别人的爱。

每逢沮丧失落时，我们对一切感到乏味，感觉生活的天空阴云密布，看什么都不顺眼，像T恤衫上印着的：别理我，烦着呢！感觉生活中有很多事情令我们心情不好。面对落榜、面对失恋、面对解释不清的误会，我们的确不易很快地超脱。但是，人有逆反心理，更多的时候是"多云转晴"，忧郁被生气勃勃的憧憬所取代。烦些什么？你的敌人就是你自己，战胜不了自己，就可能会失败。想不开、钻死胡同，全是自己所为。

原谅生活有那么多阴差阳错，因为它要让你学会坚强、珍惜。生活在这个世界上，我们不得不怀着一颗宽大的心去原谅诸多人和事，原谅上天对人的不公，因为它要考验我们每一个人。

拥有雅量，人生才会活出大境界

古语云"成王败寇"，又云"不以成败论英雄"。我们想要获得成功，或成为英雄，必须要有雅量。大器量天高地阔，宽胸怀义久情长，只有宽宏大量，才能高瞻远瞩。

胡雪岩出生的时候，父亲是个小官吏，后来因公殉职了。从此，他家的生活水平就只能在温饱线上徘徊。

在胡雪岩的家乡，胡氏是一个大家族，以前有过做大官的人，可是到了胡雪岩父亲这一辈时，开始没落了。族长曾经把希望寄托在胡雪岩的父亲身上，可是还没有升职，人先死了，这让族人的希望落空了。于是，他们将所有的怒火一并发泄到胡雪岩母子身上，所以胡雪岩几乎是在族人的冷嘲热讽和白眼之下长大的。

后来，尽管胡雪岩跟随张老板离开了家乡，但是族人依然看笑话似的，不指望胡雪岩能够有什么大出息。在他们的眼里，胡雪岩的父亲读了那么多年的书，都没能做成大官，胡雪岩是一天书都没有好好读的人，怎么可能干成大事？再者，人们受到封建思想的影响，觉得胡雪岩的母亲克死了丈夫，必然是没有福的人。在这样一个没福之人的身边长大，胡雪岩自然也不会大富大贵。

也许是从小就经受了过多的打击，冷嘲热讽对于胡雪岩而言，是再普通不过的事情，所以族人尽管说他们的，胡雪岩该怎么做事还怎么做事，丝毫不受影响。其实，很多时候，你越在意别人的话，别人就说得越快乐。如果干脆不理，他们自然就没兴致了。几经辗转，胡雪岩来到了阜康钱庄，在这里做个“跑街”的。此时的胡雪岩，心里变得越来越“不安分”了。他想要干出一番事业来，所以每天都在学习打算盘，为以后做积累。见他没事就摆弄算盘，钱庄的“大伙”张胖子看不下去了，说：“一个臭跑街的，还以为自己是掌柜的呢！你学那个有什么用？只怕是到了棺材里，那个算盘也派不上用场。”

怕胡雪岩心里不好受，师兄们偷偷过来安慰他，可是他说：

“男儿立世，哪有一帆风顺的，做得不好，被人笑笑也无妨。”

几年以后，胡雪岩接手阜康钱庄，当年的“大伙”张胖子，早已转到信和钱庄去做事了。师兄们很想让胡雪岩去信和钱庄找张胖子理论，让他看看当年的算盘派没派上用场，可是胡雪岩一笑置之，不想跟张胖子计较。

胡雪岩心想，每天都要发生那么多的事情，如果每件事情都要计较，那么就没有时间去经营自己的事业了。而且，嘴巴长在别人的脸上，别人说什么，自己管不着，只要自己不以为意，别人爱怎么说那是他的自由。

没错，我们管不了别人说什么，但是只要我们不在意，那么说与不说，对我们而言也没有多大差别。可是，如果我们因为听到了一点别人的议论就心怀怨恨，那么我们很可能为了报复别人而浪费了自己许多宝贵的时间，也错过了很多做大事的机会。

雅量意味着胸怀、风度和气质，它是斤斤计较、心胸狭窄的天敌，它对有意或无意间的伤害是宽厚，对敌意的

攻击是忍让。有雅量的人对人对事看得开、想得开，不会计较生活中的得失。朱德同志有诗："腹中天地阔，常有渡人船。"法国作家雨果说："世界上最宽阔的东西是海洋，比海洋更宽阔的是天空，比天空更宽阔的是人的胸怀。"

一个人胸怀宽广，就会站得高、看得远，就会宽待他人、善待他人。有了这样的雅量，别人对自己的误解、偏见，乃至讽刺、挖苦、谩骂等就会统统不放在心里，更不会为此愁肠百结、郁愤难平、伺机报复，这样的人就会使人感到可亲、可敬、可佩。

一位名人曾说："如果他能从这扇门望见日出的美景，你又何必要他走向那扇窗去聆听鸟鸣呢？你听你的鸟鸣，他看他的日出，彼此都会有等量的美的感受。人与人偶有摩擦，往往都是由于缺乏那分雅量的缘故。因此，为了减少摩擦，增进和谐，我们必须努力培养雅量。"

雅量，不是看破红尘、心灰意冷，也不是与世无争、随波逐流，而是一种修养、一种境界。只有拥有雅量的人才真正懂得善待自己、善待别人，人生才会活出大境界。

心境平和，对自己说"不要紧"

在生活中，我们遇到不如意的事，学会对自己说"没关系"，会让你的生命更有光彩。

田丽曾经是一个多愁善感的女孩，面临生活中一些不如意的事常常会觉得孤立无援，然而一位教授的一节课，却让她改变了自己对生活的看法。

有一次，一位德高望重的教育学教授在田丽的班上说：“我有句三字箴言要奉送各位，它对你们的教学和生活都会有帮助，而且可使人心境平和，这3个字就是：‘不要紧。’”

田丽领会到了那句三字箴言所蕴涵的智慧，于是便在笔记簿上端端正正地写下了“不要紧”3个大字。她决定不让挫折感和失望破坏自己平和的心情。

后来，她的心态遭到了考验。她爱上了英俊潇洒的周云。他对她很要紧，田丽确信他是自己的白马王子。

可是有一天晚上，周云温柔婉转地对田丽说，他只把她当作普通朋友。田丽以他为中心构想的世界当时就土崩瓦解了。那天夜里田丽在卧室里哭泣时，觉得记事簿上的“不要紧”那几个字看来很荒唐。“要紧得很，”她喃喃地说，“我爱他，没有他我就不能活。”

但第二天早上田丽醒来再看到这3个字之后，就开始分析自己的情况：到底有多要紧？周云很重要，自己很要紧，我们的快乐也很要紧。但自己希望和一个不爱自己的人结婚吗？

日子一天天地过去，田丽发现没有周云自己也可以照常生活。田丽觉得自己仍然能快乐，将来肯定会有另一个人进入自己的生活；即使没有，她也仍然能快乐。

几年后，一个更适合田丽的人真的来了。在兴奋地筹备婚礼的时候，她把“不要紧”这3个字抛到九霄云外。她不再要这3个字了，她觉得以后将永远快乐，她的生命中不会再有挫折和失望了。

婚姻生活和生儿育女不会有挫折失望？这当然不可能。有一天，丈夫和田丽得到一个坏消息：他们破产了。

丈夫把信念给田丽听了之后，她看到他双手捧着额头。她感到一阵凄酸，胃像扭作一团似的难受。田丽想起那句三字箴言："不要紧。"她心里想："真的，这一次可真的是要紧！"

可是，就在这时候，小儿子用力敲打他的积木的声音转移了田丽的注意力。他看见妈妈看着他，就停止了敲击，对她笑着，那副笑容真是无价之宝。田丽把视线越过他的头望出窗外，有两个小孩正在兴高采烈地合力堆沙堡。在她们的后面，田丽家的几棵洋槐树映衬着无边无际的晴朗碧空。田丽觉得自己的胃不痛了，心情也恢复了平和，她还感到自己在微笑。于是她对丈夫说："一切都会好起来的，损失的只是金钱。实在'不要紧'。"

生命中有很多突发的变故，会给我们的心灵带来巨大的压力，很多人会因为这些压力而变得一蹶不振，甚至会因此而失去生活的勇气。

卡耐基曾说："正如杨柳承受风雨，水适于一切容器一样，我们也要学会承受一切不可逆转的事实，对于那些必然之事我们要学会主动而轻快地承受。"面对这些人生的狂风暴雨，如果我们都能够对自己说一句"不要紧"，然后平静地接受它，时刻保持积极的心态，那么这些人生困难终将过去。

谅解是痛苦的止损点

人生本是一个克服痛苦的过程，悲观主义者们认为欲望根植着痛苦，欲望不止，痛苦不止，乐观的人则会苦中作乐，品出痛苦背后的甜。然而，无论世事怎样变幻，人们都在寻找着痛苦的出口。纵观各种人的痛苦，我们不难发现，痛苦是自身对自身的束缚，当任何事不如己愿时都会造成痛苦，这主要是我们不肯谅解的缘故。

如果你谅解他人，他人则不会给你带来痛苦；如果你谅解自己，自己也不会因情绪的纠结而痛苦；如果你谅解目光所及的一切，一切都不会给你带来痛苦。谅解是痛苦的止损点，你什么时候学会了谅解，也就远离了痛苦。

谅解不是语言上说说就算的事，真正的谅解是从内心里不计较。谅

解，需要真诚地接受；谅解，需要坦然地忘却；谅解，需要有退一步海阔天空的胸怀。朋友间的谅解，是一笑泯恩仇的释然；亲人之间的谅解，是亲缘的无可割断；夫妻间的谅解，是吵过嘴后轻轻递给对方的那杯香茶；同事之间的谅解，是大家同心协力完成工作。学会了谅解，你才会真正明白什么叫“反观自己难全是，细论人家未尽非”。学会了谅解，你才能真正享受到“处处绿杨堪系马，家家有路到长安”的潇洒。

有一次，萧伯纳正在街上走着，被一个冒失鬼骑车撞倒在地上，幸好并无大碍。肇事者急忙扶起他，连声道歉，萧伯纳却为这个撞到他的幸运的冒失鬼诙谐地解围，说：“可惜你运气不好，如果把我撞死的话，你很快就会名扬四海了。”这是怎样的一种大度，忍着疼痛宽慰了别人，也使自己的胸怀显得更加宽广。有时候，谅解就是这样一剂良药，于人于己都能赶走痛苦，带来轻松和快乐。

谅解就是那吹绿江南岸的春风，吹散了冬的寒气，给人以温暖；谅解就是那及时的好雨，滋润了万物，给人以微笑；谅解就是你痛苦的止损点，把痛苦都挡在心门之外。请别再因某件陈年往事而郁郁寡欢了，学着去谅解吧，从此生活就告别了痛苦。

不思八九，常想一二

常言道：人生不如意事常有八九。如果你因为种种原因让自己烦恼缠身，那你的人生将会患得患失，并总处于悲观、绝望中，让你的人生道路如负重爬山，举步维艰。如此一来，你的心灵也将被悲观绝望等情绪所窒息。

当然，我们总会遇到这样那样不如意的事，但不能因此而感到生活无趣，要善于包容一切，事情不会因为你的感觉而改变。事实上，你的处境也并没有你想象中的那么糟糕。换个角度，请忘记所有对你不好的人，用心去生活，不在乎是否有人为你鼓掌。因为在这个世界上，你比绝大多数的人都幸运。请别背着心灵的疤痕活下去，你会发现自己已经生活在人间的天堂。

一次，电视台转播音乐大师梅达的音乐会。梅达出场前胸前挂了一个花环。当他上台起劲儿地指挥乐队时，花瓣纷纷落到脚下。

“等他指挥完，”一位女士议论说，“他会站在一堆可爱的花瓣之中。”

“到时，”一位男士有点忧伤，“他颈上只会挂着一条绳索。”

同一件事情，乐观者往好处想，而悲观者往坏处想，两者的结果完全不同。显然，前者的乐观比后者的忧郁更容易让人奋进。正如马克思告诉我们的，“人的主观意识是对客观世界的反映，虽然它是被动的，但却有一定的主观能动性，而且对客观的事物有影响、促进和改变的作用”。

你的态度决定你的心情，影响你的健康，甚至改变你一生的际遇。培养乐观之心，凡事多往好处着想，使悲观与自己无缘，这是心理健康的前提，也是幸福人生的关键。

著名书法家于右任一生饱受沧桑，却淡泊名利，安详长寿。一天，一位朋友问他养生之道，于是他就指着客厅墙上的字画笑而不答。

朋友顺着于老的手指看到一幅写意莲花，旁边的对联是：“不思八九，常想一二。”

我们经常遇到两种人，一种人遇到挫折，就十分痛苦烦闷，甚于失去对生活的信心与热情，结果往往是生活中的困难和挫折就像一座不可跨越的高山，让他们生活在苦恼、烦闷中；而另外一种人遇到挫折和不幸时，却可以微微一笑，然后积极地与它们斗争，结果证明，困难、挫折、不幸都不是他们的对手，他们的生活总是充满阳光。

也许你的生活不尽如人意，也许它和你的期许差很远，如果你因此就伤神、苦恼、抱怨，那就错了。这也就到了你要改变心态的时候了，因为你的心态可以改变你的思想，思想将会变成你的行动，行动将会改变你的结果。你要拥有一个健康的心态，进可大富大贵，退可平凡生活。并要珍惜你现在拥有的生活，在生命中的每一刻，享受现在的幸福、寻找生活的乐趣、欣赏自己的所为。

包容是一种健康的心态，它是你心灵的灯塔，愿它永远守候在那里，让你在迷雾中看到方向，在风雨后看到阳光，在乌云里看到晴空。它把一个珍惜所有的心情放在你的手中，让你把所有的烦恼抛弃，化解人生路上的一切恩怨，得到宽恕、理解、信任和支持。

少一分怨恨，多一分快乐

我们都是普通人，不是圣贤，要让我们去爱自己的敌人，也许是非常勉强的，但是，仇恨只能够产生仇恨，所以，学会宽恕敌人甚至忘了所有的怨恨是有必要的。正如一位哲人所说：“忘记怨恨是一种博大的胸怀，它能包容人世间的喜怒哀乐。忘记怨恨是一种品格，它能使人生跃上新的台阶。”

北宋名臣范仲淹就是一个善于忘记仇恨的人。

景祐三年，范仲淹任吏部员外郎。当时，宰相吕夷简执政，朝中的官员多出自他的门下。范仲淹上奏了一个《百官图》，按照次序指明哪些人是正常的提拔，哪些人是破格提拔；哪些人提拔是因公，哪些人提拔是因私。并建议：任免近臣，凡超越常规的，不应该完全交给宰相去处理。他被吕夷简“指为狂肆，斥于外”，贬为饶州知州。

康定元年，西夏王李元昊率兵入侵，范仲淹被任命为陕西经略安抚副使，负责防御西夏军务。

这时，神宗下谕让范仲淹不要再纠缠和吕夷简过去不愉快的事。范仲淹“顿首”谢曰：“臣向论盖国家事，于夷简无憾也。”他的意思是：我过去议论的都是有关国家的大事，对吕夷简本人并没有什么怨恨。

吕夷简听说后，深感愧疚，连连说：“范公胸襟，胜我百倍！”

忘记怨恨就是忍耐。面对同事的批评、朋友的误解，过多的争辩和反击不可取，唯有冷静、忍耐、谅解最重要。

温斯顿·丘吉尔用自己的经验总结出：“报复是最为宝贵的，也是最没有收获的。”报复会让你的灵魂受到玷污，使你不再受到信任，变得愤世嫉俗而且充满偏见。怨恨会伤害人的精神，使你感到与社会的隔离，缺乏活力，没有精神。

一只蜂房里的蜂后把刚从蜂房里取出来的蜜献给天神。天神对蜂后的奉献很高兴，就答应给它所要求的任何东西。

蜂后于是请求天神说：“请你给我一根刺，如果有人要取我的蜜，我便可以刺他。”天神很不高兴，因为他很爱人类，但因为已经应许，不便拒绝蜂后的请求，于是天神回答：“你可以得到刺，但那刺会留在对方的伤口里，你将因为失去刺而死亡。”

报复是一把双刃剑，伤害别人的同时也会伤害到自身。心中想着报复别人，行为便趋向罪恶；心中有了恶，恶便支配了你的心灵，头脑被报复的念头所占据，报复也会回到自己的头上。

忘记怨恨就是快乐。人人都有痛苦，都有伤疤，经常去揭，便添新创，旧痕新伤难愈合。学会忘却，生活才有阳光，才有欢乐。如果没有忘却，人将会失去快乐，智慧将淹没在对过去的懊悔、痛苦和对未来的恐惧、忧虑与烦恼之中。

“处处绿杨堪系马，家家有路到长安。”宽厚待人，忘记怨恨，乃事业成功、家庭幸福美满之道。如果你事事斤斤计较，就会患得患失，活得很累很辛苦。

别为打翻的牛奶哭泣

人生一世，花开一季，谁都想让此生了无遗憾，谁都想让自己所做的每一件事永远正确，从而达到自己预期的目的。可这只能是一种美好的幻想。人不可能不做错事，不可能不走弯路。做了错事，走了弯路之后，有后悔情绪是很正常的，这是一种自我反省，正因为有了这种“积极的后悔”，我们才会在以后的人生路上走得更好、更稳。

但是，如果你纠缠住后悔不放，或羞愧万分，一蹶不振；或自惭形秽，自暴自弃，那么你的这种做法就是庸人自扰了。成功学大师拿破仑•希尔说：“当我读历史和传记并观察一般人如何度过艰苦的处境时，我既觉得吃惊，又羡慕那些能够把他们的忧虑和不幸忘掉并继续过快乐生活的人。”

无论你昨天过得有多糟糕，无论你今天有多懊恼，都无法回到过去了。一百个理由，一千种借口，也于事无补。所以，不要让昨天的懊恼影响今天的生活。

1871年春天，一个年轻人拿起一本书，看到了一句对他前途有莫大影响的话。他是蒙特瑞综合医科的一名学生，平日对生活充满了忧虑，担心通不过期末考试，为该做些什么事情、怎样才能开业、怎样才能生活而焦虑不安。

这位年轻的医科学生所看见的那一句话，后来帮助他成为著名的医学家，创建了全世界知名的约翰·霍普金斯学院，而他则成为牛津大学医学院的教授，这是学医的人所能得到的最高荣誉。他还被英国国王册封为爵士，他就是威廉·奥斯勒爵士。

下面就是他所看到的托马斯·卡莱里所写的一句话，帮他度过了无忧无虑的一生：“最重要的就是不要去看远方模糊的事，而要做好手边清楚的事。”

40年后，威廉·奥斯勒爵士在耶鲁大学发表了演讲，他对那些学生们说，人们传言他拥有“特殊的头脑”，其实不然，他周围的一些好朋友都知道，他的脑筋其实是“最普通不过了”。

那么，他成功的秘诀是什么呢？他认为这是因为他活在所谓“一个完全独立的今天里”。在他到耶鲁演讲的前一个月，他曾乘坐着一艘很大的海轮横渡大西洋。一天，他看见船长站在船舱里，按下一个按钮，发出一阵机械运转的声音，船的几个部分就立刻彼此隔绝开来，隔成几个完全防水的隔舱。

“你们每一个人，”奥斯勒爵士说，“都要比那艘大海轮精美得多，所要走的航程也要远得多，我要奉劝各位的是，你们也要学船长的样子控制一切，活在一个完全独立的今天，这才是航程中确保安全的最好方法。你有的是今天，断开过去，把已经过去的埋葬掉。断开那些会把傻子引上死亡之路的昨天，把明日紧紧地关在门外。未来就在今天，没有明天这个东西。

精力的浪费、精神的苦闷，都会紧紧跟着一个为未来担忧的人。养成一个生活好习惯，那就是生活在一个完全独立的今天里。”

奥斯勒博士接着说道：“为明日准备的最好办法，就是要集中你所有的智慧、所有的热忱，把今天的工作做得尽善尽美，这就是你能应付未来的唯一方法。”

奥斯勒博士的话值得我们每个人思考。其实，人生的一切成就都是由你“今天”的成就累积起来的，老想着昨天和明天，你的“今天”就永远没有成果。珍惜今天吧，只有珍惜今天，你才能有好的未来！

昨天是一张作废的支票，明天是一张期票，而今天是你唯一拥有的现金，只有好好把握今天，明天才会更美好、更光明。过去的已经过去，不要为打翻的牛奶而哭泣！

生活不可能重复过去的岁月，光阴似箭，来不及后悔。从过去的错误中吸取教训，在以后的生活中不要重蹈覆辙，要知道“往者不可谏，来者犹可追”。

把握人生就要从当下开始，而不是总想着今后怎么样。把奋发拖延到明天是懦夫的表现，是消极思想的典型体现。我们要想积极生活，就应该把握现在，把握今天。

忘记惹你生气的人

宽恕是文明的责罚。在有权力责罚时而不责罚，就是宽恕；在有能力报复时而不报复，就是宽恕。做人做事应当拥有这种宽恕的德行。

写过不少美妙儿童故事的英国学者路易斯小时候常受凶恶的老师侮辱，心灵深受创伤。他几乎一生都不能宽恕这位伤害过自己的老师，且又因为自己的不能宽恕而感到困扰。然而，在他去世前不久，他写信告诉朋友道："两三星期前，我忽然醒悟，终于宽恕了那位使我童年极不愉快的老师。多年来我一直努力想做到这一点，每次以为自己已经做到，却发觉还需再努力一试。可是这次我觉得我的确做到了。"这真是大彻大悟啊！

真的，仇恨的习惯是难以破除的。和其他许多坏习惯一样，我们通常要把它粉碎很多次，才能把它完全消灭。伤害愈深，心理调整所需要的时间就愈长。久而久之，总会慢慢地把它消灭。

斯宾诺莎说："心不是靠武力征服，而是靠爱和宽容大度征服。"如果一个人能原谅、宽容别人的冒犯，就证明他的心灵超越了一切伤害。做人要心胸开阔，对事要思想开明。宽恕人家所不能宽恕的，是一种高贵的行为。

人们在受到伤害的时候，最容易产生两种不同的反应：一种是憎恨，一种是宽恕。

憎恨的情绪，使人一再地浸泡在痛苦的深渊里。如果憎恨的情绪持续在心里发酵，可能会使生活逐渐失去秩序，行为越来越极端，最后一发不可收拾。

而宽恕就不同了。宽恕必须随被伤害的事实经历从"怨怒伤痛"到"没什么"这样的情绪转折，最后认识到不宽恕的坏处，从而积极地去思考如何原谅对方。

有一个人问艾森豪威尔将军的儿子约翰："你父亲会不会一

直怀恨别人？”“不会，”他回答，“我爸爸从来不浪费一分钟，去想那些不喜欢的人。”

有句老话说：不能生气的人是笨蛋，而不去生气的人才是聪明人。这也是纽约前州长盖诺所推崇的。他被一份内幕小报攻击得体无完肤之后，又被一个疯子打了一枪，这让他几乎送命。当他躺在医院的时候，他说：“每天晚上我都原谅所有的事情和每一个人，这样，我才很快乐。”

有一次，一个人问巴鲁曲，他曾经做过威尔逊、哈定、柯立芝、胡佛、罗斯福和杜鲁门6位总统的顾问，会不会因为他的敌人攻击他而难过。“没有一个人能够羞辱我或者干扰我，”他回答说，“我不让自己这样做。”

也没有人能够羞辱或困扰你，除非你让自己这样做。

棍子和石头也许能打断我们的骨头，可是言语永远也无法伤害到我们，这样我们才会生活得很快乐。忘记惹你生气的人，这样做才是明智的。

当看到别人“犯错”时你最好这样：

首先，告诉自己，“未必如此”。别人的做法未必是错误的，也许自己还没有理解别人的真实用意。每个人对别人的判断都会受到自己主观因素的影响，不一定完全公正，武断地得出结论很容易引起误会甚至冲突。所以，在做出决定前，一定要弄清楚所有事实。

其次，如果你确定对方犯了错，那就告诉自己：“人难免会……”人非圣贤，孰能无过，自己应当设法宽恕对方的过错，这样才能将谈话或工作进行下去，也可以让你赢得更多的朋友。

再次，如果你为此苦恼甚至动怒，那就问问自己，值得为别人的过失而付出使自己不快乐的代价吗？

最后，要通过培养自律、自控的能力，避免自己陷入失控的泥潭。

与错误握手言和

在社会科学的课堂上，教授向学生们介绍阿米西人的生活形态与风俗习惯，并播放一部影片。那是教授特地到宾夕法尼亚州阿米西人聚居的城市——兰开斯特拍摄的，内容是城市风光以及阿米西人的风俗民情。兰开斯特同时也是各国游客常常前往参观的旅游胜地。

看完了精彩的影片，同学们纷纷向教授提出很多与阿米西人有关的问题。突然，有一位女同学站了起来，向教授说："我觉得你不该拍这部影片，我认为你这么做，侵犯了阿米西人的人身自由。他们跟我们一样是人，难道只因为他们保持传统的生活习惯，就得被当成动物般地观赏？这样太不公平，我觉得你做错了。"

为了教学而精心制作这部影片的教授，仿佛突然被泼了一大桶冷水，当众被学生指责实在很尴尬。他说："我不认为我有什么不对，我是为了教学，才到那里拍摄影片，何况那儿原本就是观光胜地，并没有不能拍影片的限制，很多人也这么做啊。"女学生不赞同这种说法，继续与教授争辩，气氛愈来愈僵，两人各执其词，互不相让。最后，女学生怒气冲冲地说："我不听你的课了，我要走了。"教授也说："你走吧，我不会在乎。"

那时已近期末，眼见就要拿到学分，如果那名女同学退了这一堂课，不但得不到学分，成绩单上也会留下不及格的记录。通常只有读不下去的学生才会退修课程。接下来的一堂课没见到她，同学们都为她感到惋惜。

但是，再接下来的那堂课，她又出现了。教授走进教室时，她主动走上前向他道歉，她说：“教授，我真心地向你说声对不起。这几天我一直在检讨自己，虽然我有我的想法和信仰，但是我忽略了你对教学所付出的辛劳，忽略了你尽心尽力地对教学负责任。我有不对的地方，请你原谅我。”教授也说：“真高兴你回来了，我知道我也有错，我只顾着做自己认为该做的事，却疏忽了对别人应有的尊重与关怀。我也要感谢你，给我上了宝贵的一课。”他俩握手言和，相视而笑。

人非圣贤，孰能无过。对待错误，要保有正确的心态。在日常生活中犯错误是难免的，只要敢于承认错误，就是一个真诚而值得信赖的人。所以，对错误，不要有恐惧心理，而应调整好自己的心态，正确地对待。只有如此，才能勇于承认自己的错误。

第十三章

包容忍耐 才能不断超越

忍辱负重，方成大业

“生当做人杰，死亦为鬼雄。至今思项羽，不肯过江东。”这是著名女词人李清照赞颂西楚霸王项羽的一首诗，诗中虽然充满了豪情，但却难免给人英雄气短的感觉。试想一下，如果当年项羽能够忍受一时的屈辱，过得江东之后重整人马，那么历史便很有可能被改写。

而他的对手刘邦，则将一个“忍”字发挥到了极致。刘邦为了将来前程似锦，忍住浮华诱惑，忍辱负重，锋芒暂隐，静待转机。这也许正是他最终胜过项羽的原因。当时咸阳城内王室发生剧变，已经明显影响到了秦军的士气，恰逢刘邦招降，众士兵正中下怀，项羽这边听说刘邦西征军已经接近武关的消息，也颇为着急。章邯投降后，项羽不再有任何阻碍，率军火速攻向关中盆地的东边大门——函谷关。

十月，刘邦军团进至灞上。咸阳城已完全没有了防卫的能力，秦王子婴主动投降，秦王朝正式灭亡。

刘邦大军历尽千辛万苦终于进入咸阳，此时刘邦对日后称霸天下有了莫大的野心和信心。

同时，面对扑面而来的荣华富贵，

喜好享乐的他，竟然一时忘乎所以，自然忍不住心动。想起年少时的狂言："大丈夫当如是也。"一切都这样不可思议地唾手可得。

刘邦出身低微，进入咸阳城内，面对扑面而来的荣华富贵，一时有些忘乎所以。但在张良等人的劝说下，为了长远的未来，刘邦忍下了享受的心。

一个"忍"字的功夫怎生了得，它成全了刘邦，是刘邦成就霸业不可多得的秘密武器。而项羽，在民心方面，明显不如刘邦。项羽嗜杀成性，不管对方是否投降，一律斩杀。他曾在一夜之间，设计杀害了20万秦国降军。项羽因为此事而在秦国人民心中臭名昭著。

项羽残杀秦国兵士，刘邦却与秦地父老约法三章，谁优谁劣，天下人自然明白。刘邦轻易便为自己赢得了百姓的信任。项羽虽然勇猛，但是做一国之君的话，尚嫌粗莽。在忍耐这一方面，刘邦的功夫显然比项羽的功夫要到家。但是刘邦并非一忍再忍，还军灞上之后，仍对咸阳城念念不忘。

随后，刘邦在"鸿门宴"中更是将"忍"刻在了心头。这一场心理战，决定了最后的结局。刘邦在得知项羽要进攻的时候，镇定地用谎言骗住了项羽，使得项羽留给了刘邦一条生路。而项羽始终轻敌，尤其忽视了刘邦这个手下败将。他认为以刘邦的兵力，绝对不是他的对手。但是刘邦不跟他斗勇，刘邦喜欢斗智。

这就注定了项羽的悲剧命运。就勇猛来说，项羽力拔山兮气盖世；就智慧来说，项羽也不乏胆识与聪明；就实力来说，项羽是一代霸王，有过众望所归的气势。然而，就是一个不能忍，破坏了全部的计划，影响了最终的结局。可见，“忍”的力量无穷无尽。

小不忍则乱大谋，忍人一时之疑，一定之辱，一方面是脱离被动的局面，同时也是一种对意志、毅力的磨炼，为日后的发愤图强和励精图治奠定一定的基础。而不能忍者，则要品尝因自己急躁播下的苦果。

委曲才能求全

很多时候，暂时的败、一时的退、短期的弱对事业和人生来说都不一定是坏事。相反，它会为你的下一次进步积蓄冲击力。为人处世要有退步的气魄，要学会退，以退为进。要学会委曲求全，始终相信纵然有一时的不如意，也终将成为过去。

“委曲求全”一词蕴含着古人的智慧，只有委曲一时，才能让怒火消除，让人冷静处事，那么做错事的概率也就会降到最低。

明朝安肃有个叫赵豫的人。宣德和正统时期，他曾经任松江知府。在任期间，赵豫对老百姓问寒问暖，关怀备至，深得松江老百姓的爱戴。

赵豫有一个非常奇特的处理日常事务的方法，他的下属称之为“明日办”。每次他见到来打官司的老百姓，如果不是很急的事，他总是慢条斯理地说：“各位消消气，明日再来吧。”起先，大家对他的这套工作方法不以为然，认为这实在是一个懒惰拖拉的知府，甚至还暗地里编了一句“松江知府明日来”的顺口溜讽刺他，都叫他“明日来”。

赵豫性格稳重，为人宽厚，听到这个绰号，总是淡淡地笑笑，从不责备叫他绰号的人。因为他的态度和蔼，对下属从没有声色俱厉过，所以，那些下属有什么话都敢于跟这位知府老爷说。

一天，一个下属问他：“大人，你为什么要这样做？这样做太伤害你的名誉了。”赵豫于是解释了“明日再来”的好处：“有很多的人来官府打官司，是乘着一时的愤激情绪，而经过冷静思考后，或者别人对他们加以劝解之后，气也就消了。气消而官司平息，这就少了很多的恩恩怨怨。”赵豫此招甚妙，虽然给自己戴上了“懒惰拖拉”的帽子，但是人们的情绪却能够冷却下来，官司因此而平息，百姓因此而和睦，由此我们可以说：“委曲可以求全。”

退后一步，对事情进行“冷处理”，有助于缓和情绪，让问题得到更好地解决。赵豫的“明日再来”这种处理一般官司的做法，是合乎人的心理规律的。经过一天的冷却，当事人不急躁了，才能理智地对待所发生的一切。这种“冷处理”包含为人处世的高度智慧，把它用在生活中，会避免不必要的争执。

正如跳高、跳远，要退到后面很远的地方，起跳时才会有更强的冲击力。生活也是如此，退后一步，就是为了更好地前进。一时的委屈是为了长久的安然。忍一时的不冷静，对人对己都有好处。当不愉快的事情发生后，退一步想，就会海阔天空。

在实际生活中，不管你多么有能耐，多么无情，总是有人比你更有能耐，更加无情。拼个鱼死网破，倒不如后退几步，另求他路。

古往今来，安世处身者大有人在，曲径通幽，卧薪尝胆，委曲求全，最终成大业者都经历过退步，才能干出轰轰烈烈的壮举。退后一步，即使一时处于低势，却在心灵上获得了某种轻松、潇洒的感觉。

切莫感情用事

正所谓：“酒是穿肠毒药，色是刮骨钢刀，气是下山猛虎，怒是惹祸根苗。”愤怒就像决堤的洪水那样淹没人的理智，让人做出不可思议的蠢事，甚至招来杀身之祸。

张飞脾气暴躁，常常因为一点小事而大动肝火。当他得知关羽败走麦城而丧命时，旦夕号泣，血泪衣襟，愤恨不已，发誓定要血刃仇人。

张飞下令军中，限3日内置办白旗白甲，三军挂孝伐吴。次日，两员末将范疆和张达告诉张飞：“白旗白甲，一时无可措置，须宽限时日。”

张飞大怒，喝道：“我急着想报仇，恨不得明日便到逆贼之境，你们怎么敢违抗我的命令！”说罢，便让人把二人绑在树上，每人鞭抽了50下。

打完之后，张飞余怒未消，用手指着两人说：“明天一定要全部完备！若违了期限，就杀你们两人示众！”

被打得满口吐血的两人到帐中商议，范疆说：“今日受了刑责，倒也无所谓，可我们怎能在短短一天内将装备筹措齐备？张飞性暴如火，如果明天置办不齐，你我皆有杀身之祸。”

张达说：“张飞爱酒，每日必饮。如果我们两个不应当死，那么他就醉在床上；如果应当死，那么他就不醉好了。”当下商议妥当。

当天晚上，张飞又哭又骂，喝得烂醉如泥，卧在帐中，鼾声如雷。范张二人探知消息，心中大喜。

初更时分，两人各怀利刃潜入帐中，摸到张飞床前，突见张飞双目圆睁，躺在床上。两人大惊，刚欲逃走，又听得张飞打起了鼾，但眼睛仍然睁着。原来张飞睡觉时眼睛是睁开的。

两人不再犹豫，斩下张飞的首级，骑快马星夜逃奔东吴去了。

西方有句经典谚语：“上帝要想让一个人灭亡，必先使他疯狂！”愤怒就像决堤的洪水那样淹没人的理智，让人做出不可思议的蠢事。“忍”字头上一把刀，忍耐会有痛苦；“忍”字下面一颗心，忍耐会受煎熬；忍耐就好似手刃自己的心，需要时间等待伤口慢慢愈合。忍得头上乌云散，拨开云雾见阳光。

某大公司老板巡视仓库，发现一个工人正坐在地上看连环画。老板最恨工人在工作时间偷懒，于是怒不可遏地问：“你一个月挣多少钱？”

“1000元。”工人回答。老板立刻掏出1000元给他，并大叫：“拿了钱给我滚！”事后，老板责问后勤主管：“那工人是谁介绍来的？”主管说：“那人不是公司员工啊，而是其他公司派来送货的。”

当然，这只不过是一个笑话，但也从侧面反映了人在愤怒状态下失去理智的情形。不分青红皂白，一时的冲动很有可能会断送自己的大好前程，造成严重的后果。

哲学家康德说：“生气，是用别人的错误惩罚自己。”的确，冲动就有这样的魔力，让人身不由己，敢做平时不敢做的事情，愿做平时不愿意做的事情，就好像失去理智的罪犯那样走上极端，亲手毁掉自身的幸福。

所以，每个人都不要轻易地冲动，学会忍耐，要把愤怒赶得无影无踪，用平常、平淡的心理，理智地对待各种事情。

小不忍则乱大谋

“小不忍则乱大谋。”这是中华民族5000年来的智慧浓缩，是华夏子孙生生不息的古老传承。能承受者，不计较一城一池的得失，更不逞一时的口舌之快；能成功者，首先要能够付出，其次是能够承受，最重要的，是能够忍耐。武则天是我国历史上唯一的一位女皇帝，对于她的评判，历来毁誉参半，作为一名杰出的政治家，她固然有其奸诈、阴狠的一面，但是她的大气、豪迈，也令后来者为之赞叹。徐敬业在扬州造反时，骆宾王起草了讨武檄文，曰：“昔充太宗下陈，常以更衣入侍。洎乎晚节，秽乱春宫。潜隐先帝之私，阴图后庭之嬖。入门见嫉，蛾眉不

肯让人；掩袖工谗，狐媚偏能惑主。践元后于翚翟，隐吾君于聚麀。加以虺蜴为心，豺狼成性，近狎邪僻，残害忠良。杀姊屠兄，弑君鸩母。人神之所用嫉，天地之所不容。”

如此的谩骂攻击，连那些读檄文的大臣也为之色变，但是武则天却非常欣赏为文者的文采，竟询问檄文的作者是何人。当她知道是骆宾王时，叹道：“如此天才使之沦为叛逆，宰相的过错呀。”没有如此的慨然大气，恐怕武则天无论有多少雄才伟略、阴谋诡计，也无法打破“女子不得干政”的铁律，将大唐江山牢牢握在手心。不与侮辱自己的敌人计较，并不是说要让自己毫无原则，而是要忘却侮辱带来的烦恼，化敌为友，展现自己的素养。

哲学家康德曾说：“生气，是拿别人的错误惩罚自己。”人与人的差别，有时在于如何对待受气，在于能不能承受“气”。

当你自己什么都不是时，有人挖苦你、踩贬你是很正常的。自己不争气是因，别人气你是果。不从自己身上找原因，不自强自胜，就改变不了受气的情境。当你成功时，情况就会不一样。在非洲的草原上，有一种吸血蝙蝠。它的身体极小，但却是野马的天敌。这种动物专靠吸动物的血生

存，它在攻击野马时，就附在马腿上，用锋利的牙齿刺破野马的腿，然后用尖尖的嘴吸血。无论野马怎么发疯地蹦跳、狂奔都无法驱赶掉这种蝙蝠。而蝙蝠却可以从容地吸附在野马身上或是落在野马的头上，直到吸饱吸足后，才心满意足地飞去。因此，野马常常在暴怒、狂奔、流血中无可奈何地死去。

动物学家们在分析这一问题时，一致认为吸血蝙蝠所吸的血量微不足道，远不至于会让野马死去，野马的死是由于它本身暴怒的习性和狂奔所致。不能忍者必然被焦虑、愤怒、抑郁等不良情绪困扰着，导致情绪失控，其实最后受伤害的是自己。对于理智的人而言，学会忍耐是必不可少的人生功课。俄国文学家屠格涅夫在“开口之前，先把舌头在嘴里转个圈”，即动怒之前先不讲话，以缓和不良情绪。当需求受阻或遭受挫折时，可以用满足另一种需求的方式来减弱自己的挫败感，以发挥自身的优势，激发自信心。

不必过于较真

佛认为：我们所有的人之所以有烦恼，是因为我们太执着，为一些无关紧要的小事斤斤计较。其实很多事情，太较真又能怎样，论理论不出两重天，说真说不出二番理。

古今中外，凡是能成大事的人都具有一种优秀的品质，那就是豁达而不拘小节，大处着眼而不会目光如豆，不斤斤计较，不纠缠于非原则的琐事，能容人所不能容，忍人所不能忍，善于求大同存小异，团结大多数人。他们极有胸怀，所以他们才能成大事、

立大业，使自己成为不平凡的伟人。

很多人之所以事事较真，也许只是一种不能容忍不完美的心态在作怪。实际上，在人际交往中，别人不可能完全按照我们的意思来与我们沟通，因此，以自己的需求来要求别人，未免不近人情，最后还可能会失去别人对自己的信任和理解。

老子是一个生活态度非常淡然的人，他一直崇尚不较真的处世态度。

一次，有一个人去拜访老子。到了老子家中，看到室内凌乱不堪，心中感到吃惊。于是，他大声贬损了一通，骂老子愚不可及，便扬长而去。翌日，他又回来向老子致歉。老子淡然地说："你好像很在意智者的概念，其实对我来说，这是毫无意义的。因此，如果昨天你说我是马的话我也会承认的。因为别人既然这么认为，一定有他的根据，假如我顶撞回去，他一定会贬得更厉害。这就是我从来不去反驳别人的缘故。"

从这则故事中，我们可以得到如下启示：当双方发生矛盾或冲突时，对于别人的批评，除了虚心接受之外，还要养成毫不在意的心态。人与人之间发生矛盾的时候太多

了，因此，一定要心胸豁达，有涵养，能忍耐，不要为了不值得的小事去生气，去较真。

生活中本来就有一些人喜欢论人长短，在背后说三道四，如果听到有人这样谈论自己，完全不必理睬。只要自己能自由自在按自己的方式生活，又何必让别人的意见来左右自己呢？

因此，我们说：有些事情不必太较真。人非圣贤，孰能无过。与人相处就要互相谅解，经常以“难得糊涂”自勉，求大同存小异，能忍耐，有肚量，你就会有许多朋友，且左右逢源，诸事遂愿；相反，“明察秋毫”，过分挑剔，眼里容不得半粒沙子，什么鸡毛蒜皮的小事都要论个是非曲直，人家也会躲你远远的，最后，你只能关起门来做“孤家寡人”了。

因此，无论是在什么样的场合，我们都不能过于较真，不妨糊涂一下，以宽大为怀，将其当作眼前浮云，掠过即可。

坦然面对流言蜚语

古人云：“口能吐玫瑰，也能吐蒺藜。”对于别人的妄言，如果我们不想被它所伤害，那就不要去理会它。

人生活在世界上，是非成败，不免有他人说三道四，道短论长。有些人对那些无中生有的污蔑表现得异常激愤，甚至反唇相讥，其实那是没有必要的。如果让这种攻击干扰了我们正常的心态和生活的秩序，是得不偿失的。

宋朝有个叫吕蒙正的人，年纪轻轻的，却很有才华，皇帝因此很赏识他，就封他做了宰相。时间不长，就有官员经常在背后和别人说：“你看这个小子，没名没实的，他也配当宰相吗？”吕蒙正有时候听见了，却假装没有听见，大步走开了。吕蒙正的随从为他愤愤不平，准备利用手中的权力去好好治理一下这些大臣。吕蒙正知道后，急忙阻止了他们，吕蒙正对他们说：“如果完全知道了他们都是谁，那么我就会一辈子也忘不掉。这样的话，就会耿耿于怀，多么不好啊！因此，还是不要再继续寻查这些人都是谁了。”当时，手下的人都佩服他气量宽宏。也正是因为这件事情，曾经有人向皇帝打报告说：“吕蒙正为人太糊涂。”皇帝却说：“吕蒙正小事糊涂，大事不糊涂。正因如此，才适合做宰相。”

中外历史上的很多名人都受到过妄言的攻击，美国前总统罗斯福的夫人艾丽诺也一样，但她每一次都能泰然面对，她常常说：“避免别人攻击你的唯一方法就是，你得像一只有价值的精美的瓷器，有风度地静立在架子上。”这句话十分有道理，世间的事情都是复杂纷纭的，不可能也没必要样样事情都做到一丝不苟。对其他人恣意的妄言，如婆媳口角、优伶争俏、小丑作怪之类，不必太在意，事实会说明一切的。更何况别人攻击你，至少因为你具有某种重要性，别人才会去关注你、去议论你、去污蔑你。

小仲马的一位朋友对小仲马说：“我在外面听到许多关于你父亲大仲马的坏话。”

小仲马当即摆出了一副无所谓的样子，回答：“这些事情都不必去管它，我的父亲大仲马是很伟大的人。打个比方说，他就像是一条波涛汹涌的大江，你仔细地想想看，如果有人对着大江小便，那根本无伤大雅，不是吗？”

其实，胸怀宽广的人就该如此，对于听到别人的流言蜚语，应该再三客观地分析、判断，哪怕言辞激烈或只有百分之一的正确。之后，只要认为自己的做法合理，站得住脚，那么就可以坚持到底，不必妥协。对于那些纯属恶意的人身攻击、诽谤、诋毁、中伤，也不妨装聋作哑一番，豁达大度一些。同事之间、邻里之间，或是萍水相逢的路人之间，都不免会产生些摩擦，让别人说长道短，你如果也是斤斤计较，睚眦必报，这会激化矛盾，其结果是于人于己都不利。如果能做到“低调一点”，麻烦、恼火、损失自然就会少得多了。

法国19世纪的文学大师雨果曾说过这样一句话：“世界上最宽阔的是海洋，比海洋宽阔的是天空，比天空更宽阔的是人的胸怀。”包容是人类的美德，是一种高尚的品质，也是面对流言蜚语的一项重要原则。正所谓：海纳百川，有容乃大。荀子认为：“君子贤而能容罢，知而能容愚，博而能容浅，粹而能容杂。”面对流言蜚语，宽容是最好的调解剂。

善用“老二哲学”

自古以来，“老二哲学”始终存在于炎黄子孙的处世观念之中：臣子面对皇帝，要甘当老二，老大当道，一切都要以他为中心；

君子面对小人，也要甘当老二，任他再张狂，自己也要退一步为先；个人面对命运，还是甘当老二，三分人力，七分天命，识时务者为俊杰。

因为做老二，前面有一个可以追踪的目标，所以踏实；因为做老二，上面有一个执行的目标，所以集中；因为做老二，内心有一腔宽容，所以祥和。这正是我们中国人的理想境界。很多老二即使转正成了老大，也还是能够忍名利欲望、忍别人骑在自己的头上。因此，当了皇帝，成了名副其实的老大了，也要想方设法当老二，没人可以排在前头了，于是就给自己造出一个“天”，自称“天子”。

由此可见，老二哲学在中国人的处世之中占据着重要的地位。这是一种节制，同时也是一种进取。

历史上，曹操可谓是野心勃勃的人物，但是当有人让他称帝时，他说:“我不当皇帝，我当周公！”为什么？因为作为老二，进可攻、退可守，十分符合“君子不立于危墙之下”的人生哲学。一位佛学大师常讲“老二哲学”，一般人无法了解，因此他讲了这样一个故事：

刘家和李家相邻而居。李家内外融洽，家和万事兴，而刘家则整日吵架，鸡毛蒜皮满天飞。日子久了，刘家的家长很纳闷，就问李家的家长：“为什么我们家天天吵架，永无宁日，可是你们家一团和气，从来没有纠纷呢？”李家的家长微笑着说道：“因为你们家都是好人，所以总是吵架；我们家都是坏人，所以吵不起来。”

此言一出，甚是让人疑惑，刘家的家长自然无法理解，他于是追问道："这是什么意思呢？"

李家的家长耐心地解释道："比方说，有人打破了花瓶，你家的人都觉得自己没错，错在别人，一味地指责别人的不是，自然就争执不休了。而我们家的人怕伤害到家人，宁可先认错，打破花瓶的人马上道歉：'对不起！对不起！是我太不小心了。'对方也立刻自责：'不怪你！不怪你！都怪我没把花瓶放稳。'人人包揽责任，甘心承认错在自己，关系自然就和谐了。"

为了解释这个"老二哲学"，大师最后说："好人坏人、老大老二，乃至一切的人际关系都是这样，忍一时风平浪静。"争老大并不一定能成为真正意义上的老大，让老大，虽然屈居第二，

但是从胸怀、气度上已经赢了一筹，同时，还化解了一场纷争，何乐而不为呢？

当诸葛亮出现在周瑜的面前时，周公瑾长叹一声：“既生瑜，何生亮？”因不甘自己的智慧屈居诸葛亮之下，结果年纪轻轻就命丧黄泉，留下千古遗憾。

古人云：天外有天，人外有人。也许在某一个时刻，我们会独占鳌头，享受到“王者至尊”的荣誉，但是世事多变，说不定何时，就有人跨越我们的智慧，凌驾于我们之上，那时候，我们应该能够多退少进，多一点包容，学学“老二哲学”，能够屈居人下，这样，我们才有机会真正做到扭转乾坤，成为永远的“王者”。

动心忍性，增益不能

《孟子·告子下》中说：“天将降大任于斯人也，必先苦其心志，劳其筋骨，饿其体肤，空乏其身，行拂乱其所为，所以动心忍性，曾益其所不能。”一个“动心忍性”，将所有的屈辱都包含殆尽，为所有的忍耐立下了名目。

佛家崇尚“忍辱”，每一个修行者只有忍受得了不能忍受的侮辱，才能够静下心来，做到真正的大彻大悟。

法远圆监禅师在未证悟前，与天衣义怀禅师听说叶县地方归省禅师有高风，便约好一同前往叩参。

适逢寒冬，大雪纷飞，酷寒无比。同参共8人来到归省禅师处，归省禅师一见，不由分说即呵骂驱逐，众人抱着修行的目的，不愿离开。归省禅师于是用水泼他们，一时间，几个人成了“水人”。其他6人不能忍受如此侮辱，认为不过是修行而已，何必如此，于是愤怒离去。

只剩下法远与义怀整衣敷具，长跪祈请不退。过了一会，归省禅师又呵斥道：“你们还不去，难道待我棒打你们？”法远禅师诚恳地回答道：“我二人千里来此参学，岂以一杓水泼之便去？就是用棒责打，我们也不愿离开。”

归省禅师点点头，应允二人去挂单。法远禅师挂单后，曾任典座（煮饭）之职，有一次未曾禀告，即取油面作五味粥供养大众。归省禅师知道此事后，训斥道：“盗用常住之物，私供大众，除依清规责打外，并应依值偿还！”说后，吩咐人打了法远禅师30香板，将其衣物具估价后，悉数偿还已毕，就将法远驱逐出去。

法远禅师很是无奈，但是他的修佛之心很坚韧，仍不肯离去，每日于寺院房廊下立卧。归省禅师看见后又呵斥道：“这是院门房廊，是常住公有之所，你为何在此行卧？请将房租钱算给常住！”归省禅师于是要求值日僧给法远禅师追算房钱，法远禅师毫无难色，遂持钵到市街为人诵经，以化缘所得偿还。

事后不久，归省禅师对众教示道：“法远是真正参禅的法器！”并叫侍者请法远禅师进堂，当众付给法衣，号圆监禅师！

修佛之人眼里心里没有名利欲望，也没有怒气怨气，越是受辱之时，佛的宽广大度才越显得可贵。我们普通人如果能够做到这一点，那么，就一定能够心平气和，悠游处事。漫漫人生路，有太多的不如意，忍一时风平浪静，只要不忘记自己的最终使命，即使受辱于众，你还是你。因此，有时候受辱并不妨碍你日后的“一飞冲天”，相反，受辱反而会把“一鸣惊人”映衬得更加精彩。

从另一个角度上说，愚、拙、屈、讷都给人以消极、低下、委屈、无能的感觉，完全是一副弱者的表现，使人难以产生良好的第一印象，使人放弃戒惧或者与之竞争的心理，使人对它加以轻视和忽视。但愚、拙、屈、讷有时却是人为营造的迷惑外界的假象，目的正是为了要减少外界的压力，松懈对方的警惕，或使对方降低对自己的要求，而使自己轻松获益。

也因此，受辱之时的忍耐，才能突出人的境界，才能体现人与人相处的智慧，才能够深刻表现“难得糊涂”的高超智慧。

矜而不争，群而不党

其实，在那些拥有糊涂处世策略的人的哲学里，他们始终选择忍耐。当自己处于劣势时，他们审时度势选择忍耐；当别人技高一筹时，他们选择忍耐而厚积薄发。在忍耐的过程中，他们默默地修炼自己，提高自己。

毛泽东在《卜算子·咏梅》中是这样描写梅花的："风雨送春归，飞雪迎春到。已是悬崖百丈冰，犹有花枝俏。俏也不争春，只把春来报。待到山花烂漫时，她在丛中笑。"其中最吸引人的一句莫过于"俏也不争春，只把春来报"，梅花"有可争之才"，却没有"争春"之心，因此，在烂漫的山花中，她能悠然而笑。

与人相处，难免有高下之分，心中愤愤不平之事也是有的。此时，我们不妨糊涂些、洒脱些，做到"冷眼观潮，任潮起潮落"，正所谓："难得糊涂。"

然而，现实生活中却有很多人并不知道这个道理，无论何种事情，为了与别人一比高下，往往使尽浑身解数，用尽各种办法，甚至不惜钩心斗角，尔虞我诈，结果浪费了人力物力，得不偿失。住海边的人都知道：自由的螃蟹并不愚蠢，而那些被抓进鱼篓里的螃蟹就变得愚不可及。有一则故事这样说道：

一路人见渔民背着一个没有盖子的鱼篓，鱼篓里装满了螃蟹，有几只螃蟹已经爬到了边沿，于是提醒渔民说：装螃蟹的鱼篓没加盖子，小心螃蟹跑掉。渔民笑着说：放心吧，不会跑的。路人不明所以，细问原因，渔民道出原委：鱼篓不加盖子，螃蟹本来可以很容易爬出来跑掉，但是由于螃蟹的嫉妒心很强，当一只螃蟹往上爬的时候，其他的螃蟹就会紧紧地抓着它不放，直到它停止爬行，重新掉回到鱼篓里。就这样，最终没有一只螃蟹能爬出来。

螃蟹之间因为相争，而没有一只能够逃脱，这是它们的可悲之处。可是，我们人类不是也在步步演绎着这种悲剧吗？很多人为了突出自己，自作聪明地把那些成绩比自己好、进步比自己快的人往下打压，即使平时说话也十分尖刻，其目的只有一个，那就是把他拉回到以前那种与自己平等的水平线上。我差，你绝不能比我好，就像螃蟹一样，我出不了鱼篓你也别想跑掉，你好你强的同时，也就显现了我差我弱。结果怎样可想而知。

在一些“明白人”的哲学里，钩心斗角、尔虞我诈就是一种处世的策略，为了自己的前途，不惜一切代价，多多为敌人设置障碍。这种策略在一定程度上的确会有些效用，唐玄宗身边的李林甫，宋高宗身边的秦桧都是这一号角色。然而。这些祸国殃民的蛀虫，最终都身败名裂，为千古所不齿。

该妥协时就妥协

“决不妥协”一词显示了人们的骨气和刚性，一直以来深为人们所称道。但是，凡事无绝对，这种处世原则也并非是放之四海而皆准的。老子曾说：“万物负阴而抱阳，冲气以为和。”阴阳本来是互不相容的两个矛盾体，然而自然要想达到和谐，阴阳就必然要相容，同样，很多矛盾都是如此，如果想要解决问题，对立的双方就必须要大气，能容得了对方。特别是在社交中，我们更要有妥协的度量。

晋代人裴遐在东平将军周馥的家里做客。两人开始下围棋时，周馥的司马过来劝酒。裴遐正玩在兴头上，所以，递过来的酒没有及时喝。司马很生气，以为轻慢了他，就顺手拖了裴遐一下，结果把裴遐拖倒在地。旁边的人都吓了一跳，以为这种难堪是难以忍受的。谁知裴遐慢慢爬起来，坐到座位上，举止若定，表情安详，若无其事地继续下棋。王衍后来问裴遐，当时为什么能面不改色。裴遐回答说："仅仅是因为我当时很糊涂。"

裴遐不显山不露水，以妥协化解了一场纠纷，看似木讷、迟钝、迂腐，实则是大智。善于妥协，不仅是一种明智，也是一种美德。能够妥协，意味着将对方的利益看得和自身利益同样重要。在个人权利日趋平等的现代社会中，人与人之间的尊重是相互的。只有尊重他人，才能获得他人的尊重。因此，善于妥协就会赢得别人更多的尊重，成为生活中的智者和强者。

《忍经》上有这样一则故事：刘伶曾经喝醉酒，与一人发生冲突。那人挽起衣袖，握拳冲过来。刘伶说：“我这像鸡肋一样的身子抵挡不住老兄的拳头。”那人大笑而收起拳头。刘伶以妥协避免了一场争斗。

与别人相处时，我们还需要一些理性的妥协。理性的妥协是消除“应激反应”、适应社会环境的一种健康的心态，更是人际关系中的一种良好的合作行为，就像是在两个不同的数字之间去寻找一个公约数。

但是，理性的妥协并不等于麻木、怠惰、迂腐和世俗，并不意味着放弃原则，一味地让步，而是一种宽怀、忍让，是糊涂策略中的一项艺术。妥协是人在群体生活当中必须学会的一种本领和技能。妥协需要有高超的忍耐和涵养。

妥协是人际交往中不可或缺的润滑剂，发挥着越来越重要的作用。比如在市场上，买家与卖家经过讨价还价，最终以双方的妥协而成交。

于个人来讲，妥协能够使人左右逢源，进退自如；于团队来讲，妥协能够沟通意见、团结同事，形成战斗力；于世界来讲，妥协能够加深理解、达成共识，化干戈为玉帛。

生活中的事总会有些说不清道不白或不尽人意的地方，但为了生活的微笑，为了缓解情绪，为了给人生航程“清淤”导航，你不妨学会理性的妥协。

忍一时之气，免百日之忧

从某种意义上说，忍耐是一种人生的大智慧。古人云：忍一时之气，可免百日之忧。忍耐是一种弹性前进策略，就像战争中的防御和后退，有时恰恰是迎取胜利的一种必要战术。

汉高祖刘邦去世后，吕后临朝称制。匈奴单于冒顿本已很轻视刘邦，现在一妇人上台执政，他更加肆无忌惮，便想挑起战端。他派使者给吕后送去一封信，信上说："孤独苦闷的君王，生于荒野大泽之中，长于旷野牛马蕃育的区域，多次到达边境，希望能游览中国。陛下独立，孤独苦闷孀居。两位君主都不高兴，也没办法让自己快乐起来，希望以我的所有，换你的所无。"

吕后见信后勃然大怒："好一个不知死活的匈奴冒顿，竟敢调戏到孤家头上，想是活得不耐烦了。"于是，她召集群臣商议，要大举讨伐匈奴以雪此辱，以泄此恨。

吕后的妹夫樊哙率先请命道："我愿带10万人马，横行匈奴之中。"

吕后大喜，季布却怒声叱道："樊哙理应斩首。"

朝堂上的人都吓了一跳，季布吃了雄心豹子胆竟要斩元勋国戚。

季布接着说："当年高帝率30万精兵讨伐匈奴，却被围困在平城7日7夜。那时樊将军也在军中，却无计可施。今日为何就能以10万人马横行匈奴之中呢？这不过是当面阿谀陛下，犯了欺君之罪，按律当斩。"

樊哙无言以对，其他众将也纷纷附和说，以高帝之英武，尚被困于平城，匈奴势力强盛，委实不宜挑起战端。

吕后见众将意思一致，回头细想也确实如此，便忍下这口恶气，退朝回到宫内，不再提讨伐匈奴的事了。

过后吕后为安抚单于冒顿，居然放下架子，婉转地写了一封和解信，说："单于不忘我中国，赐给书信，我等国人都很恐惧，我自思自忖，身体老迈，气息也衰弱，牙齿也脱落得差不多了，走路的步子都不均匀，单于听信了传言，我实在不足以使您自污。我国无罪，应在您赦免之列。我有自己坐的车2辆、马8匹，送给您平时乘坐。"然后她派宦官张泽送去。

单于冒顿原以为汉朝一定会倾竭国力攻击自己，所以严加戒备，没想到等来的却是这般礼遇。再想想，如若自己与汉硬拼，实在也占不得什么便宜，便派使者送给吕后好马，回信说："我生长荒野，没听过中国的礼仪，多亏陛下赦免了我。"便又和汉朝和亲。

吕后性格刚毅、心狠手辣，汉初几大功臣有两位直接死在她手上，即韩信和彭越。然而，面对匈奴单于的侮辱和挑衅，她不但采纳众将的意思忍耐住了，而且还以谦卑的姿态回了一封信，倒使得冒顿心生惭愧，回信谢罪，并达成了和亲。吕后执政时边塞得以无事，民众得以休养生息，就是因为吕后能够忍下单于之气。

王林从单位辞职以后来到深圳打工，他在一家私人企业做了几天文员后，就被解雇了。过了一段时间他仍然没有找到工作，已经到了山穷水尽的地步。

一天，他身无分文，坐在街心公园歇息。忽然间想到这里还有一个老乡在某个报社做编辑，于是他强打精神去找那个老乡借钱。他好不容易找到了那位老乡，但老乡一见他的狼狈样就知道是来借钱的，于是故意装作没有看见他。在王林小心地打了招呼后，老乡才问他有什么事。于是王林更加小心地讲明了自己的困境。老乡不耐烦地掏出10元钱扔在桌子上，说自己今天身上没有多带钱并且马上要出差。王林知道这是在下逐客令，心里气急了，真想把那10元钱抓起来砸在对方的脸上。但现实的残酷让他强压住怒火，拿起那10元钱，默默地转身走了。

王林先用2元钱买了1斤馒头，然后用1元钱买了1支圆珠笔，用2元钱买了一叠稿纸。他待在自己租的房子里，用了一天一夜的时间写了4篇反映自己打工经历的稿子，次日早上亲自将这些稿件送到一家专门发表打工者故事的杂志社。负责该栏目的编辑看了稿件后决定4篇都采用，并先付给了王林一半的稿费。拿着这些稿费，王林维持了一段时间，并在此期间找到了一份工作。

事物总是在不断地运动和变化，机会存在于忍耐之中。对于垂钓者来说，最好的进攻方式就是忍耐。大机会往往蕴藏在大忍耐之中，所谓“天将降大任于斯人也，必先苦其心志，劳其筋骨，饿其体肤……”就是这个道理。大丈夫志在四方，岂可为鸡毛蒜皮的小事而误了大谋！春秋末期最后一个霸主越王勾践卧薪尝胆的故事正好诠释了忍耐保全人生的要义。忍耐不是停止、不是逃避、不是无为，而是守弱、蓄积、迂回前进。当命运陷入不可掌控之时，要心平气和地接纳这种弱势，坚强地忍耐弱者的地位，在守弱的基础上累积实力、发愤图强，使自己脱离弱者的不利地位，并适时出击，争取赢得新的成功机会。

懂得忍耐有利于成就事业，意气用事只会错失良机。面对别人的侮辱和伤害，我们没必要急急忙忙以一种对抗的方式来证明自己并非软弱可欺。因为“路遥知马力，日久见人心”，有效地忍耐，会使我们获得更多的收益。

学会约束自己的欲望

托马斯·富勒说：“满足不在于多加燃料，而在于减少火苗；不在于累积财富，而在于减少欲念。”

贪欲会使人的精力和体力双重透支。放下贪欲，追求平实简朴的生活，是获得快乐最简单的方法。

当欲望产生时，再大的胃口也无法填满，贪多的结果只会是无穷尽的烦恼和麻烦。学会接纳自己，欣赏自己，使自己从欲念的无底深渊中得到释放与自由，是快乐的始发站。

小时候，王云非常喜欢捉麻雀。虽然这种鸟精灵古怪，但在食物奇缺的冬季，想捉几只玩也不是什么难事。

王云先在地上洒上一把米，然后用筛子罩在米粒最多的地方，筛边支根木棍，木棍上拴根绳子一直接到堂屋里面。然后，王云关上门，坐在小板凳上从门缝里往外看，只要麻雀下来，它就会顺着王云

撒的米痕一直啄到筛子里去。到那时，王云猛地一拉绳子，一切就大功告成了。

这几天一直在下雪，饿了许久的麻雀一下就被这白花花的米粒吸引住了，没过10分钟，已经有3只麻雀进入了筛子。看到筛外还有五六只，王云想再等一等吧，一窝捉它个干净。可是等了一会儿不但外面的几只没进去，里面的还出来一只。王云当时就有点后悔，但转念又一想，怕什么，外面的米粒快没了，它们早晚也得进去。

可是没想到，这麻雀似乎在跟王云作对，总是两三只在里面，剩下的在外面，轮流“进餐”。王云很生气，但也没有办法，只好一等再等。等得不耐烦的时候，筛子里只剩下了一只麻雀，到底拉不拉绳呢？正犹豫着，那只麻雀竟然也吃饱喝足，扑棱棱飞走了。

那次，王云一只麻雀也没捉到。

人的欲望是永无止境的，而机会却总是稍纵即逝。假如对自己的贪欲不加控制，只会连原本可以得到的也将失去，因此请及时下手，以免煮熟的鸭子再飞掉。

古人云“人心不足蛇吞象”，私欲的沟壑是填不满的。如果每天都去注意自己的欲望是否得到满足，那么我们将时刻处在痛苦的煎熬之中。因为旧的欲望满足了，新的欲望又会出现，而且会一次比一次大、一次比一次难以满足。所谓欲壑难填，就是这个道理。这样一来，人生哪里还有什么快乐、幸福可言？

有一位禁欲苦行的修道者准备离开他所住的村庄，到无人居住的山中去隐居修行。他只带了一块布当作衣服，就一个人到山中居住了。

后来他想到，当他要洗衣服的时候，他需要另外一块布来替换，于是他就下山，向村民们乞讨一块布当作衣服。村民们都知道他是虔诚的修道者，于是毫不犹豫地就给了他一块布，当作换洗穿的衣服。

这位修道者回到山中之后，发现在他居住的茅屋里面有一只老鼠，常常会在他专心打坐的时候来咬他那件准备换洗的衣服。由于他早就发誓一生遵守不杀生的戒律，因此他不愿意去伤害那只老鼠。但是他又没有办法赶走那只老鼠，所以他回到村庄中，向村民要一只猫来饲养。

得到了一只猫之后，他又想，“猫要吃什么呢？我并不想让猫去吃老鼠，但总不能跟我一样只吃一些水果与野菜吧！”于是他又向村民要了一头乳牛，这样那只猫就可以靠牛奶维生。

但是，在山中居住了一段时间以后，他发觉每天都要花很多的时间来照顾那头乳牛，于是他又回到村庄中，找到了一个可怜的流浪汉来帮他照顾乳牛。

那个流浪汉在山中居住了一段时间之后，跟修道者抱怨说：“我跟你不一样，我需要一个太太，我要过正常的家庭生活。”

修道者想一想也有道理，他不能强迫别人跟他一样，过着禁欲苦行的生活……

这个故事就这样继续发展下去，结果你可能也猜到了：到了后来，整个村庄都搬到了山上。而这个修道者最初的愿望也不可能实现了。这一切都是因为欲望。欲望就像是一条锁链，一个连着一个，永远都不能满足。

我们每个人都有欲望，但欲望太多了，人生就会变得疲惫不堪。每个人都应学会轻载，更应该学会知足常乐，因为心灵之舟载不动太多的重荷。

《菜根谭》中指出："人生减省一分，便超脱一分。"在人生旅程中，如果什么都减省一些，便能超越尘事的羁绊。一旦超脱尘世，精神便会更空灵。简言之，即一个人不要太贪心。洪自诚曾说："减少实际应酬，可以避免不必要的纠纷；减少口舌，可以少受责难；减少判断，可以减轻心理负担；减少智慧，可以保全本真。不去减省而一味地增加的人，可谓作茧自缚。"

人们无论做什么事，均有不得不增加的倾向。其实，只要减省某些部分，大都能收到意想不到的效果。倘若这里也想插手，那里也要兼顾，就不得不动脑筋，过度地使用智慧，而这就容易促生奸邪欺诈。所以，只有凡事稍微减省些，才能恢复本来的人性，即"返璞归真"。

《呻吟语》的作者吕坤说过："福莫大于无祸，祸莫大于求福。"意即没有不幸的灾祸降临，就是最大的幸福；祸患莫过于不顾一切地追求幸福。

所以，人一定要忍耐住自己的欲望，不要为欲望所驱使、所奴役。心灵一旦被欲望侵蚀，就无法超脱红尘，而只能为欲望所吞灭。只有降低欲望，在现实中追求真正有意义的人生目的，人才会活得快乐。

第十四章

浑水才能养鱼，人生难得糊涂

糊涂的人因“傻”得福

人生在世，即使什么也学不会，也得学会吃亏。只要学会吃亏，你就会烦恼不上身、遇事游刃有余、心底坦坦荡荡、吃饭有滋有味。这种神仙般的滋味，是爱占小便宜的人根本体会不到的。

因此，遇事吃点亏、让一步，不是傻瓜，而是英雄，因为他用静心的智慧躲避了身后不可想象的事情发生。

在电影《阿甘正传》中，主人公阿甘在人们的眼中一度像个白痴，但是他却干出了伟大的事业。阿甘出生在美国南部的阿拉巴马州的绿茵堡镇，由于父亲早逝，他的母亲独自将他抚养长大。

阿甘不是一个聪明的孩子，小的时候受尽欺侮，他的母亲为了鼓励他，常常这样说：“人生就像一盒巧克力，你永远也不知道接下来的一颗会是什么味道。”他牢牢地记着这句话。在社会中，阿甘是弱者，他几乎没有能力掌控自己的生活。于是，他选择命运为他做出安排。

阿甘的智商只有75，但凭借跑步的天赋，他顺利地完成大学学业并参了军。在军营里，他结识了“捕虾迷”布巴和神经兮兮的丹·泰勒中尉，随后他们一起开赴越南战场。战斗中，阿甘的小分队遭到了伏击，他冲进枪林弹雨里搭救战友，丹·泰勒中尉命令他乖乖地待在原地等待援军，他说：“不，布巴是我的朋友，我必须找到他！”虽然没能最终挽救布巴的生命，但至少，布巴走时并不孤单。

战后，阿甘决定去买一艘捕虾船，因为他曾答应布巴要做他的捕虾船的大副。当他把这个想法告诉丹·泰勒中尉时，丹中尉笑话他："如果你去捕虾，那我就是太空人了！"可阿甘说，承诺就是承诺。终于有一天，阿甘成了船长，丹·泰勒中尉当了他的大副。

阿甘和女孩珍妮是青梅竹马，可珍妮有自己的梦想，不愿平淡地度过一生。于是，珍妮让阿甘离自己远远的，不要再来找她，可阿甘依旧会在越南每天给珍妮写信，依旧会跳进大水池里和珍妮拥抱。珍妮说："阿甘，你不懂爱情是什么。"阿甘说："不，虽然我不聪明，但我知道什么是爱。"珍妮一次又一次地离开，但阿甘从未放弃过她。最终，有情人终成眷属。

阿甘的成功，从某种意义上说，拜赐于他的"傻"和宽广的胸怀。阿甘总是那么快乐、那么勇敢，我们以为他不知道自

己和别人不同，没想到，原来他一直都承受着因歧视而带来的痛苦，从而不希望他的孩子同自己一样。原来他不是不知道，只是装糊涂，不去与他人计较。

阿甘是真正的聪明人，因为聪明的人都擅于谦让，敢于吃亏。比如单位里分的东西不够时，自己就主动少要些，一些荣誉称号多让给将退休的老同事，等等。

话虽如此，但能够主动吃亏的人实在太少，这不仅因为人性的弱点，更是因为大多数人缺乏长远的眼光，不肯舍得眼前小利而换来内心的安宁。但是如果你能够跳出这个思维，不落窠臼，吃点小亏，那么等待你的多半是大便宜。

恰到好处，才是最好

量变引发质变，有时候，把一件事情做到极致，反而未必能得到想要的效果，凡事太过钻牛角尖，有可能把自己逼入死胡同。

IMG公司有一位精力旺盛的女业务代表，负责在高尔夫球及网球场上的新人当中发掘明日之星。美国西海岸有位年轻的网球选手，特别受她重视，她决定邀请对方加盟她的公司。

从此，纵使每天在纽约的办公室忙上12个小时，她依然不忘时时打电话到加州，关心这位选手受训的情况。这个网球选手到欧洲比赛时，她也会趁着出差之便，抽空去探望，为他打理一切。有好几次，她居然连续一周都未合眼，忙着飞来飞去，追踪这个选手的进步状况。

一次，那位年轻的选手参加法国公开赛。按原订日程，这位女业务代表不需出席这项比赛，但是为了保持与那位年轻选手的关系，她努力说服她的主管。主管勉强答应，但条件是，她得在出发前把一些紧急公务处理完毕。结果她又是几个晚上没合眼。

抵达巴黎的当日，在一个为选手、新闻界与特别来宾举行的晚宴上，她依旧盯着那位美国选手，并且像个称职的女主人，时时为他引见一些要人。当时正是瑞典网球名将博格独领风骚的年代，他刚好是他们的客户，又是那名年轻选手的偶像，很自然地她便介绍他俩认识。博格当时正在房间一角与一些欧洲体育记者闲聊，这时，她与那个年轻的选手迎上前去。当对方望向这边时，她说："博格，容我介绍这位……"天哪！她居然忘了自己最得意的这位球员的姓名！

后来，那位年轻选手成了世界名将，但他与IMG公司再也没有关系。

这位女业务代表的确令人钦佩，如果运气好，碰上一个懂事的小伙子，她的失误也不是什么大的失误，因为在那种情况下，只要小伙子自我介绍一下就没什么问题了，不计较，同样也没有什么事。但她这样不顾一切地认真工作，对服务对象过于关注，反而造成这样或那样的错误。

在现实生活中，许多人往往不能控制自己的情绪，想“糊涂”却难“糊涂”，有时候过分认真、专注于一件事情，并且遇到不顺心的事，要么“借酒消愁”，要么“以牙还牙”，更有甚者，因想不开而轻生厌世，这都是错误的做法。

那么，怎样才能在该糊涂的时候做到糊涂呢？

首先，要学会理智处事，沉不住气时反复提醒自己要以理智的心态来控制自己的感情。

其次，要学会苦中求乐，擅于在生活中寻找乐趣，多参加一些自己感兴趣的活动，把生活安排得丰富多彩，让自己活得有滋有味。

再次，要学会广交朋友，遇到挫折、失败之时，不妨找知心朋友谈谈心。

最后，要学会巧妙地应付各种复杂多变的环境，以保持心理平衡，维护身心健康。

人生在世，能做到精益求精固然很好，但过分专注难免顾此失彼。世界那么大，我们那么小，过分苛责自己实在没必要，累的时候试着“糊弄”自己吧！感到舒服的时候就停在这里。我们都知道，恰到好处，才是最好。

形醉而神不醉，外愚而内不愚

若愚者，即似愚也，而非愚也。所以“若愚”只是一种表象、一种策略，而不是真正的愚笨。在“若愚”的背后，隐含的是真正的大智慧、大聪明、大学问。真正具有大智慧、大聪明的人往往给人的印象总是有点愚钝，所以中国才有了“大智若愚”这个带有很深哲理意义的成语。

糊涂与清醒，是糊涂一些好还是清醒一些好呢？一般的答案一定是后者，可糊涂学却提倡前者。

当然，如果一个人内心本来很清楚，却让他在表面上装糊涂，这确实是件很困难的事，非有大智慧者不容易办到。若做到了这一点，就是所谓的“清楚之糊涂”了。

“大智若愚”不是故意装疯卖傻，不是故意装腔作势，也不是故作浅显、故弄玄虚，而是待人处世的一种方式、一种态度。即遇乱不惧、受宠不惊、受辱不躁、含而不露、隐而不显，看透而不说透，凡事心里都一清二楚，而表面上却显得不知、不懂、不明、不晰。

三国时期的司马懿，本来是个老谋深算、聪明绝顶的人，却总喜欢装糊涂。当年他在五丈原，凭借一套大智若愚、软磨硬泡的功夫，终于拖垮了老对手诸葛亮，居功至伟，在国内也权倾一时。正因为功高震主，少不得引来同僚的妒忌和朝廷的猜疑。这种情况下，司马懿干脆装起糊涂来，以病重为由长期在家休假，给人制造一种行将就木的假象。但他的政敌们还是不放心，派了一个人以慰问病情为由刺探司马懿的虚实。司马懿干脆将计就计，真的装出一副日薄西山、气息奄奄、病入膏肓的样子。在司马懿的策划下，来人果然被蒙骗了过去，回去就说司马懿病势沉重，将不久于人世。于是司马懿的政敌们终于放松了警惕。就在这个时候，司马懿暗中培植羽翼、广罗亲信，神不知鬼不觉地布置自己的两个儿子抓住了京师禁军大权。后来瞅准了一个时机，发动了“高平陵之变”，几乎将曹家的势力一网打尽。至此，魏国军政大权尽数落在司马氏手中。

由此可见，一个人充分运用糊涂学的技巧，会有很多意想不到的收获，也不失为保全自己的手段。细数古今中外，无论是政治、军事、外交、管理，其实都用得着“清楚之糊涂”的招数。所以，对聪明人来说，正确的态度应该是什么呢？那就是“该清楚时就清楚，偶尔也要装糊涂”。内心本来是“清清楚楚”的，却为了应实际的需要，在外人面前表现出“含含糊糊”的姿态，也许这更加有助于达到“圆通”的境界，这也是一种出色的人生智慧。

睁一只眼闭一只眼

将“糊涂学”活学活用到生活中，也就是“睁一只眼闭一只眼”，成语叫作“视而不见”。对有些事情，你好像已经看见了，好像又没有看见。比如对于他人的不足，你看得明听得清，但你摆出一点儿也不知道的样子，故意让自己蒙在鼓里。倘若你说自己知道了，那你就是聪明过头了。

很久以前，土豆还不是世界各地都种植的植物。法国有位聪明而又热心的农学家，有一次在德国吃了一次土豆，就很想在自己的国家推广种植这种作物，但他的热心宣传却得不到回报，没人相信他的话。当时法国的医生甚至认为土豆有害于人的健康，有的农学家断言种植土豆会使土地变得贫瘠，宗教界称土豆为“鬼苹果”。聪明的人是不会轻易放弃的，这位一心推广土豆种植的农学家，终于想出了一个新点子。在国王的许可下，他在一块出了名的低产田里栽培了土豆，由一支身穿仪仗队服装的国王卫兵看守，并声称不允许任何人接近它、挖掘它。但这些士兵只在白天看守，晚上全部撤走。人们由于好奇，晚上都来挖土豆，并把它栽到自己的菜园里。这样，没过多久土豆便在法国推广开了。

这个推广方法的成功，得益于智慧和心理的巧妙结合。如果直接向人们推广说土豆好，人们是不会接受的，如果由国王种植，又有卫兵看守，暗示的情境意义即：这是贵重物品。由此诱发了人们占有的欲望，再加上栽种后的亲自品尝与体验，确信有益无害，就会完全接受这种作物。这里所体现的交际情境的魅力，就在于利用了人们的好奇心理，睁一眼，闭一眼，创造了一个让人们接触土豆的契机，所以达到了预期的目的。

生活中也是这样。俗话说得好：人无完人。每个人都有自己的缺点和不足，在人与人的交往中，如果我们总是睁大眼睛，像显微镜似地观察、计较

别人的缺点和不足，那么，我们永远不会满意对方，我们会嫌弃、厌恶别人，就处理不好与同学、同事、朋友、亲人、爱人的关系，会破坏起码的团结，会失去朋友甚至失去亲人和爱人。如果我们闭上一只眼睛，以一份宽容的心看待别人的缺点和不足，给别人一份信心，给自己一份轻松，生活就变得美满多了。

生活中，糊涂不等于马虎，糊涂是一门学问，包含着物极必反的深奥道理，属于清醒的最高级别，需要进行长年累月的修炼之后才能自然流露。

不是聪明得太快，而是糊涂得太迟

生活中往往有许多意想不到的事情，如果事事认真求全，往往会在心里产生少许挫折感，倒是折中一下比较好。折中能促成完满的人际氛围，圆滑地化解各种矛盾。

晚清名臣张之洞曾就任山西巡抚，即将启程时，有一个山西籍富商，泰裕票号的孔上司，表示要送1万两银子给他。他对张之洞说，他深知张之洞为官清廉，手头并不宽裕，出于对张之洞的敬慕，他送“一点薄礼”是为张之洞解决些差旅费。

张之洞当时婉言谢绝了孔上司的好意。可是当他来到山西，考察了当地的情况之后，深为山西罂粟的种植之多而震撼，他决心铲除山西的罂粟，让百姓重新种植庄稼。而改种庄稼，需要帮助百姓买耕牛、买粮种，但山西连年干旱、歉收，加上贪官污吏中饱私囊，拿不出救济款发放给老百姓。他深感世事多艰，有时太坚持原则会把人难死，他决定向商号募捐。这时，他第一个想到的就是孔上司。

他想，孔上司很有实力，他拿银子贿赂自己，无非是为了日后得到关照。如果说服孔上司把银子捐出来，为山西的百姓做善事，以银子换美名，他或许会同意。

经过商谈，孔上司终于表示愿意拿出5万两银子，但前提是满足他的两个愿望，一是请张之洞在他票号大门口的匾上题写“天下第一诚信票号”8个字；第二个愿望是张之洞给他个“候补道台”的官衔。

刚开始张之洞觉得孔上司的这两个条件都不能答应，因为自己连泰裕票号诚信不诚信都不知道，又怎么能说它是“天下第一诚信票号”呢？第二，他向来讨厌捐官，认为捐官是一桩扰乱吏治的大坏事，自己厌恶的事自己怎么能做？！这个孔上司也太过分了，仗着有几个钱居然伸手要做道台！人家千千万万读书郎，数十年寒窗苦读，到死说不定还得不到正四品的顶子呢！可是不答应他，又到哪里去弄5万两银子呢？没有这5万两银子，就没有五六千户人家的种子、耕牛，他们地里长的罂粟就不会被铲除，禁烟在这些地方就成了空话。

5万两银子毕竟不是个小数目，这对张之洞的诱惑太大了。经过反复思考，张之洞决定采用折中迂回的手段，答应为孔上司的票号题写“天下第一诚信”6个字，这跟孔上司所要求的那8个字相比，不仅仅少了“票号”两个字，而意思上也有了很大的不同。因为“天下第一诚信”这6个字意味着：天下第一等重要的是“诚信”二字，并不一定是说他们泰裕票号的诚信就是天下第一。

至于他的第二个要求，张之洞反反复复想了很久，最后给自己找了这样一个台阶：一来，捐官的风气由来已久，不足为怪；二来，即使孔上司做了道台，他依旧要做他的票号生意，并不会等着去补缺，也就不会去抢别人的位置，所以对孔上司来说不过是得了个空名而已。再者，按朝廷规定，捐4万两银子便可得候补道台，孔上司要捐5万，已经超过了规定的数目，给他个道台的虚名，于情于理都不为过。为了5万两救民解困的银子，张之洞终于“说服”了自己，而孔上司最后也答应了张之洞的折中方案。

把事情办得周全，让各方人都舒服，才叫高明。张之洞做出这种折中的方案也有些无奈。但世事多艰，有几件事可以简单、顺利地办理呢？张之洞采取迂回的方式，借孔上司的钱改善民生，而孔上司也得到了名，并不违背大的原则，也无可厚非。

人们常称赞一举两得、两全其美的举措，是因为这些举措排除了触及各种人际关系后所产生的负面效果，直接达到了预期的目标。有人询问一位办事高手：“如何才能办好每件事？”高手答道：“也没有什么，只是折中罢了。”这“折中”二字可使我们受益良多。

在许多场合，很多人是不肯装糊涂的，并能拍着胸膛理直气壮地叫嚷：“我眼里揉不得沙子。”不肯放过每一个可以显示自己聪明的机会，张口就是应该怎样怎样，不应该怎样怎样，遇事总是喜欢先用一种标准来判断一下对与错，却总是费力不讨好，原因就是其不懂得难得糊涂的道理。

记住该记住的，忘掉该忘掉的

两个一起跑步的人，跟在后面的总会显得累些；社会在发展，如果跟不上节奏就会觉得累；想干的事情很多，做过的梦也很多，可是什么也没有做成，于是觉得累；睁开两眼历历在目，闭上双眸又不堪重负，看不到希望和光芒，于是感叹心累了。

何为心累？是无可奈何花落去，是一人为更多的个人自由而付出的沉重代价。执着于某一件事、对社会地位的渴望等，都会造成自身的不快，于是就有了心累的感觉。

人之所以会心累，就是追求的太多。人生在世，不可能事事如意。有些人常常觉得自己很不幸，其实世界上还有比他们更痛苦的人。人之所以会心累，就是记性太好，该记的、不该记的都留在记忆里。而我们又时常记住了应该忘掉的事情，忘掉了应该记住的事情。为什么有人说傻瓜可爱、可笑，因为他忘记了人们对他的嘲笑与冷漠、忘记了人世间的恩恩怨怨、忘记了世俗的功名利禄、忘记了这个世界的一切，所以他永远不会心累。

感到心累的人，往往修养不够，没有一定的承受能力。硬要把单纯的事情看得很严重，把简单的东西想得太复杂，所以会很痛苦。

不快乐的人之所以不快乐，就是计较得太多。看到别人过得幸福，自己就有种失落和压抑感。其实他们只看到了表面现象，或许快乐的人过得并不快乐。人的欲望是无止境的，人人都在追求高品质的生活，人人都想得到自己想要的东西，人人都在为了自己的目标忙碌着、奋斗着，得到了，开心一时；得不到，就痛苦一世。

世界上没有完美无缺的东西，不完美其实才是一种美，只有在不断地争取、不断地承受失败与挫折时，才能发现快乐。

人之所以不知足，就是有着太多的虚荣心。俗话说，知足者常乐。但又有几个人能达到这样的境界？人不是因为拥有的东西太少，而是想要的东西太多。大千世界有着太多太多的诱惑，我们不可能不动心，不可能不奢望，不可能不幻想。

面对诸多的诱惑，有多少人能把握好自己，又有多少人不会因此而迷失自己？但话又说回来，有了知足心，哪会有上进心？时代在发展，生活在继续，我们需要不断地去努力、去追求，如果只满足于现状，一味地沉浸在自己的知足里，哪还有什么远大的理想和追求？

人之所以会心累，就是因为没有知足心。每个人对幸福的感觉和要求不尽相同，一个容易满足、懂得知足的人就不会心累。曾经看到过这样一句话：“幸福就如一座金字塔，是有很多层次的，越往上幸福越少，得到幸福相对就越难；越是在底层越是容易感到幸福，越是从底层跨越的层次多，其幸福感就越强烈。”幸福其实就是一种期盼，一种心灵的感受。

人之所以会心累，就是想的太多。身体累不可怕，可怕的是心累。心累就会影响心情，会扭曲心灵，会危及健康。其实每个人都有被他人所牵累、被自己所负累的时候，只不过有些人会及时地调整，而有些人却深陷其中不得其乐。在这个充满竞争的社会里，有太多的难题和烦恼，要活得一点不累也不现实。

所以，要学会适应，把手里的东西放下，不必过分在意别人的看法，不要把别人的行为结果当作自己的追求目标。只有这样，才能体验到生活本身的意义与快乐。

吃糊涂亏，积无量福

从表面上来看，吃亏，意味着舍弃与牺牲。如果以同样的方式来理解“吃亏是福”，那么从中便很容易看出这样做似有犯傻之嫌疑。常言道：人不为己，天诛地灭。宁愿吃亏，而且还认为吃亏是福，或许只有精神不正常的人或者傻到极点的糊涂人才会这么认为。吃了亏不发怒，不伺机报复已是不错了，还要让人认定这是一种福气，乍一听，实在说不过去。其实，强调“吃亏是福”，是寄托长远的清醒，也是心安理得、心境平和的自在，是吃小亏避大亏的智慧。

路径窄处，留一步与人行；滋味浓处，减三分让人尝。当残酷的现实需要我们做出舍弃与牺牲时，如果我们能够坦然处之，吃“眼前亏”，能舍弃和牺牲某些利益，学会“糊涂”，不去计较这些，失去的大多是物质的和暂时的。吃这样的亏会让我们的生活静好，来去自如，逍遥自在。

常言道:“人吃亏,人常在。”吃亏不是不求索取,不是没有追求,不是无所作为，而是一种坦然，坦然面对理性中的得失和追求；是一种豁然，豁然面对悟性中的索取和作为；是一种超越，超越于别人忙于追名逐利而仍然保持的宁静和明智。如果在得失面前，保持一种超然的心态、淡泊的情怀，就会有一分清醒、一分思考、一分期待、一分追求。因此，吃亏也是一种修养、一种气质、一种境界。

反之，一点亏也吃不得，处处想占便宜的人，虽然处处争得自身利益，争得高高在上，最终必将众叛亲离，孤立无援，为众人所遗弃。当然，我们并不主张做浑浑噩噩、不知所为的庸者，但我们要在收获与付出、得与失的理性中去赢取团结合作的氛围。因此，只有不怕吃亏的人，才能与人和谐共处，才能赢得众心归，才能有权威，才能有所作为。

在实际生活中，越是不肯吃亏的人，越是可能吃亏，而且往往还会多吃亏、吃大亏。这是不以人的意志为转移的规律。那些贪官不甘心吃亏，面对金钱的诱惑，他们无法克制自己，为了满足自己的欲望，自以为聪明，他们把人民给予的权力，用来牟取私利,用来当作自己的生财之道。到头来为了一个“贪”字丢官罢职掉脑袋，葬送了自己的一切。

所以说，天底下没有免费的午餐，同样也没有白吃的亏。吃亏就是耕耘，为了希望种子的撒播；吃亏就是播种，为了夏季艳丽的花朵；吃亏就是浇灌，为了秋天丰硕的收获！

“吃亏是福”，是人生的一种达观大度，内中蕴含着丰富无穷的人生哲理，不仅仅需要细细咀嚼，更要努力实践。如果真做到，人生定会有一道色彩斑斓、醉人迷眼的亮丽风景，身在其中，其乐融融、其福无穷。

糊涂比聪明更显智慧

有一道题问：如果让你漂流到一个荒岛，只能带 3 样东西，你会带什么？有的人回答：一颗柠檬树、一只鸭子、一个傻瓜。为什么不带聪明人而带傻瓜呢？因为聪明人会砍掉柠檬树，吃掉鸭子，甚至最后害了自己；只有傻瓜，才能执着地拼命做事。生活中，人们需要这种“傻瓜精神”，“傻瓜精神”是一种静心的处世方法，有“傻瓜精神”的地方往往会发生奇迹。

聪明难，糊涂更难。聪明是一种艺术，然而聪明过头反而会招致不必要的损失，所谓聪明反被聪明误即是此理。而糊涂不仅是一种艺术，更是一种真正的人生大智慧。

世界上聪明的人不多，估计十中只有一，而智者更为罕见，估计百里无一。在现实生活中，不愿意吃亏的总是聪明人，而愿意“吃亏”的是智者。

聪明人与别人共事总能保全自己的眼前利益，而智者则更多看重的是长远利益；聪明人能把握机会，知道自己什么时候该出手，而智者知道什么时候该放手。所以，拿得起来的是聪明人，放得下的是智者。

聪明能获得很多知识，而智慧让人更有文化。反过来，一个人知识越多越聪明，而文化越多越智慧。聪明人喜欢处处逞强，超人一筹；而智者则喜欢更多示弱，含而不露，因为他知道示弱不仅是一种智慧，亦是一种力量，智者常常是以出世的心态做入世的事情的人。

聪明人总喜欢把自己闪光的一面展现出来，也就是所谓的脱颖而出。比如在一个聚会里，聪明人嘴忙，往往侃侃而谈，因此是茶壶；而智者耳忙，注意聆听别人，因此是茶杯。茶壶里的水最终要倒进茶杯里。

聪明人常常因为左右逢源而显得热闹，而智者往往因为甘于淡泊而显得冷清。前者赚来的是一时的人缘，而后者更能长久地赢得人心。

聪明多数得益于遗传，而智慧更多靠修炼。聪明靠耳朵、靠眼睛，所谓耳聪目明；而智慧靠心，所谓慧由心生。聪明能带来财富和权力，智慧能带来快乐。因此，聪明人往往有更多技能，现实中这些技能只要机缘巧合，就能转化为财富和权力；但是财富、权力与快乐很多时候不能成正比，因为快乐来自人心。因此，求才求聪明容易，求脱离烦恼，非修智慧不可。

洞明人生，难得糊涂

懂得“糊涂”、会随遇而安的人眼光远大、胸怀宽阔，把世间的一切变化都看得很平常、很自然。这样的人心理必然平衡，平时笑口常开，自然健康长寿，生活愉快幸福。

郑板桥写的“难得糊涂”字幅下，有他题的一行款跋：

“聪明难，糊涂难，由聪明而转入糊涂更难。放一着，退一步，当下心安，非图后来福报也。”这行款跋，当是郑板桥对“难得糊涂”的解释，即对自己处世哲学的一种解释。

从字幅上标明的日期看，字幅写于乾隆十六年，当时郑板桥正在山东潍县当知县。一向正直、率真、清正廉明的郑板桥在当时黑暗的官场上很吃不开，常常受到恶势力的嘲讽、刁难。他一面以嬉笑怒骂来抗争，一面又彷徨悲观，产生了出世思想。这时他的情绪是压抑、苦闷、孤独、自嘲、彷徨、悲观、痛苦交织在一起，就是在这种情绪下，他写了“难得糊涂”的字幅，不久便辞官归隐。

这样，就明白款跋的意思了:“聪明难”——要进取、要“众人皆醉我独醒”当然难；“糊涂难”——得过且过本来并不难，但一个一心想勤政执法、为百姓做事的人心中并不愿意这样做，因此也难；“由聪明而转入糊涂更难”——抗争不过官场的黑暗势力，又不愿昧着良心去“糊涂”，这种“聪明”之后的“糊涂”更难；款跋最后一句“放一着，退一步，当下心安，非图后来福报也”——在前面种种的“难”面前，只有小心从事、知进知退，才能不冒失、不惹祸，只求心里安宁，不求后世福报。

钟爱这句名言者大多为并不糊涂者。试想，没有文化的市井村夫世事不明，可谓糊涂，可他并不去说什么难得糊涂不糊涂，也不为自己的糊涂悲哀或欢喜，糊里糊涂地就这么过着也挺好；而那些并不糊涂的人却总盼望着自己“糊涂”，因为太清醒了，所以才盼望能“糊涂”一点。

思维能力是上苍赋予人类的宝贵能力，是对人类的厚爱，不用它可惜。越是读书多的人越爱想问题，可是这思维能力往往越用越害怕，问题越想越多，想来想去又不得究其穷尽，只觉得寒气逼人，可谓高处不胜寒。于是眼睛一闭，又盼望“糊涂”了。这大约就是“难得糊涂”流传久远的原因吧。

然而，世界是庞大且纷繁复杂的，很多事情处于混沌状态之中，从新兴的前沿学科“混沌学”“模糊理论”“模糊数学”

还有“模糊控制”可略见一斑。从这一角度来看,这里的“模糊”却又是大智慧的表现。是的，世界之大，世事之多，要想事事究其穷尽，人大概会很累。比如，做这件事情自己吃亏多少、他人占便宜几何、某样东西该不该买、某件事情此时是否非得去做、某些钱该不该花、天气有点热窗户该在几时几分打开等，恐怕都会因时因地因人而有多种答案。何况，往往 20 年前看起来是挺合理的事情，今天看起来可能又不合理了；若干年前看起来是大逆不道的事情，今天谈论它可能又觉得是一种情有可原的存在了，这样的事情还少吗？世界本来就是多元的，要想事事都有一个明确统一的标准也不可能。“因地制宜”“因人而异”“与时俱进”“时过境迁”“物是人非”这些都是颇能说明这一观点的,郑板桥说的“糊涂”应该是指以上一些事情。在这些问题上,真的应该“糊涂糊涂”，不然不仅活得太累，而且太愚蠢了。

事无巨细、斤斤计较、一律较真，表面看起来挺精明，殊不知实际上是大愚蠢，往往会因小失大。这样的例子举不胜举。表面上看起来为人马马虎虎，什么事也不计较，和善易处，但遇原则问题毫不含糊、据理力争、有理有节，这是大智慧者，因大而弃小。

由此看来，难得糊涂是一种很科学、有智慧、讲艺术的为人处世之道，掌握起来真不容易，这才是“糊涂”之所以“难得”的原因。因为只有“大智”才能“若愚”，不是吗？

第十五章

感谢折磨你的人

“蘑菇经历”是一笔宝贵的人生财富

人不可能一出生就在聚光灯下成长，很多成功人士都有一段蛰伏地下的艰难岁月，正像蘑菇一样，那段岁月对成功者而言是一笔宝贵的财富。

蘑菇长在阴暗的角落，得不到阳光，也没有多少肥料，自生自灭，只有长到足够高的时候才开始被人关注，可此时它自己已经能够接受阳光了。

“蘑菇定律”就是据此而来，是大多数组织对待初入门者、初学者的一种管理原则。据说，它是20世纪70年代由一批年轻的电脑程序员“编写”的（这些天马行空、独往独来的人早已习惯了人们的误解和漠视，所以在这条“原则”中，自嘲和自豪兼而有之）。该原则的大意是：初学者一般像蘑菇一样被置于阴暗的角落（分配到不受重视的部门，或干些打杂跑腿的工作），头上浇着大粪（无端的批评、指责、代人受过），只能自生自灭（得不到必要的指导和提携）。

如果你刚步入社会不久，或仍对那个时期记忆犹新，相信这一条“蘑菇管理原则”一定会让你发出会心而苦涩的一笑。的确，绝大多数初出茅庐的年轻人都有过一段“蘑菇”经历，总之，那是一段很不愉快的日子。

“蘑菇经历”是事业上最为漫长的磨炼，也是一种痛苦的磨炼，它对人生价值的体现起到至关重要的作用。经过这个阶段的磨炼，你就会熟练地掌握当前所从事工种的操作技能，提升一些为人处世的能力，以及培养挑战挫折、失败的意志。诸多能力的具备，为你将来职业道路的顺利发展铺平了道路。

从这个意义上来说，“蘑菇经历”是人生的一笔宝贵财富，只有经受这个阶段的磨炼，你才能深刻地领悟这句话的含意。

不愉快的事情并不是生命中的厄运。从某种意义上讲，让自己做上一段时间的“蘑菇”，可以消除自我不切实际的幻想，从而使自己更加接近现实，更实际、更理性地思考问题和处理问题，对人的意志力和耐力的培养有促进作用。但用发展的眼光来看，“蘑菇管理”有着先天的不足：一是太慢，还没等它长高长大，恐怕疯长的野草就已经把它盖住了，使它没有成长的机会；二是缺乏主动，有些本来基因较好的“蘑菇”，一钻出土就碰上了石头，因为得不到帮助，结果胎死腹中。如何让他们成功地走过生命中的这一段，尽快吸取经验、成熟起来，这是我们所应当考虑的问题。

因此，如果你现在感到自己被埋没而没有出人头地，那你一定不要悲哀，把这段“蘑菇经历”当作人生的一笔宝贵财富来珍藏，对你的一生大有裨益。

人生总是从寂寞开始

每个想要突破目前困境的人首先都需要耐得住寂寞，只有在寂寞中才能催生一个人的成长。

曾有人在谈及寂寞降临的体验时说：“寂寞来的时候，人就仿佛被抛进一个无底的黑洞，任你怎么挣扎呼号，回答你的，只有狰狞的空间。”的确，在追寻事业成功的路上，寂寞给人的精神煎熬是十分厉害的。想在事业上有所成就，自然不能像看电影、听故事那么轻松，必须得苦修苦练，必须得耐疑难、耐深奥、耐无趣、耐寂寞，而且要抵得住形形色色的诱惑。能耐得住寂寞是基本功，是最起码的心理素质。耐得住寂寞，才能不赶时髦，不受诱惑，才不会浅尝辄止，才能集中精力潜心于所从事的工作。耐得住寂寞的人，等到事业有成时，大家自然会投来钦佩的目光，这时就不寂寞了。而有着远大志向却耐不住寂寞，成天追求热闹，终日浸泡在欢乐场中，一混到老，最后什么成绩也没有的人，那就将真正寂寞了。其实，寂寞不是一片阴霾，寂寞也可以变成一缕阳光。只要你勇敢地接受寂寞，拥抱寂寞，以平和的心态去接受寂寞，你会发现：寂寞并不可怕，可怕的是你对寂寞的恐惧；寂寞也不烦闷，烦闷的是你自己内心的空虚。

曾获得奥斯卡最佳导演奖的华人导演李安，在去美国念书时已经26岁，遭到父亲的强烈反对。父亲告诉他：纽约百老汇每年有几万人去争几个角色，电影这条路走不通的。李安毕业后，7年，整整7年，他都没有工作，在家做饭带小孩。有一段时间，他的岳父岳母看他整天无所事事，就委婉地告诉女儿，也就是李安的妻子，准备资助李安一笔钱，让他开个餐馆。李安自知不能再这样拖下去，但也不愿拿丈母娘家的资助，决定去社区大学上计算机课，从头学起，争取可以找到一份安稳的工作。李安背着老婆硬着头皮去社区大学报名，一天下午，他的太太发现了他的计算机课程表。他的太太顺手就把这个课程表撕掉了，并跟他说："安,你一定要坚持自己的理想。"

因为这一句话，因为有这样一位明理聪慧的妻子，李安最后没有去学计算机，如果当时他去了，多年后就不会有一个华人站在奥斯卡的舞台上领那个很有分量的大奖。

李安的故事告诉我们，人生应该做自己最喜欢做的事，而且要坚持到底，把自己喜欢做的事发挥得淋漓尽致，必将走向成功。

你的生命是有限的，但你的人生却是无限精彩的。也许你会成为下一个李安。

但你需要耐得住寂寞，7 年，你等得了吗？很有可能会更久，你能等到那天的到来吗？别人都离开了，你还会在原地继续等待吗？

一个人想成功，一定要经过一段艰苦的过程。任何想在春花秋月中轻松获得成功的人距离成功遥不可及。这寂寞的过程正是你积蓄力量、开花前奋力地汲取营养的过程。如果你耐不住寂寞，成功就不会降临。

不要让自己成为“破窗”

人都要准确地把握自己的人生行程，无论何时，都要记住，你千万不要让自己成为那扇“破窗”，否则，最先被淘汰出局的就是你。

美国斯坦福大学心理学家詹巴斗曾做过这样一项实验：他找来两辆一模一样的汽车，一辆停在比较杂乱的街区，一辆停在中产阶级社区。他把停在杂乱街区的那辆车的车牌摘掉，顶棚打开，结果一天之内就被人偷走了。而摆在中产阶级社区的那一辆过了一个星期仍安然无恙。后来，詹巴斗用锤子把这辆车的玻璃敲了个大洞，结果，仅仅过了几个小时，它就不见了。

以这项试验为基础，政治学家威尔逊和犯罪学家凯林提出了“破窗理论”：如果有人打破了一个建筑物的窗户，而这扇窗户又得不到及时的维修，别人就可能受到某些暗示性的纵容去打烂更多的窗户。久而久之，这些破窗户就给人造成一种无序的感觉。结果，在这种公众麻木不仁的氛围中，犯罪就会滋生、增长。“破窗理论”给我们的启示是：必须及时修好“第一扇被打碎的窗户”。

因此，若你成为那扇破窗，那么最先被淘汰出局的人就是你。

美国有一家以极少辞退员工著称的公司。一天，资深熟练车工杰克为了赶在中午休息之前完成2/3的零件，在切割台上工作了一会儿之后，他就把切割刀前的防护挡板卸下放在一旁，没有防护挡板安放收取加工零件会更方便更快捷一点。大约过了一个多小时，杰克的举动被无意间走进车间巡视的主管逮了个正着。主管雷霆大怒，除了让杰克立即将防护板装上之外，又站在那里大声训斥了半天，并声称要作废杰克一整天的工作量。

事到此时，杰克以为也就结束了。没想到，第二天一上班，有人通知杰克去见老板。在那间杰克受过好多次鼓励和表彰的总裁室，杰克听到了要将他辞退的处罚通知。总裁说："身为老员工，你应该比任何人都明白安全对公司意味着什么。你今天少完成了零件，少实现了利润，公司可以换个人、换个时间把它们补起来，可你一旦发生事故失去健康乃至生命，那是公司永远都补偿不起的……"

离开公司那天，杰克流泪了，工作的几年时间里，杰克有过风光，也有过不尽如人意的地方，但公司从没有人说他不行。可这一次不同，杰克知道，他这次触及了公司灵魂的东西。

这个小小的故事向我们提出这样一个警告：一些影响深远的"小过错"通常会产生无法估量的危害，没能及时修好自己"打碎的窗户"也许会毁了自己的职业生涯。所以，任何一个人，一定要避免让自己成为一扇"破窗"。

耐心地做你**现在要做的事**

每个人都会有一段蛰伏的经历，在为成功而默默奋斗。这个时期，你需要的不是浮躁，不是怨天尤人，而是耐心地做好你现在要做的事。

每个夏天，我们都能听到在高树繁叶之中蝉的清脆鸣叫，它们有透明的羽翼，在风中鸣叫很让人惬意。殊不知，这些蝉一生中绝大部分岁月是在土中度过的，只是到生命的最后两三个月才破土而出。

人的生命历程其实也是这样，每一个希望成功的人，也必须有长时间蛰伏地下的经历，好好磨炼自己，好好培养自己。

在一个学习班里，同学们讨论的主题是，一个人应当如何把他的热情投入到工作中去。这时一位年轻的妇女在教室后面举起手，站起来说道：

“我是和我的丈夫一起到这里来的。我想如果一个男人把全部热情投入到工作中去也许是对的，但是对于一个家庭主妇来说却没有益处。你们男人每天都有有趣的新任务要做，但是家务劳动就无法相比了，做家务劳动的烦恼是单调乏味，令人厌烦。”

其实，现实生活中有许多人在做这种“单调乏味”的工作。如果我们能找到一种方法帮助这位少妇，也许我们就能帮助许多自认为自己的工作是单调乏味的人。

教师问她什么东西使得她的工作如此的“单调乏味”。她回答说：“我刚刚铺好床，床就马

上被弄乱了；刚刚洗好碗碟，碗碟就马上被用脏了；刚刚擦干净地板，地板就马上被弄得泥污一片。”她说，“你刚刚把这些事做好，这些事马上就会被人弄得像是未曾做过一样。”

教师说：“这真是令人扫兴。有没有妇女喜欢做家务劳动？”她说：“啊，有的，我想是有的。”

“她们在家务劳动中发现什么使得她们感到有趣、保持热情的东西没有呢？”

少妇思考了片刻回答道：“也许在于她们的态度。她们似乎并不认为她们的工作是禁锢，而似乎看见了超越日常工作的什么东西。”

这就是问题的症结。工作满意的秘密之一就是能看到超越日常工作的东西，要知道你的工作是会取得成果的。无论你是家庭主妇、秘书、加油站的操作员，或者大公司的总经理，只要你把日常琐事看作是前进的踏脚石，你就会从中找到令人满意的地方。

作为一名没有成功的蛰伏者，你必须调节好你的心态，要在日常工作中看到超越日常工作的东西，耐心地做好你现在要做的事，脚踏实地地前进。终有一天，成功会降临到你头上。

学会**必要的忍耐**

美国第三任总统杰斐逊在给子孙的告诫中有一条是：“当你气恼时，先数到 10 后再说话；假如怒火中烧，那就数到 100。”

生活中，在遇到一些不顺心和不如意的事情时，我们的情绪往往会被激发起来，陷入激动、委屈、不安等精神状态中。此时最容易被情绪操纵，不顾理智做出鲁莽之事。“忍一时风平浪静，退一步海阔天空”，在这个时候，务必要记住“忍耐”二字。强制自己把心情平静下来，认真选择利最大、弊最小的做法，以求达到在当时可能取得的最好效果。

作为命运的主宰者——人，我们应该学会忍耐，因为它常会让我们得到意想不到的收获。人在现实中生活，犹如驾一叶扁舟在大海中航行，巨浪和漩涡就潜伏在你的周围，随时可能袭击你，因此，你要当个好舵手。同时还得具有克服艰难的毅力和勇气，设法绕过漩涡，乘风破浪前进。换言之，忍耐也是面对磨难的一种手法，以不变应万变；忍耐更是一种力量，它能磨钝利刃的锋芒。但忍耐不是软弱，不是退却，也不是背叛，而是以退为进的策略，是求同存异，是寻找合作。

俞敏洪是大家熟知的亿万富翁，但又有谁知道像俞敏洪这样一类创业者是怎样成为亿万富翁的呢？他们在成为千万富翁、亿万富翁的道路上，付出了怎样的艰辛，付出了怎样的努力，忍受了多少别人不能够忍受的屈辱、憋闷、痛苦，有多少人愿意付出与他们一样的代价，获取与他们今天一样的财富？

当你不愿让命运来主宰你的一切，但又没有反击命运的能力时，切记，学会忍耐！

忍耐是沉默。功亏一篑是因为不懂得忍耐的真正含义，而坚韧不拔地追求并排除万难有所超越则是忍耐的外延。实际上，忍耐是一种酝酿胜利的高超手段。忍耐实际上是一种动态的平衡，是一种形式的转换，不要被利益所陶醉，也不要因没有利益而悲伤。忍耐可以帮助我们摆脱烦恼，获得人生的真谛。

非洲的一位总统问一位友人有什么好经验，这位友人就说了一句话："忍耐。"忍耐不是目的，是策略，是胜敌的关键所在，但一般人做不到。我们有时候不妨学一学鸵鸟，逆来顺受。但是，这不是教大家颓废，只是让大家学会忍让，为将来的爆发，也就是成功创造条件。同时它也可以为你提供丰富的经验。

日常生活中，每一个人或多或少都会遇到一些他人的伤害，无缘由的中伤、诽谤……百忍成钢，人生就像一个磨刀的过程，忍耐好比磨刀石。当心性修炼得清澈如镜，达到这种不以物喜、不以己悲的境界时，那就是我们历经千锤百炼的刀已炼成。

顾客把你磨炼成天使

不要厌烦顾客的折磨，通过顾客的各种各样的折磨，你的业务能力会得到不同程度的提高，这会为你今后的成功奠定坚实的基础。

阿迪·达斯勒被公认为是现代体育工业的开创者，他凭着不断的创新精神和克服困难的勇气，终身致力于为运动员制造最好的产品，最终建立了与体育运动同步发展的庞大的体育用品制造公司。

阿迪·达斯勒的父亲靠祖传的制鞋手艺来养活一家人，阿迪·达斯勒兄弟帮助父亲做一些零活。一个偶然的机会，一家店主将店房转让给了阿迪·达斯勒兄弟，并同意可以分期付款。

兄弟俩高兴之余，担心起资金的问题。于是，他们从父亲作坊搬来几台旧机器，又买来了一些旧的必要工具。这样，鲁道夫和阿迪正式挂出了“达斯勒制鞋厂”的牌子。

起初，他们以制作一些拖鞋为主，由于设备陈旧、规模太小，再加上兄弟俩刚刚开始从事制鞋行业，经验不足，款式上是模仿别人的老式样，以上种种原因导致生产出来的鞋销售并不好。

困境没有让两个年轻人却步，他们想方设法找出问题的根源所在，努力走出失败的困境。

聪明的阿迪逐渐意识到：那些成功企业家的秘诀在于牢牢抓住市场。而他们生产的款式已远远落后于当时的市场需求。

兄弟俩着手寻找自己的市场定位。经过市场调查，终于有了结果：他们应该立足于普通的消费者。因为普通大众大多数是体力劳动者，他们最需要的是既合脚又耐穿的鞋。再加上阿迪是一个体育运动迷，并且深信随着人们生活水平的提高，健康将会成为人们的第一需要，而锻炼身体就离不开运动鞋。

定位已经明确，接下来就是设计、生产的问题了。他们把自己的家也搬到了厂里，一个多月后，几种式样新颖、颜色独特的跑鞋面世了。

然而，新颖的跑鞋并没有像兄弟俩想象的那样畅销。当阿迪兄弟俩带着新鞋上街推销时，人们首先对鞋的构造和样式大感新奇，争相一睹为快。

可看过之后，真正购买的人很少，人们看着两个小伙子年轻、陌生的脸孔，带着满脸的不信任离开了。

兄弟俩四处奔波，向人们推荐自己精心制作的新款鞋，一连许多天，都没有卖出一双鞋。

阿迪兄弟本以为做过大量的市场调查之后生产出的鞋子，一定会畅销，然而无法解决的困难又一次让两个年轻人陷入绝境。

可阿迪·达斯勒的字典里没有“输”这个词，只有勇气陪伴着他们，去闯过一个个难关。

在困难面前，阿迪兄弟没有消沉，没有退缩，而是迎着困难继续努力，在仔细分析当时的市场形势和自己工厂的现状后，终于找到了解决的办法。

兄弟俩商量后决定：把鞋子送往几个居民点，让用户们免费试穿，觉得满意后再向鞋厂付款。

一个星期过去了，用户们毫无音讯，两个星期过去了，还是没有消息。兄弟俩心中开始焦躁，有些坐不住了。

在耐心地等候中，又一个星期过去，他们现在唯一的办法也只有等待了。一天，第一个试穿的顾客终于上门了。他非常满意地告诉阿迪兄弟俩，鞋子穿起来舒服极了，价钱也很公道。在交了试穿的鞋钱之后，又定购了好几双同型号的鞋。

随后不久，其余的试穿客户也都陆续上门。一时之间，小小的厂房竟然人来人往，络绎不绝。鞋子的销路就此打开，小厂的影响也渐渐扩大了。

阿迪兄弟俩没有被初次创业所遭受的种种困难所吓倒，面对资金不足、经验不足、信誉缺乏等困难，他们凭着自己的信心和勇气一一攻克，为日后现代体育工业帝国的建立，打下了坚实的基础。

现在的你也一样，不要抱怨顾客对你的折磨，因为，唯有这些折磨才能将你磨炼成美丽的“天使”。

善待你的对手

一旦谈到双赢，人们一向以为这种情况只会发生在自己与合作伙伴之间，而与对手，“不是你死，就是我亡”，这才是最终的结局。

真的是这样吗？显然，答案是否定的。其实，我们和对手也可以走进双赢的境地。

对手，是失利者的良师。有竞争，就免不了有输赢。其实，高下无定式，输赢有轮回。曾经败在冠军手下的人，最有希望成为下一场赛事的冠军。只因败者有赢者作师，取人之长，补己之短，为日后取胜奠基。更有一些智者，一番相争之后，便能知己知彼，比得赢就比，比不赢就转，你种苹果夺冠，我种地瓜也可以领先。

对手，是同组的搭档。人生在世能够互成对手，也是一种缘分，仿佛同一个分数中的分子、分母。如此说，结局往往只有赢多赢少之别，并无绝对胜败之分。角色有主有次，登台有先有后，掌声有多有少，但彼此相依，缺了谁戏也演不成。同在一个领导班子中也如此，携手共进，共创佳绩，方可交相辉映。

孟子说："入则无法家拂士，出则无敌国外患者，国恒亡。"卡夫卡说:"真正的对手会灌输给你大量的勇气。"善待你的对手，方尽显品格的力量和生存的智慧。

在秘鲁的国家级森林公园，生活着一只年轻的美洲虎。由于美洲虎是一种濒临灭绝的珍稀动物，所以为了很好地保护这只珍稀的老虎，秘鲁人在公园中专门辟出了一块近20平方公里的森林作为虎园，还精心设计和建盖了豪华的虎房，好让美洲虎自由自在地生活。

虎园里森林茂密，百草丛生，沟壑纵横，流水潺潺，并有成群人工饲养的牛、羊、鹿、兔供老虎尽情享用。凡是到过虎园参观的游人都说，如此美妙的环境，真是美洲虎生活的天堂。

然而，让人们感到奇怪的是，从没有人看见美洲虎去捕捉那些专门为它预备的"活食"。从没有人见它王者之气十足地纵横于雄山大川，啸傲于莽莽丛林，甚至未见它像模像样地吼上几嗓子。

人们常看到它整天待在装有空调的虎房里，或打盹儿，或耷拉着脑袋，睡了吃吃了睡，无精打采。有人说它大约是太孤独了，若是找个伴儿，或许会好些。

于是政府又通过外交途径，从哥伦比亚租来了一只母虎与它做伴，但结果还是老样子。

一天，一位动物行为学家到森林公园来参观，见到美洲虎那副懒洋洋的样儿，便对管理员说，老虎是森林之王，在它所生活的环境中，不能只放上一群整天只知道吃草，不知道猎杀的动物。这么大的一片虎园，即使不放进去几只狼，至少也应该放上两只猎狗，否则，美洲虎无论如何也提不起精神。

管理员们听从了动物行为学家的意见，不久便从别的动物园引进了两只美洲狮投进了虎园。这一招果然奏效，自从两只美洲狮投进虎园的那天起，这只美洲虎就再也躺不住了。

它每天不是站在高高的山顶愤怒地咆哮，就是有如飓风般冲下山冈，或者在丛林的边缘地带警觉地巡视和游荡。老虎那种刚烈威猛、霸气十足的本性被重新唤醒。它又成了一只真正的老虎，成为这片广阔的虎园里真正意义上的森林之王。

一种动物如果没有对手，就会变得死气沉沉。同样的，一个人如果没有对手，那他就会逐渐甘于平庸，养成惰性，最终导致庸碌无为。

一个群体如果没有对手，就会因为相互的依赖和潜移默化而丧失灵活，丧失生机。

一个行业如果没有对手，就会因此丧失进取的意志，就会因为安于现状而逐步走向衰亡。

许多人都认为对手是心腹大患，是异己，是眼中钉，是肉中刺，恨不得马上除之而后快。其实只要反过来仔细一想，便会发现拥有一个强劲的对手，反倒是一种福分、一种造化。因为一个强劲的对手，会让你时刻感到危机四伏，它会激发起你更加旺盛的精神和斗志。

有时候，表面上看来，我们从对手身上得到的学习机会没有那么直接、明显，然而，仅仅是承受他带给我们的压力，就已是很宝贵的机会，可以对我们的成长起到很大的帮助。我们要冷静地观察对方，客观地审视自己。也唯有这样，才能在与对手交手的过程中有所收获。

然而，很多人无法这样看待对手。由于对手和敌人往往只有一线之隔，甚至是一体两面，因而对手也很容易被视为仇人。很多人会带着各种情绪来看待对手，经常会这样想：敌人和仇人当然是不好的，哪有向他们学习的道理？

不少人在碰到对手的时候，首先是不屑一顾（觉得对手的实力不过如此），接下来是愤怒（发现这样的人竟然有很多人喜欢，受欢迎的程度甚至超过了自己），最后则是不允许别人在面前提及对手。

如果你有个很强的对手，你应该打心底欢喜。就像每天要照照镜子一样，你每天都要仔细盯紧这个对手，好好欣赏他，好好向他学习。而最好的学习，永远来自你和他交手、被他击倒的那一刻。

一个人有了对手，才会有危机感，才会有竞争力。有了对手，你便不得不奋发图强，不得不革故鼎新，不得不锐意进取，否则，就只有等着被吞并、被替代、被淘汰。

善待你的对手吧！有时候，将我们送上领奖台的，恰恰是我们的对手。

感谢你的**竞争对手**

对手有时也是一种激励因素。因竞争的压力而不断寻求进步，最终走上成功的道路，成功的你有什么理由不感谢对手呢？

志和文成为对手，是因为一个女同学。那是在读大学二年级的时候，他俩同时爱上了一个叫颖的女同学。颖是中共党员，她对他俩的要求非常明确：谁成为一名中共党员，她就嫁给谁。

于是，志和文同时向党组织递交了入党申请书。一年后，志成为一名党员。当文第二次向党组织递交申请时，志在讨论会上说文动机不纯，他是为了爱情。也许是命运注定，毕业后，他俩被分配在同一部门工作。他俩的争斗让颖生厌，结果谁也没有得到颖的爱情，得到的，只是彼此的怨恨。这怨恨使他俩留一个心眼去盯对方，一旦发现对方有什么纰漏，就毫不留情地捅出去。他俩的目标很明确。

志当上股长的时候，文无可挑剔地加入了中国共产党。

志无可挑剔地当上科长的时候，文当上了股长。

他俩就这么相互盯着，相互攀升。

当志当上了处长时，文当上了科长。

志当处长，有许多人送钱送礼物给他，他不敢要，他觉得文的一双眼睛盯着他。有一回，他实在忍不住，动心了，收了人家送来的3000元。夜里，他做了个梦，梦见文高兴得哈哈大笑，说："这回你完了，3000元已经构成受贿罪了，你完了。"他吓出一身冷汗，第二天就把钱送到纪检部门去了。

文的机会也同样多。

…… ……

就这样，他们以无可争议的清廉和才干，走上了更高的职位，且得到了人们的尊敬。

眼下，他俩都到了要退休的年龄。

一天，两人相见，互望着对方，便禁不住紧紧拥抱，且激动得热泪盈眶。是的，没有这样的对手，谁敢说途中会怎样?

一生平安，得益于对手的"呵护"。

他们都深深地感激对方。

在日本北海道有一种鳗鱼，它被捕捞上来以后很容易死掉。但有一个办法能够使它活得更久，就是在鳗鱼群里放进它们的对手——狗鱼。鳗鱼因为有了对手狗鱼而被激活，因而活的时间更长。

其实，我们无论何时都应该感激对手，对手会让我们有危机感，这样我们就会不断地进取，以获取最大的成功。没有对手我们不会有进步，没有对手我们不会有今天的成就，没有对手我们不会走向成功的道路。

给自己一点压力

美国鲍尔教授说："人们在感受工作中的压力时，与其试图通过放松的技巧来应付压力，不如激励自己去面对压力。"

一个人的惰性与生存所形成的矛盾会是压力，一个人的欲望与来自社会各方面的冲突会是压力。通俗地讲，就是人生的各个阶段都有压力：读书有压力，上班有压力，做平常老百姓有压力，做领导干部也有压力。总之，压力无处不在！

有压力是好事还是坏事？

科学家认为：人是需要激情、紧张和压力的。如果没有既甜蜜又有痛苦的冒险滋味的"滋养"，人的机体就无法存在。对这些情感的体验有时就像药物和毒品一样让人上瘾，适度的压力可以激发人的免疫力，从而延长人的寿命。试验表明，如果将人关进隔离室内，即使让他感觉非常舒服，但没有任何情感体验，他很快会发疯。

压力给人带来的不仅仅是痛苦和沉重，它也能激发人的斗志和内在的激情，使你兴奋，使你的潜能被激发！

体育比赛的压力是大家都有目共睹的，正是因为压力大，才有了世界纪录的频频被打破。企业的工作业绩压力也很大，然而正是激励的竞争机制才有了企业的飞速发展，人才也层出不穷。

压力不仅能激发斗志，还能创造奇迹。据说有一条非常危险的山路，是人们外出的必经之路，多少年来，从未出过任何事故。原因是，每一个经过的人都必须挑着担子才能通行。可是奇怪的是，人们空着手走尚且很危险的一条狭窄的小路，一边是陡峻的山崖，一边是无底的深渊，而挑着担子反能顺利通过。那是因为挑着担子的心不敢有丝毫的松懈，全部精力和心思都集中在此，所以，多少年来，这里都是安全的。这正是压力的效应。

相反，没有压力的生活会使人生活得没有滋味。

试想，如果所有的学生都是一样的考分，不管你是多么努力！所有的员工都是一样的工资，不管你是多么勤奋！那还会有谁愿意继续努力？人人只会混日子过，变得越来越懒散，激情也将消失殆尽！说大了，社会也将停滞不前。

但压力又不能太大，大得难以承受，人又会被压垮。这样的例子也很多。有一个女孩因高考没考好，考试结束后没有回家而直接走到江里了。当录取通知书发下时，她已离去很多日子。原因是，家长对她说这次考试是一锤子“买卖”，如果这次没考上，她也就没有第二次机会了，所以她无法承受这样的压力，于是选择了永不面对。

压力不能没有，但压力又不能过大，而压力又无法摆脱。是的，生活就是这样，充满着矛盾，我们只能选择去适应生活和改变自己。当你没有了激情，懒懒散散，那就给自己加压，定下一个目标，限期完成；当你感到压力使你心身疲惫，都快成机器了，你就要进行压力舒解，放下一些攀比和力不从心的追求。

当你没有任何压力的时候，就会失去动力，成为轻飘飘的云，没有了方向。要想改变这种现状，你必须给自己一些压力。珍珠的来历大家都知道，它是沙子放进贝壳，经过不分昼夜的磨砺而成的。也让我们学习贝壳吧，把压力变成珍珠！

给自己一个悬崖

给自己一个悬崖，你才能有被逼到绝境时的感受，才能迸发出你生命的潜能，从而一扫过去的慵懒，走向成功。

人如果生活在安逸的环境中，能力就会渐渐消退，心智就会渐渐老去，潜力得不到激发，从而沦为平庸之辈。因此，一个人若想脱颖而出，必须时时给自己一些压力，让自己去接受挑战，才能不断突破自我，发挥潜能，走向卓越。

有这样一个故事很好地向我们阐释了这个道理：

一个老人到山里砍柴时，捡到一只很小的怪鸟，那怪鸟和刚满月的小鸡一样大小，也许是因为它实在太小了，还不会飞，老人就把这只怪鸟带回家给他的孙子玩耍。

老人的孙子很调皮，他将怪鸟放在小鸡群里，充当母鸡的孩子，让母鸡养育着。母鸡没有发现这个异类，全权负起一个母亲的责任。怪鸟一天天长大，羽毛一天天丰满，后来人们发现那只怪鸟竟是一只鹰，人们一致强烈要求，要么放生，要么杀生，让它永远也别回来。

老人因为和鹰相处的时间长了，有了感情，不忍心伤害它。所以，老人决定让它重返大自然。他们把鹰带到了较远的地方放生，可过了几天那只鹰又飞回来了。他们驱赶它，不让它进家门，甚至将它打得遍体鳞伤……许多办法都试过了，但是对它起不了任何作用。最后他们也明白了，原来鹰是眷恋它从小长大的家园，还有那个温暖舒适的窝。

后来，那老人就把它带到了附近最陡峭的悬崖旁，然后将它狠狠地往深涧扔去，只见那鹰像石头般往下坠落，然而快到涧底的时候，它终于展开双翅托住了身体，拍打着翅膀，开始飞翔，飞向蔚蓝的天空，渐渐地变成了黑点，飞出了人们的视线，永远地飞走了，再也没有回来。

人何尝不是如此呢？一个人要想让自己的人生有所转机，就必须懂得关键时刻把自己带到人生的悬崖。给自己一个悬崖，就是给自己一片蔚蓝的天空啊！

人在面对压力时会激发出巨大的潜能，因此，你不必因恐惧逆境和挫折而去当温室里的花朵。温室里的花朵固然可以安然舒适地生活，但人生不可能一帆风顺，一旦逆境来临，首先被摧毁的就是失去意志力和行动能力的“温室花朵”，经常接受磨炼的人才能创造出崭新的天地，这就是所谓的“置之死地而后生”。

第十六章

包容的方与圆

包容不是姑息迁就

“痛打落水狗”可以理解为把事情做彻底，不留隐患。对待坏人要看清其本质，不姑息迁就，但也不能乘人之危、落井下石。

隋大业十三年（617年），盘踞在洛阳的王世充与李密对峙。此前，王世充在兴洛仓战役中几乎被李密打得全军覆没，几乎不敢再与他交锋了。

不过，王世充很快重整旗鼓，准备与李密再决胜负。现在还有一个问题令他发愁，那就是粮食。洛阳外围的粮仓都已被李密控制，城内的粮食供应一直非常紧张。他的部队也不例外，因为常常填不饱肚子，每天都有人偷偷跑到李密那边去。王世充很清楚，如果粮食问题不能得到及时解决，他想留住士兵们的一切努力终归是徒劳，更别提战胜李密了。

在既无实力夺粮，又不可能从对手那里借粮的情况下，王世充想到了一个好主意：用李密目前最紧缺的物资去换取他的粮食。

王世充派人去李密的地盘实地了解，回报说李密的士兵大都为衣服单薄而头痛。这就好办了！王世充欣喜若狂，当即向李密提出以

衣易粮。李密起初不肯，无奈邴元真等人各求私利，老是在他耳边聒噪，说什么衣服太少会严重影响军心的安定，等等，李密不得已，只好答应下来。

王世充换来了粮食，部队缺粮的局面得到了根本的改观，士气进一步大振，尤其士兵叛逃至李密部的现象日益减少。李密也很快察觉了这一问题，连忙下令停止交易，但为时已晚，李密无形中已替王世充养了一支精兵，也就是为他自己的前景徒然增添了许多难以预想的麻烦。

后来，恢复生机的王世充大败李密。这时，李密才后悔莫及，当初没有“痛打落水狗”才让自己遭此命运。

明末农民军首领张献忠所向披靡，打得官军狼狈不堪。但在张献忠身上也发生过上述事例中类似的情况：

崇祯十一年（1638年），农民军遇上了劲敌，那就是作战英勇的左良玉。张献忠冒充官军的旗号奔袭南阳，被明总兵左良玉识破，计谋失败，张献忠负伤退往湖北谷城。李自成、罗汝才、马守应、惠登相等几支农民军也相继失利，且分散于湖广、河南、江北一带，各自为战，互不配合。张献忠在谷城，处于官军包围之中，势力孤单，加上经过10余年的战争，农民军的粮饷很难筹集，处境十分恶劣。

张献忠经过一番思考，决定利用“招抚”的机会，将计就计。崇祯十一年春，张献忠得知陈洪范附属在熊文灿手下当总兵，大喜过望。原来陈洪范曾救过张献忠一命，而熊文灿的拿手戏则是以“抚”代“剿”。于是，他马上派人携重金去拜见陈洪范，说："献忠蒙您的大恩，才得以活命，您不会忘记吧！我愿率部下归降来报效救命之恩。"陈洪范甚是惊喜，上报熊文灿，接受了张献忠。

此后，张献忠虽然名义上受"抚"，实际上仍然保持独立。经过一段时间休养生息之后，张献忠又于次年五月在谷城重举义旗，打得明朝官军措手不及。

李密在形势有利的情况下输给了王世充，从此一蹶不振；熊文灿过于轻信张献忠，把到手的胜利给丢掉了。究其原因都是没有拿出"痛打落水狗"的精神来，心慈手软，给对手以喘息之机。这对后人来说，实在是深刻的历史教训，应以此为鉴。

做人要有自己的原则

过去10多年了，约克还是忘不了1995年的圣诞夜，那天晚上，约克刚参加了大学同学组织的圣诞晚会。晚会结束时，将近凌晨了，在这种时候，谁不想早点儿到家呢？约克走得飞快，只差跑起来了。

刚走到路口，红绿灯就变了。对着约克的行人灯变成了"止步"：灯里那个小小的影儿从绿色的、大步走路的形象变成了红色的、双臂悬垂的立正形象。

这个时候，约克看没什么车辆，就毫不犹豫地过马路……

"站住！"身后传来一个苍老的声音，打破了沉寂的黑暗。约克的心突然一惊，原来是一对老夫妻。

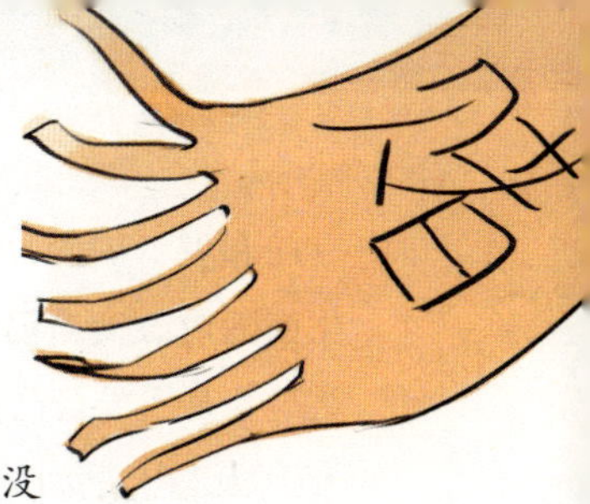

约克转过身，惭愧地望着那对老人。

老先生说：“现在是红灯，不能走，要等绿灯亮了才能走。”约克的脸热了起来。他喃喃地说：“对不起，我看现在没车……”

老先生说：“交通规则就是原则，不是看有没有车。任何情况下，任何人都必须遵守原则！”从那一刻起，约克再也没有闯过红灯，他也一直记着老先生的话：“在任何情况下，都必须遵守原则！”

生活中，原则与规则一样重要，没有任何人在任何情况下可以破坏它，否则就将受到惩罚。

交通规则的重要性越来越被人们关注。平时，老师在课堂上会给我们讲，父母在家里会给我们说，上学、放学的路上他们会一遍遍地叮嘱我们：过马路的时候一定要走人行横道，红灯亮时我们要停住脚步，黄灯亮时我们要耐心等待，绿灯亮时我们才可以走，等等，如果不遵守这些规则，就会遇到各种危险。

说起做人的原则就跟交通规则一样重要，一个没有原则的人就像一艘没有舵和罗盘的船，漫无目的地漂浮在海上，它会随着风向的变化而随时改变自己的方向，没有一个自己的方向，这样的人往往最容易丢失自己。

人与人之间的交往，做人、做事都需要遵循一定的原则，如果一个人没有原则，他将会变成另外一个人，丢失了原来讨人喜欢的自己，家人、朋友、同学、老师对他的印象也会改变。

一个人没有了做人的原则，也就没有了衡量自己对与错的尺度。如果自己都不知道哪些事该做，哪些事不该做，那么，就很容易走入歧途，甚至犯错。一旦你找到自己做人做事的原则，就会懂得怎样正确处理每一件事情，同时还能养成良好的品质，这样的你，走到哪里都会受人欢迎，大家会说你是一个有原则的人。

把握善良的分寸

做人要做善良的人，这是公理。但如果放到具体的场合中去考察，则不可简单行事，而是要把握好善良的分寸。

善良是一种良好的心态，而不是盲目地去为别人做多少好事。为了做到与人为善，务必抑制自己过分行善的欲望。

当我们为自己的朋友以不公平的方式谋取了一个职位时，我们可能面对的是永远失去威信以及别人的尊重；当我们因为是熟人，而原谅了对方的错误时，面临的后果可能是所有人都会对你犯错误且理由充分地回击你……自此之后的生活一团乱麻。所以，做人不该因为善良而失去原则，应做到公私分明、客观公正、通情达理。

珠海格力电器股份有限公司总裁董明珠就是一个为了原则可以“六亲不认”的人。

1994年底，董明珠在企业危难之际，受命出任格力经营部部长。不久，她就做出了一个超越常理的决定：去找洪总经理要财权。客户究竟在公司账上有没有钱、有多少钱，只有财务部才清楚。一些客户付了款却拿不到货，而一些客户没付款却拿到了货。有时经营部要发货了，开票员问客户有没有转账过来，财务那边总是说：“我们也不清楚，要查账才知道。”这样，无论经营部如何负责，只要财务部不配合，都是事倍功半，难以使经营部的工作正常运转。长此下去，只怕又要重蹈格力以前的管理现状，职责不清，工作混乱。这是董明珠绝对难以容忍的。

洪总经理经过考虑，将财务部的一部分权力划给了董明珠。机会来之不易，董明珠慎重对待，她和有关同事一起建立了一套循环监督机制：计划受财务监督；财务受开票员监督；开票员受电脑统管监督；电脑统管受计划监督。

制度建立之后，关键就看能不能真正实行了。很多企业有非常完美的规章制度，但在执行的过程中不能坚守原则，太会变通，以至于虽然很多企业都确立了一个清晰的愿景，却总是事与愿违，无法实现。大家都知道董明珠是一个坚守原则的人，所以当她强调“任何人不得以任何理由破坏以上机制”的时候，了解她的人都明白，谁敢破坏这个制度，谁就要倒霉了。很快，一个合理的网络便形成了：财务说付了款才能发货，发货后开票员记账，开票单再输入电脑。这样，财务往来资金都可以清清楚楚地反映在账簿上，每天都可以从账簿上看到有多少钱，发了多少货。这样一来，董明珠随时都可以掌握格力的销售情况，任何业务员、经销商都不能再像以前一样钻空子了。在这个过程中，董明珠要求：经营部无论多晚都要当天清账，绝不能让当天的账过夜。一段时间以后，经营部的同事们就养成了“当日事当日毕”的习惯，当天的工作没完成，不管多晚都不会回家。

据董明珠介绍，自1995年5月以后，财务就再也没出现过混乱，也再没有应收款收不回来的现象。

在拖欠货款成风的今天，董明珠创造了一个“奇迹”。然而，就像董明珠所说，她能够创造这个“奇迹”，原因其实很简单：不交钱不发货，只要认真坚持下来，就不会出现拖欠。正因为她坚守原则，所有人一视同仁，所以这些措施才能够很好地贯彻落实。

善良不是错，但是如果因为善良而失去了原则，那么，这种善良就是一种错。

不要一味地忍让

在武则天统治时期，有个丞相叫娄师德，史书上说他“宽淳清慎，犯而不校”。意思是：处世谨慎，待人宽厚，对触犯自己的人从不计较。

他弟弟出任代州刺史时，娄师德嘱咐说：“我们弟兄受到的恩宠太多了，这是要遭人嫉恨的。你想过没有，怎样才能保全自己？”弟弟回答说：“以后，有人朝我脸上吐唾沫，我擦干就是了，你尽管放心吧！”

娄师德忧虑地说：“我不放心的就是这点！人家唾你脸，是生你的气，你把唾沫擦掉，岂不是顶撞他？这只能使他更火。怎么办？人家唾你，要笑眯眯地接受。唾在脸上的唾沫，不要擦掉，让它自己干！”

在封建社会，娄师德这种“唾面自干”的做法，一直被传为美谈。然而，今天看来，这种不辨是非、不讲原则地一味忍让、屈从，以求保全自己的做法，并不是真正的宽容，是不可取的。这是因为，不加分析地对一切凌辱、欺压统统忍受、退让、委

曲求全，不仅是十足的自轻自贱，甚至是奴颜婢膝，而且只能起到纵容邪恶势力、助长恶风邪气的作用。这样的“委曲求全”实质上与“姑息养奸”没有多大差别。

我们提倡的宽容，是指在一些非原则问题上不要斤斤计较，在涉及全局和整体利益的问题上要坚持原则，严于律己。要避免打着宽容的幌子做老好人，而损害全局或整体的利益。

对于个人而言，宽容往往会使人有更好的人际关系，自己在心理上也会减少仇恨和不健康的情感；对于一个群体而言，胸襟开阔，无疑是一种创造和谐气氛的调节剂。但胸襟开阔并不等于无限度的忍让，对构成危害的犯罪行为加以无原则的接受或姑息。

胸襟开阔，是人生的奥秘，是一种超脱，是自我精神的解放。

忍让搬弄是非者，毫无意义

有句俗语曾说“有人群的地方就有是非”。的确如此，没有人人前不说话，没有人背后不说人。但是，开口说话也要有分寸，不能信口雌黄，不能够搬弄是非。

有一个国王，他十分残暴而又刚愎自用。但他的宰相却是一个十分聪明、善良的人。国王有个理发师，常在国王面前搬弄是非，为此，宰相严厉地责备了他。从那以后，理发师便对宰相怀恨在心。

一天，理发师对国王说：“尊敬的大王，请您给我几天假和一些钱，我想去天堂看望我的父母。”

昏庸的国王很是惊奇，便同意了，并让理发师代他向自己的父母问好。

理发师选好日子，举行了仪式，跳进了一条河里，然后又偷偷爬上了对岸。过了几天，他趁许多人在河里洗澡的时候，探出头，说自己刚从天堂回来。

国王立即召见理发师，并问自己父母的情况。理发师谎报说：

“尊敬的国王，先王夫妇在天堂生活得很好，可再过10天，就要被赶下地狱了，因为他们丢失了自己生前的行善簿，所以要宰相亲自去详细汇报一下。为了很快到达天堂，应该让宰相乘火路去，这样先王就可以免去地狱之灾。”

国王听完后，立即召见了宰相，让他去一趟天堂。

宰相听了这些胡言乱语，便知道是理发师在捣鬼。可又不好拒绝国王的命令，心想：“我一定要想办法活下来，要惩罚这个奸诈的理发师。”

宰相按照国王的吩咐，跳入一个火坑，然后国王命人架上柴火，浇上油，点燃了，顿时火光冲天。全城百姓皆为失去了正直的宰相而叹息，那个理发师也以为仇人已死，不免扬扬得意起来。

其实，宰相安然无恙，原来他早就派人在火坑旁挖了通道，他顺着通道回到了家中。

一个月后，宰相穿着一身新衣，故意留着一脸胡子和长发，从那个火坑中走了出来，径直走向王宫。

国王听说宰相回来了，赶紧出来迎接。宰相对国王说：

“大王，先王和太后现在没有别的什么灾难，只有一件事使先王不安，就是他的胡须太长了，已经垂到脚背上了，先王叫你派个老理发师去。上次那个理发师没有跟先王告别，就私自逃回来了。对了，现在水路不通了，谁也不能从水路上天堂去。”

第二天，国王让理发师躺在市中心的广场上，周围架起干柴，然后命人点上了火。顿时，理发师被烧得鬼哭狼嚎似的乱叫。这个搬弄是非的家伙终于得到了应有的惩罚。

理发师怎么也没有想到，杀死自己的不是利剑，而是自己的“舌头”。

与人相处，以诚为重，当那些心术不正、好搬弄是非的人，欲置你于死地而惬意时，你的忍让就没有任何意义了。这时，你不妨“以其人之道，还治其人之身”，让他也尝一尝你的“舌头”的厉害。

但是，不到万不得已，建议不要采用以上方法，为人处世还是要以宽容之心包容他人之过。与此同时，你一定要端正自己的品行，不要搬弄是非，不要恶意地中伤他人。因为搬弄是非者，往往都没有好下场！

有智慧地忍辱是有所不忍

忍辱是佛教六度中的第三度。在《遗教经》中有这样的文字：“能行忍者，乃可名为有力大人。若其不能欢喜忍受恶骂之毒，如饮甘露者，不名入道智慧人也。”如此看来，似乎唯有接受一切有理或无理的谩骂，才称得上是真正的忍辱。在《优婆塞戒经》中，需要“忍”的“辱”就更多了：从饥、渴、寒、热到苦、乐、骂詈、恶口、恶事，无一不需要忍。

难道修行者必须忍受世间一切，才能获得解脱吗？

圣严法师承认忍辱在佛教修行中非常重要，佛法倡导每个修行者不仅要为个人忍，还要为众生忍。但是，所谓“忍辱”应该是有智慧地忍。

第一，有智慧地“忍辱”须是发自内心的。

有位青年脾气很暴躁，经常和别人打架，大家都不喜欢他。

有一天，这位青年无意中游荡到了大德寺，碰巧听到一位禅师在说法。他听完后发誓痛改前非，于是对禅师说：“师父，我以后再也不跟人家打架了，免得人见人烦，就算是别人朝我脸上吐口水，我也只是忍耐地擦去，默默地承受！”

禅师听了青年的话，笑着说：“哎，何必呢？就让口水自己干了吧，何必擦掉呢？”

青年听后，有些惊讶，于是问禅师：“那怎么可能呢？为什么要这样忍受呢？”

禅师说：“这没有什么能不能忍受的，你就把它当作蚊虫之类的停在脸上，不值得与它打架，虽然被吐了口水，但并不是什么侮辱，就微笑地接受吧！”

青年又问：“如果对方不是吐口水，而是用拳头打过来，那可怎么办呢？”

禅师回答："这不一样吗！不要太在意！这只不过一拳而已。"

青年听了，不认同禅师所讲的，终于忍耐不住，忽然举起拳头，向禅师的头上打去，并问："和尚，现在怎么办？"

禅师非常关切地说："我的头硬得像石头，并没有什么感觉，但是你的手大概打痛了吧？"青年愣在那里，实在无话可说，火气消了，心有大悟。

禅师告诉青年"忍辱"的方式，并身体力行，他之所以能够坦然接受青年的无理取闹，正是因为他心中无一辱，所以青年的怒火伤不到他半根毫毛。在禅宗中，这叫作无相忍辱。这位禅师的忍辱是自愿的，他想通过这种方式感化青年，并且取得了效果。生活中还有些人，面对羞辱时虽然忍住了嗔火或抱怨，但内心却因此懊恼、悔恨，这种情况就不能称为"有智慧地忍辱"了。

第二，圣严法师提倡的"有智慧地忍辱"应该是趋利避害的。

所谓的"利"，应该是他人的利、大众的利，"害"也是对他人的害、对大众的害。故事中禅师的做法是圣严法师提倡的忍辱，法师虽然挨了青年一拳，但青年因此受到了感化。对于禅师来说，虽然于自己无益，但对他人有益，所以这样的忍辱是有价值的；如果说对双方都无损且有益的话，就更应该忍耐一下了。

但也存在一种情况，忍耐可能对双方都有害而无益。一旦出现这种情况，不仅不能忍耐，还需要设法避免或转化它。圣严法师举了这样的例子：一个人如果明知道对方是疯狗、魔头，见人就咬、逢人就杀，就不能默默忍受了，必须设法制止可能会出现的不幸。这既是对他人、对众生的慈悲，也是对对方的慈悲，因为“对方已经不幸，切莫让他再制造更多的不幸”。

智者的“忍”更需遵循圣严法师的教导，有所忍有所不忍，为他人忍，有原则地忍。

沉默有时是一种自我伤害

“沉默是金”被很多人所认同，认为有些事情无须过多解释，时间终会让真相大白的。但是很多时候，如果不及时解决这些问题的话，就会给我们造成巨大的物质损失，以及长时间的精神折磨，甚至让我们因此丧失生命。

在一个治安状况很差的城市中，一位检察官正直、勇敢、不屈不挠地与恶势力作斗争，因而引起了当地许多暴力团伙的不满，一再受到威胁、恐吓、骚扰，但检察官毫不动摇。不料，一家很有影响的报社突然报道了他与女职员的亲密关系，还配发了两人在一起走路、交谈的照片，文中对他的评价是“伪君子、无耻之徒”。其实那不过是一次公务会面，而检察官对此也不想理会。

岂料，这样的谣言越来越多，检察官的生活陷入一片混乱，甚至家人也不再信任他。当他得知自己将接受一次关于受贿指控的调查时，他的精神终于崩溃了。他选择了死亡，用自己的鲜血来证明自己的清白。在他的遗书中，他写道：“现在我知道，名誉比生命价值更高。在我被彻底玷污之前，我必须离开……”

一个坚强的硬汉，败在了捕风捉影的谣言下。他深知暴力手段不仅无法损害他的名誉，还会为他增添光彩。而只要一点点谣言，就能在他的名誉上制造一个污点，失去人们信任的他只会走向毁灭。

生命中难免会遭遇各种各样的误会，甚至是别人的诋毁，如果我们此时还坚持“清者自清”的古训，那么，受伤害的只能是自己。沉默并不是最佳的选择，只有站出来，采用适当的方式澄清，才可能消除谣言和不良影响，维护自己名誉。

台湾生产的“玛莉药皂”本来是销路很好的商品，但由于一度传说由美国进口的药皂中某种物质含量过大，有害人体，于是它的销量一下子萎缩了2/3。制皂公司在检测产品没有问题之后，决定挽回信誉。

他们在台湾的主要报刊上同时刊出一则《玛莉征求受害人》的广告。说凡是因使用“玛莉药皂”有不良反应的，经医院证明，且复查属实，就可以得到50万新台币以上的赔偿。但要求受害者10天之内将有关证明直接寄到律师事务所。3天以后，他们又刊出这则广告，印出“截至目前，无应征受害人”。

又过3天，广告再次出现，说“应征受害人有两个”，然后说明其中一个没有医院的证明，不予受理，而另一个在复查中。再过3天，广告第四次出现，题目为《谁是受害人》，说明了那个受害人经复查，皮肤红疹为海鲜过敏所致，受害人已自行撤诉，并申明，一过10天期限，就不再受理此类案子。

等到10天期限一过，他们马上登出整版广告，标题为《我是受害人》，说自己才是最无辜的受害者，因为寻遍世界各地，并无“玛莉药皂”致病先例！广告上设计了一副手铐铐着“玛莉药皂”。这则广告一出现，果然引起轰动，轰动之余便是“玛莉药皂”的销售量回升。

如果“玛莉药皂”的厂商对于谣言采取不予理睬的态度，认为时间会证明一切，那么“玛莉药皂”的销量一定还会受到影响，因为一旦有了坏的影响，人们一般就会采取宁可信其有不可信其无的态度。销售量长期受到影响，导致的则是企业的生存危机，如果企业都倒闭了，还谈什么“清者自清”。厂商正是采取了巧妙的方式澄清了事实，才让企业的经营状况得到了好转。

因此，如果遭到误会或者诽谤，就需要通过正确的方式消除误会和影响，以减少损失和伤害。

忍无可忍，不做沉默的羔羊

在社会上，有些人总是本本分分、规规矩矩，他们在工作中任劳任怨，在生活中洁身自好，各个方面都达到了社会规范的基本要求。然而，他们总是吃亏，就算是被人欺负了，遭受了不公正的待遇还是忍气吞声，就像一只“沉默的羔羊”。他们这种逆来顺受的性格只会导致别人的再次侵害。俄国著名作家契诃夫的一篇文章就足以说明这一点。

一天，史密斯把孩子的家庭教师尤丽娅·瓦西里耶夫娜请到他的办公室来，需要结算一下工钱。

史密斯对她说："请坐，尤丽娅·瓦西里耶夫娜！让我们算算工钱吧。你也许要用钱，你太拘泥于礼节，自己是不肯开口的……我们和你讲妥，每月30卢布……"

"40卢布……"

"不，30……我这里有记载，我一向按30卢布付教师的工资的……你待了两个月……"

"两个月零五天……"

"整两月……我这里是这样记的。这就是说，应付你60卢布……扣除9个星期日……实际上星期日你是不和柯里雅搞学习的，只不过游玩……还有3个节日……"

尤丽娅·瓦西里耶夫娜骤然涨红了脸，牵动着衣襟，但一语不发。

"3个节日一并扣除，应扣12卢布……柯里雅有病4天没学习，你只和瓦里雅一人学习……你牙痛3天，我内人准你午饭后歇假……12加7得19，扣除19卢布，还剩41卢布。对吧？"

尤丽娅·瓦西里耶夫娜两眼发红，下巴在颤抖。她神经质地咳嗽起来，擤了擤鼻涕，但一语不发。

"新年底，你打碎一个带底碟的配套茶杯，扣除2卢布，按理茶杯的价钱还高，它是传家之宝……我们的财产到处丢失！

而后，由于你的疏忽，柯里雅爬树撕破礼服，扣除10卢布……女仆盗走瓦里雅皮鞋一双，也是由于你玩忽职守，你应负一切责任，你是拿工资的嘛，所以，也就是说，再扣除5卢布……1月9日你从我这里支取了9卢布……”

“我没支取过……”尤丽娅·瓦西里耶夫娜小声说着。

“可我这里有记载！”

“那……那就算这样，也行。”

“41减26净得15。”

尤丽娅两眼充满泪水，长而修美的小鼻子渗着汗珠，多么令人怜悯的小姑娘啊！

她用颤抖的声音说道：“有一次我只从您夫人那里支取了3卢布，之后再没支取过……”

“是吗？这么说，我这里漏记了！从15卢布再扣除……喏，这是你的钱，最可爱的姑娘，3卢布……3卢布……又3卢布……1卢布再加1卢布……请收下吧！”史密斯把12卢布递给了她，她接过去，喃喃地说：“谢谢。”

史密斯一跃而起，开始在屋内踱来踱去。“为什么说‘谢谢’？”史密斯问。

“为了给钱……”

“可是我洗劫了你，鬼晓得，这是抢劫！实际上我偷了你的钱！为什么还说‘谢谢’？”“在别处，根本一文不给。”

“不给？怪啦！我和你开玩笑，想让你记住不要总是忍气吞声……我要把你应得的80卢布如数付给你！喏，事先已给你装好在信封里了！你为什么不抗议？为什么沉默不语？难道生在这个世界口笨嘴拙行吗？难道可以这样软弱吗？”

史密斯请她对自己刚才所开的玩笑给予宽恕，接着把使她大为惊疑的80卢布递给了她。她羞羞地过了一下数，就走出去了……

对于文中女主人公的遭遇，我们能用什么词汇来形容呢？懦弱、可怜、胆小？就像鲁迅先生说的:“哀其不幸，怒其不争。”生活中，如果我们无端地被单位扣了工资，我们的反应又是怎样的呢？

人活着就要学会捍卫自己的利益，该是你的你无须忍让。除了抛弃这种“受气包”的心态，还要从心理上认同，有时“斤斤计较”并不丢脸。

百忍成金，不泄一时之恨

一位先哲曾说过：“人如果没有忍让之心，生命就会被无休止的报复和仇恨所支配。”因此，生活中，我们一定要学会忍让，因为忍让是让我们获得心灵平静的法宝。

在社会上，我们难免与别人产生摩擦、误会，甚至仇恨，但只要在自己的仇恨袋里装上忍让，那就会少一分烦恼，多一分快乐。

忍让说起来简单，可做起来并不容易。因为任何忍让都是要付出代价的，甚至是痛苦的代价。

森林里，狗熊突然闯进了小蜜蜂的家。它趁小蜜蜂们都外出采花粉时，偷吃了一大桶蜂蜜，然后溜回了自己的家。

小蜜蜂们回家后，见辛辛苦苦酿的蜂蜜被狗熊偷吃了，都十分气愤，它们聚集在一起，商量着要去找狗熊报仇。

一位过路的神见了，便说："你们原谅狗熊一次吧，不然，你们在报复它的同时，自己也会受到伤害的。"

"不，此仇不报，我们心中的怨气就难消。"领头的那只小蜜蜂对神说完这句话后，便领着其他的伙伴，浩浩荡荡地出发了。

正在家里酣睡的狗熊被嗡嗡声惊醒时，才发现自己被成千上万只小蜜蜂团团包围住。狗熊忙爬起来逃命，可小蜜蜂们穷追不舍，它们纷纷把身上的毒针狠狠地刺向狗熊。

狗熊浑身被刺得肿起大大小小的包，又痛又痒。而那些把毒针留在狗熊身体里的小蜜蜂们，回去后没多久就全死了。

人和人之间相处难免会有一些不愉快的事发生，尤其是在科技日益进步、商业日益发达的现代社会，到处充满了来自生活环境、工作、升学等方面的压力，那些受压力影响的人们，性情容易变得暴躁，情绪较不稳定，冲突往往一触即发。

许多血气方刚的年轻人，常常就为了发泄一时心头之恨，糊涂地犯下滔天大罪，造成了终身遗憾和家人的不幸，实在是太不值得。其实只要在做事之前多一分考量，并以清晰的头脑、心平气和的态度去面对，就可以避免很多人与人之间所发生的不愉快了。

梦窗国师有一次渡河，船已经起航了。这时来了一位带刀的将军，喊着船夫载他过去。全船的人都说，船已开了，不可回头。船夫也喊着，要他等下一班。这时梦窗国师说："船家，船离岸不远，还是给他一点方便吧！"船夫看到是一位出家人讲话，就回头去载将军。没想到将军一上船，正好站在国师身边。他拿起鞭子就抽打国师，并吆喝着："和尚！走开点，把位子让给我！"鞭子打在梦窗的头上，鲜血汩汩地流着，他却一语不发。过了河，梦窗跟着大家下船，走到水边默默地把脸上的血洗净。

这时蛮横的将军对自己的恩将仇报很惭愧，就走过去向梦窗国师道歉。而梦窗国师却心平气和地说："不要紧！出门在外的人心情总是不太好！"

显然，梦窗国师的大度是值得我们现代人学习的。

在人与人之间的日常交往中，磕磕碰碰是难免的，但只要不是原则性的问题，就应该各自主动退让，宽以待人，少计较得失，这样有利于减少矛盾，维护人际间的和谐，于人于己，都是有益的。

忍让，是中国的传统美德，也是一门大学问。俗语说得好："忍一时风平浪静，退一步海阔天空。"就是说明忍让不论在人格、品行还是待人接物上的重要性，如果大家能重视并学习忍让，社会必会祥和无争，而世界将会更和平。

忍一时风平浪静，忍一世一事无成

酒、色、财、气，人生四关，我们可以滴酒不沾，可以坐怀不乱，可以不贪钱财，却很难不生气。所以"气"关最难过，要想过这一关就须学会忍。

忍什么？一要忍气，二要忍辱。气指气愤，辱指屈辱。气愤来自生活中的不公，屈辱产生于人格上的褒贬。在中国人眼里，忍耐是一种美德，是一种成熟的涵养，更是一种以屈求伸的深谋远虑。

"吃亏人常在，能忍者自安"，是提倡忍耐的至理箴言。忍耐是人类适应自然选择和社会竞争的一种方式。大凡世上的无谓争端多起于小事，一时不能忍，铸成大错，不仅伤人，而且害己，此乃匹夫之勇。凡事能忍者，不是英雄，至少也是达士；凡事不能忍者，纵然有点愚勇，终归城府太浅，不成大事。人有时太愚，小气不愿咽，大祸接踵来。

忍耐并非懦弱，而是于从容之中冷嘲或蔑视对方。

无论是民族还是个人，生存的时间越长，忍耐的功夫越深。生存在这世上，要成就一番事业，谁都难免经受一段忍辱负重的曲折历程。因此，忍辱几乎是有所作为的必然代价，能不能忍受则是伟人与凡人之间的区别。

“能忍者自安”，忍耐既可明哲保身，又能以屈求伸，因此凡是胸怀大志的人都应该学会忍耐、忍耐、再忍耐。

但忍耐绝不是无止境地让步，而要有个度，超过了这个度就要学会反击。

一条大蛇危害人间，伤了不少人畜，以致农夫不敢下田耕地，商贾无法外出做买卖，大人不放心让孩子上学，到最后，每个人都不敢外出了。

大家无奈之余，便到寺庙的住持那儿求救，大伙儿听说这位住持是位高僧，讲道时连顽石都会被点化，

无论多凶残的野兽都会被驯服。

不久之后，大师就以自己的修为，驯服并教化了这条蛇，不但教它不可随意伤人，还点化了许多处世的道理，而蛇也从那天起仿佛有了灵性一般。

人们慢慢发现这条蛇完全变了，甚至还有些畏怯与懦弱，于是纷纷欺侮它。有人拿竹棍打它，有人拿石头砸它，连一些顽皮的小孩都敢去逗弄它。

某日，蛇遍体鳞伤，气喘吁吁地爬到住持那儿。“你怎么啦？”住持见到蛇这个样子，不禁大吃一惊。“我……”大蛇一时间为之语塞。“别急，有话慢慢说！”住持的眼里满是关怀。

“你不是一再教导我应该与世无争，和大家和睦相处，不要做出伤害人畜的事吗？可是你看，人善被人欺，蛇善遭人戏，你的教导真的对吗？”“唉！”住持叹了一口气后说道，“我只是要求你不要伤害人畜，并没有不让你吓唬他们啊！”“我……”大蛇又为之语塞。

忍耐是一种智慧，但一味地忍让真就成了一种懦弱。凡事都有一个度，把握好这个度，才是正确的处世之道。

但是，如何掌握忍让这个度，乃是一种人生艺术和智慧，也是“忍”的关键。这里，很难说有什么通用的尺度和准则，更多的是随着所忍之人、所忍之事、所忍之情境的不同而变化。它要求有一种对具体环境、具体情况作出具体分析的能力。

总之，善忍，须懂得“忍一时风平浪静，忍一世一事无成”

的道理，当忍则忍，忍无可忍时，则无须再忍！

不必委曲求全，不必睚眦必报

人生究竟应该以德报怨，以怨报怨，还是以直报怨呢？然而，我们的人生经验会告诉我们，有的人德行不够，无论你怎么感化，恐怕他也难以修成正果。人们常说“江山易改，禀性难移”，如果一个人已经坏到底了，那么我们又何苦把宝贵的精力浪费在他的身上呢？现代社会生活节奏的加快，使得我们每个人都要学会在快节奏的社会中生存，用自己宝贵的时光做出最有价值的判断、选择。你在那里耗费半天的时间，没准儿人家还不领情，既然如此，就不用再做徒劳的事情了。

电影《肖申克的救赎》中有一句非常经典的台词：“强者自救，圣人救人。”不要把自己当作一个圣人来看待，指望自己能够拯救别人的灵魂，这样做的结果多半是徒劳无益的，何不将时间用在更有价值的事情上呢？

当然，我们主张明辨是非。但是要记住，对方错了，要告诉他错在何处，并要求对方就其过错补偿。如果不论是非，就不能确定何为直。“以直报怨”的“直”不仅仅有直接的意思，“直”，既要有道理，也要告诉对方，你哪里错了，侵犯了我什么地方。

有人奉行以德报怨，你对我坏，我还是对你好，你打了我的左脸，我就把右脸也凑过去，直到最终感化你；有人则相反，以怨报怨，你伤害我，我也伤害你，以毒攻毒，以恶制恶，通过这种方法来消灭世界上的坏事。其实，二者都有失偏颇，以德报怨，不能惩恶扬善；以怨报怨，则冤冤相报何时了？

经济学家茅于轼陪一位外国朋友去首都机场，打了辆出租车，等到从机场回来，他发现司机做了小小的手脚，没按往返计费，而是按“单程”的标准来计价，多算了60元钱。

这时茅于轼有三种方法可以选择：一是向主管部门告发这个司机，那么他不但收不到这笔车费，还会受到处罚；二是自认倒霉，算了；三是指出其错误，按应付的价钱付费。

外国朋友建议用第一种办法，茅于轼选择了第三种，他说，这是一种有原则的宽容，我不会以怨报怨，也不会以德报怨，而是以直报怨。如我仅还以德，那么他将不知悔改，实质上是在纵容他；我若还以怨，斤斤计较，则影响了双方的效率与效益；我指出他的错误，然后公平地对待他，则是最直截了当的方法。

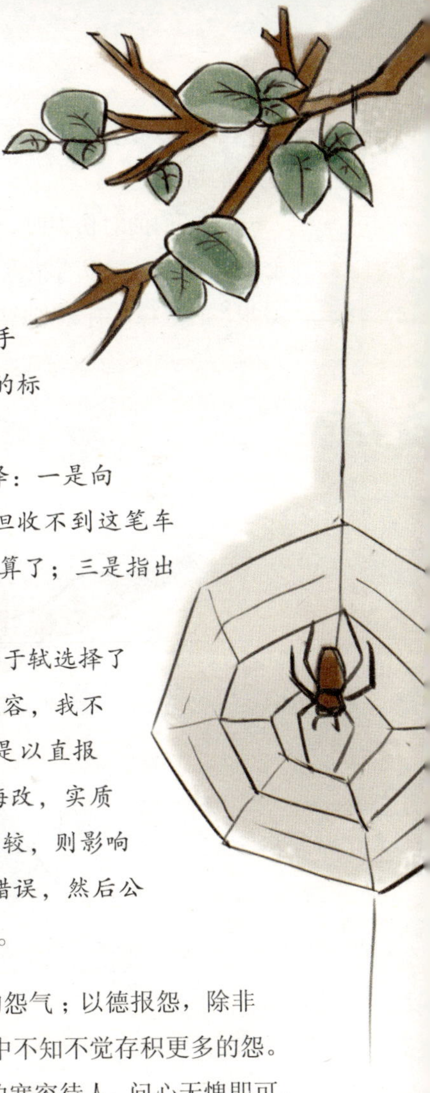

以怨报怨，最终得到的是更多的怨气；以德报怨，除非真的到达一定境界，否则只会让你心中不知不觉存积更多的怨。其实，做人只要以直报怨，以有原则的宽容待人，问心无愧即可。

宽容不是纵容，不要让有错误的人得寸进尺，把错误当成理所当然的权利，继续侵占原本属于你的空间。挑明应遵守的原则，柔中带刚，思圆行方，既可以宽容错误的行为，又能改正他的错误。

当人们面对伤害时，以德报怨恐怕大多数人都做不到。不必为难，你只需以直报怨就好了。不必委曲求全，也不要睚眦必报，有选择、有原则的宽容，于己于人都有利。

乐观豁达，
接受人生的成与败。

多点包容，
爱情才会走得更久更远。